Deepen Your Mind

Deepen Your Mind

·前言·

❏ 為什麼要寫這本書？

隨著 5G 時代的來臨、企業資訊化系統的不斷增強以及物聯網的興起，資料的收集、傳輸、儲存不再是問題，資料的品質和數量都呈爆發式增長。巨量資料開發的焦點逐漸從資料收集統計向採擷新功能、節省成本、創造價值的方向轉變，進一步催生出大量的應用，並且開始在各個垂直領域開花結果。

人工智慧和巨量資料技術是一種互相的學科，不僅需要電腦領域的知識和演算法技術，而且還需要應用領域的相關知識和技巧才能定義和解決問題。可以說，巨量資料不僅是一種技術，而且是一種思維。機器從資料中學習知識、總結經驗，並不斷自我進化，整個企業將迎來從資訊化向智慧化蓬勃發展的時期。

從業者也將面臨前所未有的挑戰：如何定義問題、選擇資料、架構系統、評估工作量、完成工作需要哪些技能……這些問題也隨著企業的變化而逐步演進。對於從業者的技術要求越來越高，同時也產生了極大的人才缺口。

在此時代背景下，大量學生和有經驗的程式設計師都希望能向人工智慧和巨量資料的方向發展，而該領域又涉及系統整合、資料倉儲、網路資料取得、統計學、數學基礎、機器學習建模以及結果的展示等方面，使得該企業「門檻」比較高。對於日新月異的新興企業，技術更新反覆運算速度非常快，目前學校和教育訓練機構開設的課程有限，且水平良莠不齊。在校招時，筆者就發現大學生常常很難達到演算法工程師的要求。

那麼，如何培養資料工程師並使其在有限的時間內了解整個系統的執行方式，同時出色地完成本身的工作，對學校和企業來說都是必須面對的問題。目前，市場上的巨量資料書籍和教學基本分為兩種：一種偏重演算法概念，實用性較差，讀者的學習過程比較艱難枯燥，學習之後也很難與實際工作相結合；另一種偏重說明語言和工具的用法，實例相對簡單，與真實應用場景差別較大。

在本書的撰寫過程中，筆者遵循全面、實戰、目標導向的原則，以在實際工作中巨量資料工程師需要掌握的技術為目標，系統地說明了資料工程師的必備技能；由程式設計師轉行的資料工程師也可以從這本書中學習演算法和統計學原理，在使用工具時不僅可以知其然，還可以知其所以然。在結構上，本書並沒有為保持完整性而用相同篇幅說明所有功能，而是根據實作經驗整理出常用的問題和場景，讓讀者用最短的時間，掌握最核心的知識，避免陷入細枝末節中。

❑ 本書有何特色？

1. 從系統角度出發

本書有關巨量資料工程的各方面，從問題的定義、資料評估，到實作方式，如數據取得（爬蟲）、資料儲存（資料庫、資料倉儲）、特徵工程、資料展示、統計分析、建立模型以及簡單的前端展示。其中，還有關資料叢集的架設（Linux、Docker）。本書可以讓讀者了解資料工作的全貌，學習整個資料系統的運作和相關技能，具有全域思維，而不只是熟悉小範圍內的實際工作。企業也可以將本書作為從事與巨量資料相關工作人員的教育訓練資料。

2. 理論與實際結合

本書自始至終都本著理論和實際相結合的原則，在原理章節（第 7 至 10 章）中闡釋原理、推導公式的同時，列出程式並討論該方法常見的使用場景；在實戰章節（第 11 至 16 章）中除了展示前端演算法的使用方法，還介紹了相關概念、公式推導以及原始程式碼。本書把學和用聯繫起來，既能在學習時了解使用場景，又能在使用時了解其背後的原理和演算法演進過程。

3. 主次分明

本書並不是某一實際領域方法的羅列和知識的歸納，並不為了保持其完整性使用同等篇幅介紹所有功能。本書更多地著眼於基礎知識、常見的需求和方法，儘量將它們組織起來，以解決實際問題的方式偏重關鍵點，簡略説明次要部分。在學習時間和學習難度兩方面降低讀者的學習成本。

4. 前端技術

目前，在很多偏重原理的演算法書中主要説明的都是 20 世紀八九十年代流行的演算法，這些基礎演算法都是複雜演算法的基礎，機器學習從業人員必須了解，但在實用方面，它們早已被目前的主流演算法所取代。

本書也使用了一定篇幅說明基礎演算法和統計學方法，同時在實戰章節中引用近幾年的前端技術，如 NLP 領域的 BERT 演算法、影像分割的 Mask R-CNN 演算法、機器學習 XGBoost 的原理推導以及原始程式的説明。

5. 典型範例

本書後半部分以實例為主，每個實例針對一種典型的問題，包含決策問題、自然語言處理、時間序列、影像處理等，其中大部分程式函數可以直接用在類似的場景中。同時，也在各個章節中加入了範例程式，對於常見問題，讀者可快速找到其解決方法並且直接使用其程式。

6. 通俗容易

本書的語言通俗容易，並在相對生澀的演算法原理章節中加入了大量舉例和相關基礎知識，儘量讓讀者在閱讀過程中無須查閱其他有關基礎知識的書籍，以加強學習效率。

❏ 本書內容及知識系統

第 1 章 Python 程式設計

本章介紹作為巨量資料工程師需要掌握的基本技術,讓讀者對資料分析的知識系統有一個整體的認知,然後説明各種 Python 開發和執行環境的架設,以及 Python 的基本資料結構和語法、偵錯技術和常見問題。不熟悉 Python 程式設計的開發者可透過學習本章掌握 Python 語言的特點和使用方法。

第 2 ～ 4 章 Python 資料分析工具

本部分詳細介紹資料處理使用的科學計算函數庫 Numpy、資料操作函數庫 Pandas、資料視覺化工具 Matplotlib 和 Seaborn,以及互動作圖工具 PyEcharts 的資料處理邏輯和常用方法範例,為後續的資料處理奠定基礎。

第 5 ～ 10 章 Python 資料處理與機器學習演算法

本部分有關資料獲取、資料儲存、特徵工程、統計分析,建立機器學習模型的基本概念、原理、具體實作方式、統計方法和模型的選擇,以及在實現機器學習演算法過程中常用的工具和技巧。其將理論、舉例和 Python 程式有機地結合在一起,分別説明資料處理的每一個子模組。

第 11 ～ 16 章 Python 實戰

本部分介紹決策問題、遷移學習、影像分割、時序分析、自然語言處理,以及定義問題的方法等幾種典型的機器學習問題,兼顧使用場景分析、原理、程式解析等層面,和讀者一起探討在實戰中解決問題的想法和方法。

❏ 適合閱讀本書的讀者

- 向人工智慧和巨量資料方向發展的工程師。
- 學習 Python 演算法和資料分析的工程師。
- 希望了解巨量資料工作全流程的企業從業者。
- 希望將資料演算法應用於傳統企業的從業者（金融、醫療、經濟等）。
- 有一定的巨量資料理論基礎，但沒有實戰經驗的研究人員。
- 巨量資料和人工智慧方向的創業者。
- 巨量資料企業的專案經理、產品經理、客戶經理、產品設計師。
- 希望了解人工智慧和巨量資料開發的學生、教師、專業教育訓練機構的學員。

❏ 閱讀本書的建議

- 對於沒有 Python 程式設計基礎的讀者，建議從第 1 章開始閱讀並演練每一個實例。
- 對於有經驗的程式設計師，建議先通讀本書，對巨量資料相關問題建立整體認知。對於實際的語法以及函數庫的使用方法，不用一次掌握，只需要了解其可實現的功能，在遇到問題時能從書中速查即可。
- 演算法章節難度相對較大，但原理非常重要，放平心態認真閱讀，絕大部分都能掌握，有些公式推導未必能一次了解，讀不懂的部分可先保留。
- 本書後半部分的實例章節，強烈建議讀者在閱讀的過程中程式設計實現和偵錯，並加入自己的改進方案，因為偵錯程式的效果要遠遠大於僅閱讀程式的效果。

目錄

03 資料操作 Pandas

04 資料視覺化

05 獲取資料

06 資料前置處理

16 自然語言處理：
微博互動預測

Python 巨量資料開發入門

近兩年，巨量資料和人工智慧都非常熱門，很多軟體開發工程師都希望轉行從事相關的工作，或使用巨量資料演算法解決目前工作中的問題。目前，有關這方面的書籍大多不夠系統，有的太偏重理論，讀者需要花費大量時間複習數學工具和推導演算法，但在遇到實際問題時仍然不知從何下手；有的又太偏重應用，只列舉某幾種問題的全流程解決方案，但當問題稍有變化時，讀者就不能正常使用。

本書結合了模型演算法原理、Python 資料處理方法以及實際實例，致力於讓讀者全面地學習和掌握從叢集開發環境、資料抓取、資料前置處理、資料分析、資料建模、資料預測到資料展示的全流程。

本章從巨量資料工程師需要掌握的基本技能開始，介紹 Python 的開發環境、基本語法，以及常見的問題和處理技巧，讓讀者能夠快速地從普通程式開發過渡到 Python 巨量資料開發當中。

1.1 巨量資料工程師必備技能

經驗豐富的程式設計師常常能快速掌握某種演算法函數庫的使用方法，但是對於演算法的選型、最佳化，則需要更多的理論知識和對演算法更深層次的了解。而且演算法技術發展很快，有時開發者剛剛熟悉某一工具，很快就有新的工具將其替代，因此只學習演算法函數庫的使用還遠遠不夠。

模型和演算法只是巨量資料開發的一部分。在演算法的底層，有支撐資料運算和儲存的作業系統和服務。在開發前期，需要抓取資料、做特徵工程，還有與建立模型同等重要的資料的統計分析。在分析和建模後，還需要以圖、表、描述或應用程式的方式產品化，或輸出有意義的結論。巨量資料開發的各個步驟環環相扣，非常複雜，針對較大型的專案常常需要實施工程師、DP工程師、演算法工程師、後端工程師和前端工程師配合完成。

巨量資料開發工程師大部分都從週邊，即資料獲取、前期處理做起，然後逐漸深入到核心演算法；也有一些數學或統計學專業的工程師從核心演算法向週邊延展。無論透過哪一種方法，想做好、做精巨量資料開發都需要對全鏈路有所了解，另外還需要了解業務資料並在實戰中不斷磨練。

本書以 Python 資料分析和建模為主，並延展到整筆資料連結。下面探討巨量資料相關的工作範圍。

1. 作業系統

當資料達到一定數量時常常使用叢集解決方案，而 Linux 是叢集方案的首選作業系統，同時配合 Docker 將常用的函數庫和服務包裝在映像檔中，這樣既隱藏了不同底層作業系統的差異，又使得在其他機器上安裝系統變得非常輕鬆高效。本章將介紹 Linux 和 Docker 的安裝和使用。

2. 程式設計工具

目前，資料分析主要使用 MATLAB，SPSS，Stata，R，Python 等。其中，MATLAB 是科學計算的首選工具，但其專業性較強，相對難以上手，並且它是一款商用軟體，學習和使用的成本都比較高。Python 和 R 語言也是科學計算領域成熟的程式語言，其中 MATLAB 中的功能一般都可以找到對應的 Python 協力廠商函數庫。

圖形介面的 SPSS 和 Stata 無須學習程式設計，常被需要對本領域進行資料分析的專業人士使用。久而久之，它們就成為很多專業文章必用的工具，在某些領域中甚至比 Python，R 及 MATLAB 更加流行。

在資料建模方面，由於 R 和 Python 具有易學、易讀、易維護等優點，因此它們已成為主流工具。雖然 Java 和 C++ 也支援一些資料分析建模函數庫，但由於它們的呼叫方式不如 Python 靈活，因此在資料領域中並不太常用。但由於 C++ 確實比 Python 更加高效，因此有些 Python 函數庫的底層運算都由 C++ 實現，上層用 Python 封裝，這樣在確保介面靈活呼叫的同時，也確保了執行效率。

Python 強大的協力廠商函數庫不僅支援科學計算，而且還支援檔案管理、介面設計、網路通訊等，因此，開發者使用 Python 一種語言即可實現應用程式的完整功能。

本書的多數章節都圍繞 Python 資料分析展開，其中涵蓋與 Python 資料處理相關的資料結構、資料表支援、圖表函數庫、統計函數庫、機器學習模型函數庫及簡單的深度學習函數庫，並以實例的方式綜合說明 Python 對各種典型問題的整體解決方案。

3. 資料取得

從檔案、資料庫或資料倉儲取得資料常常是巨量資料開發的第一步。資料檔案和資料庫檔案大多是有格式的資料（如醫院或學校的資訊系統），常常可以直接讀取；也有一部分是從其他通道取得的，例如從他人提供的 Web 介面遠端讀取的資料，則需要定義格式、轉換和儲存在本機。

使用爬蟲從網路上抓取資料也是不可或缺的方法之一，有時從網路上抓取所有資料，有時從網路上抓取週邊輔助資料。舉例來說，在參加資料比賽需要預測人流量並允許使用外部資料時，可能會從網路上抓取相關的天氣資訊作為特徵來加強預測的準確性。本書將在第 5 章介紹資料取得的相關方法。

4. 特徵工程

特徵工程主要是指在分析和建模之前所做的資料清洗、聚合、產生新特徵等工作，開發者對業務的了解和前期經驗也常在特徵工程的處理中融入資料。舉例來說，根據規則填補資料的遺漏值、透過身高和體重產生新特徵體重指數 BMI、用 PCA 方法降低資料維度，等等。由於特徵工程中的資料處理方法還依賴模型的選擇，如使用 PCA 方法降維就會損失模型結果的可解釋性，因此在做特徵工程時必須要了解業務邏輯、資料分析和模型演算法。

本書的第 3 章和第 6 章介紹了 Python 資料表工具 Pandas 及其資料處理工具的使用方法。透過對這些工具的學習，讀者可以解決特徵工程的大部分相關問題。

5. 統計分析

統計分析方法由來已久，雖然它看起來不如建模預測進階，但是在很多專業領域中仍然是資料分析的主流方法。這一方面是由於在某些複雜領域中，資料比較複雜且資料量並不充足，例如在某類別疾病發生率不高的情況下，無法取得足夠多的各種情況的實例，這時模型訓練和預測效果就不夠好。另一方面，一些模型，如神經網路不能提供足夠的可解釋性，加之黑盒方法的準確率不夠高，使其無法應用在敏感和精度要求較高的領域中。

因此，在醫學等領域中，統計分析方法仍然佔主導地位，該方法可以充分解構出歷史資料中所攜帶的有意義的資訊。它透過統計描述，如資料量、缺失量、平均值、分位數、高頻詞等，對資料的概況有所了解，再透過統計假設方法分析引數與因變數之間的關係。相對於僅用模型預測，它提供對資料多層面的描述和分析，並攜帶大量資訊，即使在使用模型的業務中，也是對模型的重要補充。本書在第 7 章資料分析中介紹常用的統計分析方法。

6. 模型演算法

目前，模型演算法是解決巨量資料問題的主流趨勢，主要包含機器學習演算法和深度學習演算法。實際上，深度學習是機器學習的分支，但大家常把深度學習以外的其他演算法簡稱為機器學習演算法，以示區分。

對於目前成熟的演算法，基本上無須自己撰寫程式，主要透過呼叫已有的工具函數庫實現。近幾年，甚至出現了 Auto-ML 等自動選擇建模方法的工具。那麼，是否還需要學習模型原理及實作方式呢？究竟是學習機器學習模型還是學習深度學習模型呢？

大多數的模型演算法比較複雜，且需要用到較多的數學和機率方面的知識，這也是資料分析中學習難度最大的部分。本書的第 8 章主要介紹機器學習演算法的原理和工具的使用方法，第 12 章結合影像處理實例介紹深度學習的基本原理和工具的使用方法，其主要目的是讓讀者了解它們的原理，以便對其更進一步地選擇和使用，以及在必要時可以根據需求對模型做簡單的修改和訂製，以實用為主。

7. 圖表

資料分析和模型演算法結果的展示都會用到圖表，其分為作圖和展示統計表兩部分。表格常用於高效、簡潔地展示資訊，如原始資料內容的展示、用三線表或表格檔案輸出的方式展示統計結果、模型預測報告等。Pandas 提供將圖表儲存成多種資料檔案以及匯出成 HTML 格式網頁的方法，將會在第 5 章詳細介紹。

有些無法透過文字或數值描述的更複雜的資料，如時序資料、展示特徵相關程度的散點圖、多特徵相關性的熱力圖、展示分類結果的 AUC-ROC 曲線等，都可以使用作圖方式直觀地展示資訊。本書的第 4 章將由淺入深地介紹三種 Python 作圖工具的使用方法。

8. 應用程式

建立應用程式是資料處理的最後一步，常常也是資料處理的目標：將分析和預測結果呈現給使用者，並作為軟體或軟體模組在實際的工作流程中發揮作用。這有關撰寫前端軟體，即在常見的 B/S 架構中，服務端以 WebService 的方式提供使用介面。它的好處在於不依賴作業系統，無須安裝，用手機或電腦等各種終端即可存取。當對介面要求較高時，一般使用 JavaScript 開發，Python 內部也支援 Flask 函數庫實現相對簡單的 WebService 功能，以及和 JavaScript 配合使用。該部分不是本書的重點，只在第 5 章最後部分簡介，以增強整個資料處理流程。

1.2 Python 開發環境

在學習 Python 的初級階段，為了方便使用，開發者常常選擇 Windows 系統作為開發環境。而巨量資料開發常常有關資料的取得和儲存、服務的部署、架設巨量資料叢集，以及在同時使用多台伺服器協作計算時的任務排程和負載平衡等，從叢集化、效率及擴充性等方面考慮的話，建議使用 Linux+Docker+Jupyter 的解決方案。下面介紹在 Windows 和 Linux 兩種環境下建立 Python 開發環境。

1.2.1 Windows 環境

1. 安裝 Python 工具

在 Windows 系統中安裝 Python 環境，需要先從 Python 官網下載安裝套件。

選擇其最新版本，在 Windows 環境下建議下載 "Windows x86-64 executable installer" 可執行的安裝套件，在安裝時建議選擇 "Add Python 3.7 to PATH"，以便之後在 Windows 命令列 cmd 環境下也可直接使用 Python 及相關工具，設定介面如圖 1.1 所示。

圖 1.1　Python 安裝介面

安裝完成後，就可以在命令列透過指令 "python" 或透過開始選單的程式開啟 Python 介面。Python 安裝套件中附帶套件管理工具 pip，它具有對 Python 套件的尋找、下載、安裝、移除等功能，使用它可以安裝 Python 的協力廠商軟體，如安裝以 Web 為基礎的 Python 整合式開發環境 Jupyter。

```
01    $ pip install jupyter      # 安裝Jupyter
02    $ jupyter notebook         # 執行Jupyter
```

執行 Jupyter Notebook 後會自動啟動預設瀏覽器，透過 URL 連接 Python 開發環境，輸入的指令將被傳到後台伺服器進行處理，處理後將其結果傳回瀏覽器顯示。Jupyter 工具將在後續章節中詳細介紹。

> 注意：有些版本的瀏覽器不支援 Jupyter，建議使用 Firefox 或 Chrome 瀏覽器。

2. 安裝 Anaconda 工具

使用 "pip" 指令可以安裝大多數的 Python 函數庫和工具，但需要手動輸入指令一個一個安裝，比較麻煩。Anaconda 是一款整合工具，包含了 Python，Jupyter，Spyder，conda 等 開 發 工 具， 以 及 Numpy，Sklearn，Pandas，Matplotlib，Seaborn，Scipy 等常用的 Python 科學計算協力廠商函數庫，共 180 多個工具。其安裝套件有 500 多兆，支援 Windows，Linux 及 mac OSX 作業系統，可從 Anaconda 官網下載最新版本。

在安裝過程中，建議在 Option 介面選取 "Add Anaconda to the system PATH environment variable"，以便之後在 Windows 命令列 cmd 環境下也可直接使用 Python，Jupyter 等工具，設定介面如圖 1.2 所示。

安裝完成後，在開始選單的程式中可以看到 Anaconda3，其子功能表中包含了 Jupyter，Spyder 等軟體，在 cmd 命令列中也可透過指令啟動 Python，Jpython 及 Spyder 工具。對於初學者建立試驗環境，Anaconda 一次性安裝了大多數的套件，這省去了安裝常用協力廠商函數庫的操作，以及解決了包之間相依關係的問題。

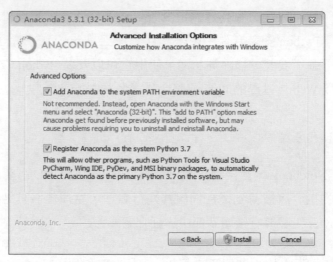

圖 1.2　Anaconda 安裝介面

Anaconda 支援圖形介面的套件管理工具 Anaconda Navigator，這易於初學者安裝工具套件。同時，它也支援命令列 Anaconda Prompt，透過使用 conda 指令支援更加靈活的套件管理。在 Windows 系統中開發 Python，除了 Jupyter 也可以使用 Anaconda 中安裝的 Spyder 整合式開發環境。Spyder 是由 Python 的作者撰寫的一款簡單的開發環境，用法類似 MATLAB。常用的 Windows Python 開發環境還有 PyCharm。

1.2.2　Linux 環境

作為進階開發人員，需要設計的不僅包含程式的撰寫，而且還包含資料相關的整個流程，即從定義問題到可行性分析，到系統架構設計軟硬體資源的部署，以及資料的取得、儲存、分析、建模，最後將分析研究成果產品化。

巨量資料開發不僅有關使用程式分析和處理資料，還有關整個資料處理流程的各方面。當業務量和資料量達到一定量級後，就需要設計叢集解決方案，即部分機器用於儲存、部分機器用於運算、部分機器用於提供服務，或當從外部擷取資料時要考慮到系統的安全性和穩定程度，還需要規劃儲存和主要排程服務的備份。

Linux 是高性能計算（High Performance Computing，HPC）首選的作業系統。在 2018 年 6 月的超級電腦 500 大榜單中，所有的機器都執行 Linux 系統。由於 Linux 具有開放原始碼的特性，因此其上有大量軟體可供選擇，而開放原始碼又使開發者在使用時不僅能知其然，還能知其所以然。對於一些說明文件不多的軟體，也可透過閱讀原始程式了解其功能和工作流程，必要時還可以修改、訂製。從成本方面來看，Linux 上的大量免費軟體都能更進一步地控制開發成本。從叢集方案方面來看，Linux 在服務叢集解決方案方面已經相當成熟。從技術支援方面來看，開放原始碼社區、企業和個人開發的支援率也比較高，相關的文件和參考資料很多。從執行效率來看，Linux 支援從核心到上層應用的各層級的訂製和剪裁，這使得各個節點能更加專注於其本身功能，也使其執行效率更高且更加安全。

雲端服務也是巨量資料常用的解決方案，可隨選租用，有的雲端運算服務還按小時租用，使用雲端服務可以相當大地節省伺服器的採購和維護成本與時間成本。雲端服務一般都支援 Linux 和 Windows 兩種系統。相對來說，Windows 佔用資源更多，同等業務就需要更高的硬體，而從本機登入到雲端服務時，Windows 需要遠端桌面或類似的工具，資訊都基於圖片或視訊資料壓縮傳輸。而 Linux 在支援圖形介面的同時，也支援 ssh 命令列連接，以字元方式傳輸。因此，無論是效率還是傳輸資料量，Linux 都遠遠優於 Windows。可以說，Linux 是公認的伺服器解決方案。

由於 Linux 也是巨量資料開發必備的系統，因此，讀者需要掌握其基本操作。本書有關了資料分析相關的叢集知識，尤其在學習第 5 章資料庫及資料倉儲的存取和修改時，建議安裝 Linux 系統，以便偵錯本書中的所有程式（除第 5 章外的其他程式，也可以在 Windows 系統中正常執行）。

如果讀者想深入學習 Linux 作業系統，最好將它直接安裝到電腦硬體上，這樣能讓系統執行得更高效。對不熟悉 Linux 系統的讀者來說，需要先學習硬碟分區並保留電腦中原有的作業系統，這相對比較複雜，容易誤操作，因此，建議先用虛擬機器方式安裝。

虛擬機器就像是安裝了另一台電腦,其與宿主機(安裝虛擬機器軟體的電腦)的軟體隔離,方便環境的遷移,使用虛擬機器可以部分解決環境不一致和現場軟體安裝的問題。

下面介紹在 Windows 環境下安裝 Linux 虛擬機器的基本方法。在 Windows 系統中只要是 Windows XP 以上系統都可正常安裝,虛擬機器選用 VirtualBox 或 VMware。本例中使用了 VirtualBox-5.1.26 版本,Linux 系統使用了 Ubuntu 16.04。先下載 Ubuntu 安裝碟的 ISO 映像檔檔案和 VirtualBox 軟體,安裝後,VirtualBox 介面如圖 1.3 所示。

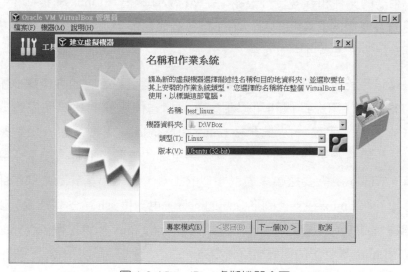

圖 1.3 VirtualBox 虛擬機器介面

注意:Linux 的版本可以使用 Ubuntu,也可以使用 CentOS,不用過分糾結它們的實際版本,因為後期開發的相關軟體都安裝在 Docker 中,和作業系統關係不大。

安裝方法如下:先新增虛擬電腦,選擇其作業系統類型為 Linux,版本為 Ubuntu。然後在記憶體大小介面設定其記憶體在 2G 以上(一般為宿主機記憶體的一半),在虛擬硬碟介面選擇「現在建立虛擬硬碟」建立「vdi(VirtualBox 磁碟映像檔)」,並選擇「動態分配」其大小,這樣可使虛擬機器隨著儲存資料的增加逐漸佔用儲存空間，選擇虛擬碟的位置並建立空間為 20G 以上（建議為 50G）的虛擬硬碟，完成建立虛擬機器。

選擇已建立的虛擬機器，在其設定介面的儲存標籤中增加虛擬光碟機，選擇下載 Ubuntu 安裝碟的 ISO 檔案，設定完成後啟動該虛擬機器，即可看到虛擬機器從光碟啟動，啟動後的介面顯示如圖 1.4 所示。

圖 1.4　Ubuntu 安裝介面

在左側選擇語言為「中文」、右側選擇「安裝 Ubuntu」後，在「準備安裝」介面選擇「繼續」；在「安裝類型」介面，如果之前未安裝過 Ubuntu 系統，並且在虛擬機器中安裝，則選擇其預設選項「清除整個磁碟並安裝」，此時的「清除」指清除虛擬機器中的內容，不會影響 Windows 系統。對於熟悉 Linux 的開發者或是在非虛擬機器中安裝，可以選擇「其他選擇」，手動設定分區，這樣可以使 Linux 與電腦中其他作業系統並存，在此不深入討論。本例中選擇其預設選項，點擊「現在安裝」，並在確認框中選擇「繼續」。

接下來選擇時區為「上海」，鍵盤設定為「中文」，並按提示輸入使用者名稱和密碼。此後，系統開始安裝，一般在等待幾分鐘到十幾分鐘後安裝結束，重新啟動即可啟動新安裝的 Ubuntu 系統。

在 Linux 系統中，主要使用終端透過命令列的方式安裝服務和執行程式。在桌面的左上角的「搜尋您的電腦」中輸入 "gnome-terminal" 找到終端，開啟即可輸入指令，終端介面如圖 1.5 所示。

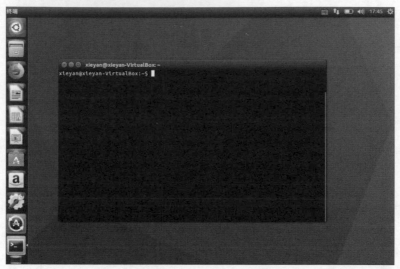

圖 1.5 Ubuntu 作業系統終端介面

在安裝好系統後，虛擬機器和宿主機還不支援共用剪貼簿、檔案共用，以及根據視窗大小自動調節解析度等功能，這就需要安裝增強功能。在虛擬機器的裝置選單中，選擇「安裝增強功能」，安裝完重新啟動，然後在裝置選單的共用剪貼簿子功能表中選擇雙向，剪貼簿等功能就可以正常使用了。

> **注意**：本書下文中的作業系統環境預設為 Ubuntu 環境，不再説明 Windows 及 VirtualBox 虛擬機器的呼叫關係。

1.2.3 Docker 環境

由於程式開發和程式部署常常不在同一台電腦上，而很多時候還需要按照客戶要求訂製系統，而我們撰寫的程式經常依賴於其他 Python 函數庫及系統底層軟體，這時還需要注意其各個版本之間的相依關係。由於安全和保密的原因，一些客戶部署場地需要內外網隔離使得軟體不能聯網自動安裝，必須根據實際環境複製安裝大量軟體,這大幅增加了現場實施的難度,以及發生錯誤的可能性。

虛擬機器適用於在一個系統中安裝另一個作業系統,即在一台機器上同時使用兩個作業系統。由於虛擬機器需要啟動整個系統,因此常常佔用較多資源,且啟動時間長。

目前,架設叢集中的各種服務基本都使用 Docker。Docker 是包含虛擬系統、程式執行、包裝、管理等方法的一整套解決方案。它可以將實際的應用從基本系統中剝離出來,如可以將 MySQL 資料庫、前端服務、模型預測分別包裝成不同的 Docker 映像檔。在叢集中,當需要在某一台機器上執行資料庫時,就可以把 MySQL 映像檔複製到該物理機器上執行。

相對於虛擬機器,Docker 的啟動時間更快,佔用資源更少,與在宿主機上直接安裝和執行軟體差別不大。在啟動 Docker 時,可指定執行其中的某種應用程式,同時 Docker 還提供工具快速建立 Docker 映像檔。映像檔的版本管理工具可以讓使用者快速切換到某一版本,且佔用更少的儲存空間。

網路上有很多其他人發佈的 Docker 映像檔,下載到本機後無須考慮其宿主機的軟硬體環境即可直接使用,這可以大幅減少運行維護的工作量。

即使有系統運行維護工程師架設系統,而作為巨量資料開發人員也需要掌握基本的 Docker 技能。Docker 的功能很多,有專門的書籍介紹其功能和用法,本書第 5 章中介紹的 Python 存取資料庫及資料倉儲都是以資料庫和資料倉儲為基礎的 Docker 映像檔實現的。本小節只是從實用的角度介紹 Docker 的基本原理,以及最常用的使用方法和使用場景,以便確保讀者能正常使用 Docker。

1. 安裝 Docker 環境

下面介紹 Docker 工具的基本安裝和使用方法,首先在 Ubuntu 系統中安裝 Docker 工具。在 Ubuntu 系統中,使用 "apt-get" 指令安裝軟體、"sudo" 指令將目前使用者切換為超級使用者 "root",實際指令如下:

```
01   $ sudo apt-get install docker.io
```

安裝完 Docker 後，就可以使用 "docker" 指令了。此時，還只能用 "root" 身份使用大多數的 Docker 指令，如果想讓某個使用者操作 Docker，則需要將其加入 "docker" 組。

```
01    $ sudo usermod -aG docker $your-user   # 將新成員加入docker組
02    $ sudo service docker restart          # 重新啟動docker服務
03    $ newgrp - docker                      # 更新docker成員
04    $ docker run -it ubuntu bash
05    root@894e2dcbbe7a:/#
```

最後一行指令將啟動名為 "ubuntu" 的 Docker 映像檔。如果本機不存在 "ubuntu" 映像檔，則會從官網下載。從命令列中可以看到提示符號與之前不同，此時就進入了 Docker 所啟動系統的命令列，說明已經進入了該映像檔，並以對話模式執行 "bash" 指令（bash 是 Linux Shell 程式），這時可以使用 "exit" 指令退出 Docker 環境。

透過上述操作可以看到，使用 Docker 只需要一個指令即可安裝和啟動各種 Docker 環境，比使用虛擬機器方便得多。Docker 映像檔是一個只有幾十 MB 的小系統，此時可以用 "apt-get" 指令安裝一些軟體來建置 Docker 內部環境。

> 注意：後面還會用到該容器，建議不要退出，先使用 "Ctrl+Shirt+T" 組合鍵以標籤頁的方式開啟另一個終端進行後續操作。

2. Docker 的 C/S 模式

從上面的 "service docker restart" 指令可以看出，Docker 是 C/S 模式，C 即 Client（用戶端），S 即 Server（服務端），服務端與用戶端之間透過 Socker 通訊。服務端（即 Docker 系統）在後台執行，用戶端用 "docker" 指令與服務端通訊，透過以下指令可顯示 Docker 系統資訊。

```
01    $ docker info
```

3. 容器的相關操作

如果把 Docker 看成虛擬機器，容器則是虛擬機器的執行實例，簡單地說就是正在執行著的虛擬電腦。容器是 Docker 的重要概念，對 Docker 的操作主要是圍繞它進行的。下面介紹容器的相關操作。

（1）建立和啟動容器，"docker run" 指令可同時建立和啟動容器。在安裝 Docker 環境時，用 "run" 指令啟動容器。下面介紹 run 指令的使用方法和主要參數：

```
01   $ docker run [OPTIONS] IMAGE [COMMAND] [ARG...]
```

其主要參數如下：

- -d：後台執行容器，並傳回容器 ID。
- -i：以互動模式執行容器，通常與 -t 同時使用。
- -t：為谷器重新分配一個偽輸入終端，通常與 -i 同時使用。
- -p：將容器通訊埠對映到主機通訊埠（如 -p 8890:8888 是把容器中的 8888 通訊埠對映到宿主機 8890 通訊埠）。
- -v：將主機目錄對映到容器中（如 -v /data:/tmp/a 是把主機目錄 /data 對映到容器中的目錄 /tmp/a 下；在同一命令列中可使用多組 -v 對映多個目錄）。
- --ip：指定 IP 位址。
- --rm：在停止執行（stop）後刪除容器，這樣在容器關閉後就不再需要用 "docker rm" 指令刪除容器了。
- IMAGE：映像檔的名字。
- COMMAND：需要啟動的指令。

上面列出了 "docker run" 指令最常用的參數，其實它支援的參數還有很多，可以使用以下指令檢視。

```
01   $ docker run -help
```

（2）透過以下指令可以檢視正在執行的 Docker 容器。

```
01   $ docker ps
```

此時，就能看到正在執行的容器的資訊，注意可透過 CONTAINER ID 操作指定的容器。

在架設環境的最後一步中，用 "docker run" 指令啟動一個容器，此時再開一個終端，然後用 "docker ps" 指令就可以看到這個容器的資訊了。如果在容器內部執行 "exit" 指令，退出後再使用 "docker ps" 指令則看不到該容器。

（3）當執行 "docker run" 指令啟動容器時，常使用 -d 參數使容器在後台執行，用 "docker exec" 指令可與正在執行的容器互動，如使用此指令進入 Docker 並安裝一些軟體。

```
01  $ docker exec -it CONTAINER_ID /bin/bash
```

該指令可進入正在執行的 Docker 容器，並啟動容器中的 "bash"。

（4）在容器內部與本機系統之間複製檔案。在操作虛擬系統時，常常需要把資料拷入容器，執行之後再把執行結果從容器中拷到本機系統中。在不能上網的環境下，如果想在容器中安裝軟體，則需要將安裝套件複製到容器中。使用以下指令將本機檔案複製到容器中：

```
01  $ sudo docker cp HOST_PATH CONTAINER_ID:CONTAINER_PATH
```

使用以下指令將容器中的檔案複製到本機：

```
01  $ sudo docker cp CONTAINER_ID:CONTAINER_PATH HOST_PATH
```

（5）檢視某一容器的 log 資訊。
當容器在後台執行時期，可能需要捕捉其輸出資訊。舉例來説，當使用 Docker 在後台執行 Jupyter（Python 開發環境）時，需要取得其輸出的 token 資訊才能用網頁登入。此時，就可以從 log 中檢視該 Docker 的輸出，實際指令如下。

```
01  $ docker logs CONTAINER_ID
```

（6）停止執行中的容器，指令如下。

```
01  $docker stop CONTAINER_ID
```

（7）刪除容器，指令如下。

```
01  $docker rm -f CONTAINER_ID
```

刪除之後，容器中的內容將不再儲存。run 指令包含建立（create）容器和啟動（start）容器兩步，相對應的關閉也分為 stop（關閉）和 rm（刪除）兩步。如果 run 指令在執行時期不使用 -rm 參數，則停止執行後該容器不會被自動刪除，需要用 rm 指令手動刪除。

4. 映像檔的相關操作

如果把 Docker 看作虛擬機器、容器看作虛擬機器的執行實例，那麼映像檔（Image）則可看作儲存在硬碟上的虛擬機器對應檔案。容器是動態的，映像檔是靜態的。當容器退出和刪除後，映像檔仍然存在，但需要注意的是在容器中對虛擬系統所做的修改並不會自動儲存在映像檔中。舉例來說，本次操作在容器中安裝了很多軟體，退出後，當下次再執行該映像檔時，這些軟體是不存在的。

為什麼 Docker 不像 VirtualBox 和 VMware 虛擬機器一樣，一邊執行一邊儲存呢？這是因為很多時候在同一台機器上基於同一個映像檔可能啟動多個容器，如果即時儲存，就無法確定映像檔中儲存的是哪一個容器中的內容。

映像檔是容器的基礎，一般透過管理映像檔來管理容器，以及在不同機器之間傳輸或共用 Docker 虛擬系統。下面介紹有關映像檔的基本操作。

（1）檢視映像檔。透過以下指令可檢視目前可用的映像檔，從傳回的結果中可以看到之前下載的 Ubuntu 系統，其佔用空間為 88.9MB，主版本編號 REPOSITORY 為 ubuntu，子版本編號為 latest，可透過兩個版本編號的組合操作該映像檔。

```
01   $ docker images
02   # 傳回結果
03   # REPOSITORY    TAG        IMAGE ID        CREATED        SIZE
04   # ubuntu        latest     94e814e2efa8    3 weeks ago    88.9MB
```

（2）以 Build 方法製作映像檔。當需要儲存安裝的軟體或資料以備下次使用時，就需要重新製作映像檔。有兩種製作映像檔的方法：一種是用 "docker build" 指令建立新的映像檔，另一種是用 "docker commit" 指令將某一容器中的修改儲存成新的映像檔。build 方法透過目前的目錄下名為 Dockerfile 的檔案指定基礎映像檔、安裝套件、環境變數等，並利用以下指令建立映像檔，其中 REPOSITORY 是主版本編號，TAG 是子版本編號。

```
01    $ docker build -t REPOSITORY:TAG
```

（3）以修改方式製作映像檔。build 方法是建立映像檔的標準方法，開發者可以從 Dockerfile 檔案中清晰地看到新映像檔與基礎版本映像檔的差異。但是當修改專案較多時，DockerFile 檔案的內容和邏輯可能非常複雜，這時就可以使用 commit 方法將某容器的內容製作成新映像檔，實際方法如下：

```
01    $ docker commit CONTAINER_ID REPOSITORY:TAG
```

其中，CONTAINER_ID 是容器的 ID，可透過 "docker ps" 指令獲得。在操作完成之後，使用 "docker images" 指令就可以看到新的映像檔，並透過指定版本編號啟動不同映像檔。新映像檔只儲存其基礎版本的增補，並不會佔用太大空間，這相對於虛擬機器有明顯的優勢。在下次啟動時，在 run 指令中指定新的版本編號（REPOSITORY:TAG）即可用新的映像檔啟動容器。

另外，還可以透過 TAG 指令修改其版本編號。

```
01    $ docker tag 舊版本編號新版本編號
```

相對來說，build 方法更加標準，能做出比較「乾淨」的映像檔，而 commit 方法相對比較隨意，常用於儲存工作現場。

（4）刪除映像檔。在刪除映像檔前需要先停掉（stop）以該映像檔啟動為基礎的容器，然後執行 rmi 指令。

```
01    $ docker rmi IMAGE_ID
```

（5）把映像檔複製到另一台電腦上。在實際工作環境中，常常是在研發機上製作映像檔，然後安裝到生產環境中。因為 Docker 的映像檔並不是儲存在某一單一檔案中，所以無法直接複製，需要從一台電腦上匯出檔案，然後複製到另一台電腦上，再執行匯入操作。在需要匯出的電腦 A 上執行以下指令：

```
01    $ docker save -o 檔案名稱 IMAGE_TAG
```

將檔案複製到需要匯入的電腦 B 上，然後執行以下指令。

```
01    $ docker load -i 檔案名稱
```

5. 層

在匯出 Docker 檔案時，可以看到 Docker 檔案佔用的空間並不小，內容較多的 Docker 檔案常常有幾 GB，那麼當頻繁對 Docker 做修改並產生多個映像檔檔案時，是否會佔用大量儲存空間呢？答案是不會的。這是因為映像檔是按層儲存的，即在 Docker 內部只儲存各個版本之間的差異。

層（Layer）是 Docker 用來管理映像檔層的概念，因為單一映像檔層可能被多個映像檔使用，所以 Docker 把層（Layer）和映像檔（Image）的概念分開，其中層（Layer）儲存映像檔層的 diff_id，size，parent_id 等內容。在同一個 Docker 版本管理系統中，只要層（Layer）一致，就只儲存一份。

在預設情況下，映像檔的儲存路徑為 /var/lib/docker/aufs/，其中的 Layers 資料夾儲存的就是映像檔層的資訊。

在電腦 A 上，映像檔的儲存是增量的，那麼如果用 save/load 方式將映像檔複製到另一台電腦 B 上，會不會佔很大儲存空間呢？答案是不會的。因為映像檔的儲存是按層堆疊的，同樣的層只儲存一次，所以在向另一台電腦匯入映像檔時，會比較和儲存新映像檔與現存層不同的部分，只是在複製過程中會佔用較大空間。

如果想要檢視目前 Docker 映像檔與其基礎版本及各分支的關係，就要先來看看中繼資料（metadata）。中繼資料就是關於層的額外資訊，不僅包含 Docker 取得執行和建置時的資訊，而且還包含父層的層次資訊，唯讀層和讀寫層也都包含中繼資料。

用以下指令可取得容器或映像檔的中繼資料：

```
01    $ docker inspect CONTAINER_ID/IMAGE_ID
```

此時，可以看到目前容器或映像檔的資訊，如映像檔的 ID 和 Parent，進一步確定其繼承關係。

透過對本小節的學習，讀者可了解 Docker 的常用方法及基本原理，以便在後面學習了 Python 的 Jupyter 整合式開發環境之後，能結合 Docker 和 Jupyter 建立包含 Python 開發環境的 Docker 映像檔作為 Docker 的使用實作。

1.3 Python 開發工具

Python 的開發工具有很多，可繁可簡，執行簡單的 Python 指令稿一般使用 Linux 的文字編輯器 vim 撰寫，使用命令列的 "python" 或 "ipython" 指令執行即可；相對複雜的功能一般都使用整合式開發環境（Integration Development Environment，IDE）開發，以程式編輯介面為主、支援程式執行以及一些輔助工具。

常用的 Python 整合式開發環境有 Eclipse，Spyder，PyCharm，Eric，Jupyter Notebook 等，其中 Jupyter Notebook 並不是最優秀的，但它可以使用瀏覽器在網路中的任意一台電腦上撰寫程式，這就使其在巨量資料開發中尤其是在叢集環境下的開發中具有很大的優勢。

1.3.1 Python 命令列環境

1. 在 Docker 環境下安裝 Python 開發環境

在學習開發工具之前，先要安裝 Python 開發環境。本小節介紹在 Docker 環境下安裝 Python 基礎環境，以及 Jupyter 的 Python 開發環境。首先，搜尋可用的 Python 映像檔。

```
01    $ docker search python
```

此時會傳回多個 Python 映像檔檔案，選擇其中加星最多的名為 "python" 的映像檔，將其下載到本機。

```
01   $ docker pull python
```

下載之後，透過 "docker images" 指令檢視該映像檔的基本資訊。

```
01   $ docker images|grep python
02   #傳回結果：
03   # python   latest   59a8c21b72d4       9 days ago        929MB
```

可以看到，如果不指定子版本編號，就會下載最後版本 latest，該映像檔大小
為 929MB。下一步進入該 Docker 檢視系統資訊，並使用 "apt-get" 指令安裝
Linux 的文字編輯器 vim。（apt-get 是 Ubuntu 中的軟體套件管理工具）。

```
01   $ docker run -it python bash       # 以對話模式執行Docker
02   $ apt-get update
03   $ apt-get install vim
```

使用 "pip" 指令安裝 IPython（Interactive Python 的簡稱，即互動式 Python）。

```
01   $ pip install ipython
```

此時，IPython 被安裝在容器中，當退出容器後，對容器的修改不會被儲存。
因此，需要用 commit 方法將容器的目前狀態儲存到映像檔中，以備後續使
用，可以先用 "docker ps" 指令檢視 CONTAINER_ID。

```
01   $ docker ps
02   # 傳回結果
03   # CONTAINER IDIMAGECOMMAND   CREATED      STATUS      PORTS       NAMES
04   # cde6197066b7python"bash" 41 minutes ago Up 41 minutes relaxed_snyder
```

由結果可知，CONTAINER_ID 為 cde6197066b7，可用前幾個字母代表，再用
以下指令將其儲存為新的映像檔。映像檔主版本編號依舊為 python，子版本
編號為 xy_190405，之後使用 "docker images" 指令即可檢視該映像檔。

```
01   $ docker commit cde6 python:xy_190405
02   $ docker images|grep python
03   # 傳回結果：
04   # python xy_190405 6ddad238c01d       About a minute ago   1.03GB
05   # python latest 59a8c21b72d4          9 days ago           929MB
```

此時，可看到新增的映像檔檔案。之後對 Docker 容器的修改如需儲存都需要使用 commit 方法或 build 方法產生新的映像檔（簡單起見，這裡使用了 commit 方法）。

以上介紹了在 Docker 環境下安裝 Python 開發環境，後續將以上述映像檔為基礎執行書中的程式。讀者也可以在 Windows 或 Linux 虛擬機器上直接安裝 Python 環境，但直接安裝相對依賴宿主機的軟體環境，可能在執行本書後續的程式時需要考慮軟體版本符合的問題。

2. 使用 Python 開發環境

在進入 Docker 內部環境之後，就可以正常使用 Python 和 IPython 了。在命令列中輸入 "python" 即可進入互動式程式設計。

```
01    $ python
02    >>> print('aaa')# <<<為python內部提示符號
03    aaa
```

也可以用編輯器撰寫副檔名為 ".py" 的 Python 程式，並將檔案名稱作為 Python 的指令參數，以執行程式中的程式，例如：

```
01    $ echo "print('aaaa')" > /tmp/a.py#用Linux的echo指令將文字寫入檔案
      /tmp/a.py
02    $ python /tmp/a.py
```

IPython 是 Python 的擴充，除了提供 Python 的基本功能，還提供退出後儲存歷史、Tab 自動補全、內嵌程式編輯、用英文 "?" 方式取得函數的幫助等功能。在命令列輸入 "ipython" 指令即可進入互動式程式設計，即 IPython Shell。IPython 還提供瀏覽器圖形介面 IPython Notebook，將會在下一節介紹。

1.3.2 Jupyter 環境

Jupyter Notebook 原名為 IPython Notebook，早期以支援 Python 為主，後來支援 40 多種程式語言。在巨量資料開發中，Jupyter 是一款以 Web 為基礎的開發工具，開發者可以在一台電腦上啟動 Jupyter 的服務端，而在其他電腦上用瀏覽器透過指定通訊埠開發程式，這是 Jupyter 的最大優勢。這種方式可以讓開發者利用叢集中其他主機的運算資源，並且支援多人使用同一台電腦上的 Jupyter 撰寫程式。開發者可以使用叢集中的任何一台電腦，只要支援普通瀏覽器（Firefox，Chrome 及 IE 的較新版本）就能進行 Python 程式的開發和偵錯，尤其適用於當軟體環境安裝在網路的某台伺服器上時，本機用任何一台電腦都可作為終端與之連接進行程式開發。

Jupyter 還支援 Markdown 格式的檔案，這可以讓我們將帶格式的文件、程式，以及程式執行結果儲存在同一檔案中。

Jupyter 副檔名為 ipynb，它是一種文字格式檔案，可使用檔案編輯器開啟，其中包含 Python 原始程式及一些格式資訊，可使用 Jupyter 將其轉換成 ".py" 檔案並匯出執行。除了匯出成 Python 預設的 ".py" 檔案，Jupyter 還支援將其匯出成 html，pdf 等格式的檔案，這使其在分享或範例程式時非常方便，完全不用考慮程式格式的問題。

"ipynb" 格式的檔案被廣泛使用，如巨量資料比賽 Kaggle 的程式和說明大多數都是以這種格式撰寫的，Github 也支援該格式的完美顯示，即在 Github 中開啟 ".ipynb" 檔案看到的就是分段的程式。

下面介紹 Jupyter 的安裝、使用，以及使用 Docker 啟動 Jupyter 的方法。

1. 在 Docker 環境下安裝和執行 Jupyter

由於 Jupyter 是 C/S 結構，因此需要服務端開放通訊埠供用戶端連接，Docker 內部通訊埠需要使用參數 -p 對映到其宿主機通訊埠。另外，撰寫的程式也需要儲存在 Docker 之外，以免在關閉容器時遺失資料。在 Docker 啟動時，使用參數 -v 將宿主機目錄對映到 Docker 內部，並用以下指令啟動容器。

```
01    $ mkdir $HOME/src
02    $ docker run -v $HOME/src:/home/test/ -p 8889:8888 --rm -it
      python:xy_190405 bash
```

其中，$HOME 指 Linux 下使用者的家目錄，先在其下建立 src 目錄，然後將其對映到 Docker 的 "/home/test/" 目錄下,並將 Jupyter 的預設 8888 通訊埠對映到宿主機的 8889 通訊埠;-it 指以對話模式啟動;python:xy_190405 是上一步建立的新映像檔的版本編號。

在進入 Docker 之後,使用 "pip" 指令安裝 Jupyter,並啟動 Jupyter,然後將其網路位址全部設定為 0,以便 Docker 外部可以透過宿主機的 IP 存取 Jupyter。由於 Docker 內部使用者為 root,因此在啟動時還需要設定參數 --allow-root。

```
01    $ pip install jupyter
02    $ jupyter notebook --ip=0.0.0.0 --allow-root
03    # 傳回結果:
04    # http://(07bd7592a3bd or 127.0.0.1):8888/?token=f8d000bc67f9f3dc
      d83c2e1de7db98ef4d58331877ccf106
```

在傳回結果中包含一個 URL,其中 token 是其連接密碼,此時 Jupyter 已經啟動並透過 Docker 將其 8888 通訊埠對映到宿主機的 8889 通訊埠。在任何一台連接網路的電腦的瀏覽器中開啟 "http:// 宿主機 IP:8889",然後輸入 token 密碼即可連接 Jupyter Notebook。如圖 1.6 所示。

圖 1.6 Jupyter 登入介面

至此,雖然 Jupyter 已經可以正常執行了,但是在每次啟動時都需要輸入 token,另外在啟動 Jupyter 時也需要進入 Docker 容器內部輸入啟動指令,比較麻煩。下面將介紹給 Jupyter 設定固定密碼，以及將 Jupyter 啟動成後台服務。

在 Docker 內部先檢視目前使用者的家目錄：

```
01   $ env|grep HOME
02   # 傳回結果：HOME=/root
```

然後產生 Jupyter 預設的設定檔：

```
01   $ jupyter notebook --generate-config
02   # 傳回結果：Writing default config to: /root/.jupyter/jupyter_notebook_
     config.py
```

並設定密碼：

```
01   $ jupyter notebook password
02   # 傳回結果：
03   # [NotebookPasswordApp] Wrote hashed password to /root/.jupyter/
     jupyter_notebook_config.json
```

然後使用 "echo" 指令將 Json 檔案中密碼的雜湊碼增加到 jupyter_notebook_config.py 檔案中，形如：

```
01   $ cat /root/.jupyter/jupyter_notebook_config.json
02   $ echo "c.NotebookApp.password = 'sha1:81c1fe9e6c55:c5cebe1b23311cc7cee
     93406fa4dce016050ac3d'" >> /root/.jupyter/jupyter_notebook_config.py
```

在輸入以上指令時，使用 Json 檔案中的 password 內容取代 echo 指令中的雜湊碼。其中，"echo" 指令用於字串輸出，">>" 將輸出重新定向到檔案結尾部。在另一終端使用 "docker commit" 指令對 Docker 的修改儲存到映像檔，如 python:xy_190408，之後退出 Docker，並使用以下指令設定在啟動 Docker 時自動啟動 Jupyter。

```
01   $ docker run -v $HOME/src:/home/test/ -p 8889:8888 --rm -d
     python:xy_190408 jupyter notebook --allow-root --ip=0.0.0.0
```

在命令列中，將互動模式 -it 改為啟動為後台服務 -d 並將 "jupyter" 指令及其參數加入命令列尾部，此時在使用瀏覽器存取 Jupyter 時即可使用新密碼登入。如果想進入已啟動的 Docker 容器，就可以使用 "dockerexec" 指令。首先用 "docker ps" 指令檢視其 CONTAINER_ID，然後指定該 ID 以對話模式連接已啟動的 Docker，並執行命令列工具 bash。

```
01    $ docker ps
02    $ docker exec -it CONTAINER_ID bash
```

2. Jupyter 基本用法

登入後的 Jupyter 檔案選擇介面如圖 1.7 所示。

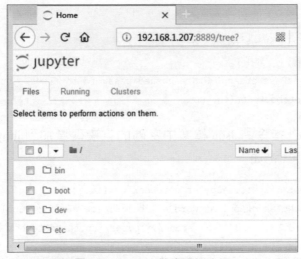

圖 1.7 Jupyter 檔案選擇介面

Jupyter 首頁顯示的內容預設為是在啟動 Jupyter 時目前的目錄中的內容。由於進入該 Docker 後預設進入根目錄，因此在該路徑下啟動 Jupyter 時，介面中就會列出 Docker 中 Linux 根目錄的結構。此時，在瀏覽器中可以編輯和執行已存在的程式，如果還沒有 Jupyter Notebook 程式，則可點擊右上角的 "New" 新增程式。在撰寫和偵錯工具的過程中，錯誤訊息和執行結果也都會顯示在瀏覽器中。

首先，從目錄進入 "/home/test"，之前在啟動 Docker 時已將該目錄對映到宿主機的 $HOME/src 目錄下，以便容器關閉後程式不會遺失。然後，點擊右上角的 "New->Python 3"，新增一個程式（ipynb 檔案），程式介面如圖 1.8 所示。

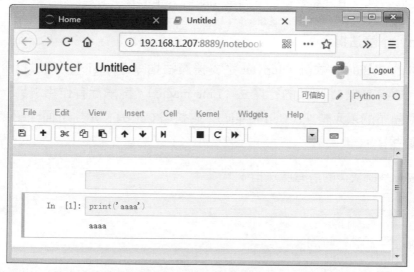

圖 1.8 Jupyter 程式介面

圖 1.8 中的 File，Edit，View，Insert 等都是 Cell 單元，它們是 Notebook 的基本元素，透過 Insert 選單可增加新的單元。單元分為兩種：Markdown 單元（圖 1.8 中的第一個單元）和程式單元（圖 1.8 中的第二個單元）。

- Markdown 單元：一般用於撰寫註釋和說明資訊，包含文字格式、插入連結、圖片、數學公式等資料。
- 程式單元：程式單元左邊有 "In [ ]:" 的序列標記，方便檢視程式的執行次序。其執行結果顯示在本單元下方。

單元有編輯模式和指令模式兩種。編輯模式一般用於修改單元內容；指令模式用於對整個單元操作，如增加單元、刪除單元等。舉例來說，用 "Shift+L" 組合鍵控制是否顯示行號，用 "Shift+Enter" 組合鍵執行目前單元中的程式。在指令模式下單元左側顯示藍線，在編輯模式下左側顯示綠線，另外按 Enter 鍵可以切換到編輯模式，按 Esc 鍵可以切換到指令模式。

在 Cell 選單中，可以選擇執行全部程式，也可以選擇執行某個程式單元，以 Cell 為單元執行程式類似於單步偵錯。程式分段是對程式的功能劃分，有時也可以把完全不同的幾種想法的程式寫在同一個 Notebook 的不同 Cell 單元中，這樣在偵錯過程中只需要執行不同單元即可，非常方便。

3. Jupyter 魔法指令

除基本的 Python 程式外，Jupyter 還支援魔法指令（Magic）。魔法指令包含兩種：一種是以 % 開頭的行魔法（Line magic），對單行有作用；另一種是以 %% 開頭的單元魔法（Cell magic），對整個 Cell 有作用。下面介紹幾個常用的魔法指令。

（1）檢視系統支援的所有魔法指令。

```
01    %lsmagic
```

（2）統計程式執行時間。

```
01    %timeit -n 100000 [i * i for i in range(200)]
02    # 傳回結果：
03    # 100000 loops, best of 3: 9.32 µs per loop
```

%timeit 對單行敘述執行多次，可用 -n 參數設定其執行次數、統計其平均執行時間。在上例中，程式被重複執行了 100000 次，最快 3 次的平均時長為 9.32µs。

（3）檢視目前 Cell 單元執行時間。

%timeit 是執行多次，統計單行程式執行時間；%%timeit 是執行多次，統計程式區塊執行時間。與 timeit 不同，time 是統計單次執行時間。

```
01    %%time
02    arr = [i * i for i in range(200)]
03    # 傳回結果：
04    # CPU times: user 34 µs, sys: 0 ns, total: 34 µs
05    # Wall time: 38.6 µs
```

（4）將 Cell 單元內容寫入 Python 檔案。

```
01    %%writefile test.py
02    print('aaaaa')
03    # 執行結果：Overwriting test.py
```

執行該單元後，在目前的目錄下產生 test.py 檔案。

（5）執行 Python 程式。

```
01    %run test.py
02    # 執行結果：aaaaa
```

（6）將 Matplotlib 繪製的圖片嵌入 Jupyter Notebook 中。

Matplotlib 是最常用的 Python 圖表繪圖工具。在使用 Jupyter 呼叫其繪圖函數時，其繪製的圖片預設以快顯視窗方式顯示。而在 Docker 下執行程式或在另一台電腦上執行程式時，常常不能正常彈出視窗，這時需要使用以下指令設定 Matplotlib 繪製的圖表顯示在瀏覽器中。

```
01    %matplotlib inline
```

（7）檢視目前變數。

```
01    a = 5
02    %whos
03    # 傳回結果：
04    # Variable   Type     Data/Info
05    # -----------------------------------------
06    # a          int      5
```

（8）清除變數。

```
01    %reset
```

（9）載入檔案內容。

```
01    %load test.py
```

執行後，test.py 的內容被載入到目前程式區塊中，形如：

```
01   # %load test.py
02   print('aaaaa')
```

1.4 Python 資料類型

Python 支援六種基本的資料類型：數值（Number）、字串（String）、串列（List）、元組（Tuple）、集合（Set）、字典（Dict），其中字串和數值類型與在 Java 和 C 語言中的用法類似，下面主要介紹 Python 的資料類型及其用法，如表 1.1 所示。

表 1.1 Python 的資料類型

類型	關鍵字	有序	可變	範例
數值	int，bool，float，complex	單值	否	1
字串	str	是	否	"xxx"
串列	list	是	是	[1,2…]
元組	tuple	是	否	(1,2…)
集合	set	否	是	{1,2…}
字典	dict	否	是	{ 'a' :1,' b' :2…}

1.4.1 數值

Python 數值型態的資料包含 int（整數）、float（浮點數）、bool（布林型）、complex（複數）。數值型態只管理單一元素，用法與在其他程式語言中的類似。Python 變數不需要事先宣告，在它設定值時就已被建立，使用 del 敘述可將其刪除。

程式中使用串列解析方式為變數設定值，即根據已有串列高效建立新串列。

```
01   a,b=1,2
02   print(a,b) # 傳回結果: 1 2
03   del a,b
```

1.4.2 字串

字串類型用於 Python 字串的處理，它是一組字元序列，其中的資料有序但不可修改（從程式中可以看到修改後傳回了新字串，原字串不變），字元格式預設為 utf8。Python 字串常和正規表示法 re 函數庫共同使用。

下面以範例方式介紹字串及其主要函數的使用方法。

```
01   string = "hello world!"
02   print(len(string))                    # 計算長度，傳回結果：12
03   print(string.find('o'))               # 正向尋找字元'o'，傳回結果：4
04   print(string.index('o'))              # 正向尋找'o'的索引號，傳回結果：4
05   print(string.replace('o', '?'))       # 取代字串，傳回結果：hell? w?rld!
06   print("It's a {}".format('book'))     # 格式取代，傳回結果：It's a book
07   print(string.split())   # 用空白符切分字串，傳回結果：['hello', 'world!']
08   print(",".join(['a','b']))            # 連接字串，傳回結果：a,b
09   print(string.endswith('!'))           # 判斷尾字元，傳回結果：True
10   print(string.startswith('!'))         # 判斷首字元，傳回結果：False
11   print(string.isnumeric())             # 判斷是否為數值，傳回結果：False
12   print(string.strip())                 # 移除首尾空字元，傳回結果：hello world!
13   print("{} {} {:.2f}".format("hello","world", 3.1415926))
14   # 格式化字串，傳回結果：hello world 3.14
```

1.4.3 串列

串列是 Python 最常用的資料類型，是一組元素序列，支援異質（即其中各個資料項目類型可以不同），其中的資料項目可以是任何類型，如元組、字典、串列等。串列使用中括號定義，元素之間用逗點分隔。串列中的內容是有序的，可修改，支援透過索引值存取和雙向索引，即正數為從左向右索引，負數為從右向左索引（-1 為最後一個元素）。

下例從增、刪、查、改幾個方面介紹串列的基本操作。

```
01   # 建立兩個串列
02   a=[1,2,3,4]
```

```
03   b=[5,6,7]
04   # 增
05   a.append(100)              # 追加元素 100
06   print(a)                   # 傳回結果：[1, 2, 3, 4, 100]
07   a.insert(0, 0)             # 在第0個位置插入元素 0
08   print(a)                   # 傳回結果：[0, 1, 2, 3, 4, 100]
09   a.extend(b)                # 連接兩個串列
10   print(a)                   # 傳回結果：[1, 2, 3, 4, 100, 5, 6, 7]
11   # 刪
12   b.remove(5)                # 刪除資料 5
13   print(b)                   # 傳回結果：[6, 7]
14   b.pop()                    # 刪除最後一個資料
15   print(b)                   # 傳回結果：[6]
16   b.clear()                  # 清空所有資料
17   print(b)                   # 傳回結果：[]
18   # 查
19   print(a[1], a[-1], a[2:4]) # 傳回結果 1 7 [2, 3]
20   # 改
21   a[0] = 9                   # 修改第0個元素內容
```

串列推導式 "list comprehension" 用於快速產生串列，是用可反覆運算物件產生多元素串列的運算式，其語法如下：

[運算式 for 變數 in 可反覆運算物件] 或 [運算式 for 變數 in 可反覆運算物件 if 真值表達式]

舉例來説，產生 20 以內由奇數組成的陣列，用串列推導式一行程式即可實現：

```
01   a = [i for i in range(20) if i % 2 == 1]
```

其含義是用 for 反覆運算存取由 range 函數建立的含有數值 0—19 的串列，用其中不能被 2 整除的數（i）產生新串列。

1.4.4 元組

元組的使用方法類似串列，也用於表示有序資料的集合，但與串列不同的是它不支援修改。它的操作速度比串列快，是輕量級的資料表示，常用於定義常數和作為字典的鍵值。元組使用小括號定義，元素之間用逗點分隔。

由於元組不支援增、刪、改等操作，因此下例簡介其建立和查詢的基本方法。

```
01   # 建立
02   a = (1,2,3,4)
03   # 查詢
04   print(a[1:2]) # 傳回結果 (2,)
```

1.4.5 集合

集合用於表示一組不重複的元素集合，支援異質。集合使用大括號定義，元素之間用逗點分隔。集合中的元素是無序的，可修改。因為集合中的元素無序，所以其不支援透過索引值存取。

下例從增、刪、查、改幾方面介紹集合的基本操作。

```
01   # 建立
02   a = {1,1,2,3}
03   print(a)               # 傳回結果: {1, 2, 3}
04   b = {3,4,5,6,7}
05   # 增
06   a.add(4)
07   print(a)               # 傳回結果: {1, 2, 3, 4}
08   # 刪
09   # remove, pop, clear同list一樣，不再介紹
10   a.discard(9)           # discard在刪除元素時，如果元素不存在也不顯示出錯
11   # 查
12   for i in b: print(i)   # 傳回結果: 567
13   # 改
14   a.update(b)            # 更新操作:如果不存在則增加，如果存在則忽略
15   print(a)               # 傳回結果: {1, 2, 3, 4, 5, 6, 7}
```

除了增、刪、查、改，集合還支援相關的運算，如差集 (-)、聯集 (|)、交集
(&)、子集 (issubset) 等操作。

```
01   print(a-b)            # 傳回結果：{1，2}
02   print(a&b)            # 傳回結果：{3, 4, 5, 6, 7}
03   print(a|b)            # 傳回結果：{1, 2, 3, 4, 5, 6, 7}
04   print(a.issubset(a))  # 傳回結果：True
05   print(a>b)            # 傳回結果：True
06   print(a==b)           # 傳回結果：False
```

1.4.6 字典

字典是一組鍵值對（key/value 對映關係）的集合，鍵值不能重複，存取速度
快。字典使用大括號定義，key 與 value 間用冒號分隔，鍵值對之間用逗點分
隔。字典中的元素是無序的，其內容可修改，字典要求 key 中只能包含不可變
的資料。

下例從增、刪、查、改幾方面介紹字典的基本操作。

```
01   # 建立
02   a = {'a':"one", 2:"two"}
03   print(a)             # 傳回結果：{2: 'two', 'a': 'one'}
04   # 增
05   a[3] = 'three'
06   print(a)             # 傳回結果：{2: 'two', 3: 'three', 'a': 'one'}
07   # 刪
08   a.pop(2)
09   print(a)             # 傳回結果：{3: 'three', 'a': 'one'}
10   # 查
11   print(a['a'])        # 傳回結果：one
12   print(a.keys())      # 傳回結果：dict_keys([3, 'a'])
13   print(a.values())    # 傳回結果：dict_values(['three', 'one'])
14   print(a.items())     # 傳回結果：dict_items([(3, 'three'), ('a', 'one')])
15   # 改
16   a[3] - '3'
17   print(a)             # 傳回結果：{3: '3', 'a': 'one'}
```

1.5 Python 函數和類別

相對於 C 語言和 Java，Python 的函數和類別的用法更加靈活。Python 用 def 關鍵字定義函數，除函數的一般格式外，它還支援使用 lambda 定義匿名函數。本節將介紹 Python 的函數和類別的基本使用方法。

1.5.1 定義和使用函數

Python 函數的定義和使用方法和其他語言類似，本小節以範例的方式展示 Python 函數區別於其他語言的特殊用法。Python 使用 def 定義函數，傳回結果可以是各種資料類型，形如：

```
01   def func(a,b,c):
02       return a+b+c,a*b*c
03   print(func(1,2,3))
04   # 輸出結果：
05   (6, 6)
```

使用 *arg 方式可支援不定長參數，用 **kwargs 方式支援字典類型參數。

```
01   def func2(*arg, **kwargs):
02       print(arg)
03       print(kwargs)
04   func2(1,2,3,x=2,y =3)
05   # 傳回結果：
06   # (1, 2, 3)
07   # {'x': 2, 'y': 3}
```

相對的，當呼叫函數時，如果想將一個陣列或字典作為函數參數，就可以使用 * 實現。

```
01   dic = {'x':2, 'y':3}
02   arr = [1,2,3]
03   func2(*arr,**dic)
04   # 傳回結果：同上例一樣
```

1.5.2 lambda 匿名函數

匿名函數是不需要使用 def 顯示定義的函數，通常用於函數功能比較簡單，且在一行之內即可實現的功能，一般只使用一次。lambda 定義函數的運算式看起來比 def 定義函數的更簡潔。

舉例如下：

```
01    a=lambda x:x+1
02    print(a(3))
03    # 傳回結果：4
```

其中，x 是形式參數，x+1 為函數傳回值。在第 3 章 Pandas 部分將用 lambda 運算式實現表處理。

1.5.3 類別和繼承

類別增加了程式的重複使用性，使程式更便於閱讀。Python 用 class 關鍵字定義類別，如果繼承自其他類別，就將其父類別名稱放在括號內，然後加入冒號和換行。下面用縮排程式作為類別的實現，類別的建構函數為 __init__，其參數是在產生實體時需要傳入的參數。類別中函數的第一個參數指代類別的目前實例，在呼叫時不需要指定參數。

```
01    class Plant():
02        def __init__(self, name):
03            self.name = name
04        def show(self):
05            print("plant", self.name)
06    p = Plant('banana')
07    p.show()
08    # 傳回結果：
09    # plant banana
```

下面是類別繼承的實例：

```
01    class Fruit(Plant):
```

```
02    def show(self):
03        print("fruit", self.name)
04  f = Fruit('banana')
05  f.show()
06  # 傳回結果:
07  # fruit banana
```

可以看到,它使用了其父類別的建構函數,而子類別中重新定義了 show 方法,實現了類別的多形性。

1.6 Python 常用函數庫

本節介紹巨量資料分析計算中常用的 Python 工具函數庫,其中大部分的常用函數庫會在後續的章節中詳細説明或在應用場景中介紹其使用方法,另外的一些函數庫,讀者可以在本節中了解其基本功能以及尋找其相關資料的方法。

1.6.1 Python 內建函數庫

1. OS 模組

OS 是 Python 標準函數庫中存取作業系統功能的模組,用於隱藏系統平台的差異。OS 提供的常用功能有檢視目前作業系統、檢視目前的目錄、對目錄和檔案進行增刪查改、執行指令、取得環境變數等。

2. SYS 模組

SYS 是 Python 標準函數庫中與解譯器互動的模組,用於控制 Python 的執行環境,包含在存取呼叫程式時使用的參數、退出程式、檢視目前載入的模組、控制標準輸入輸出、檢視 Python 解譯器的版本編號等,其中最常用的是 sys.path。當開發者自建函數庫,或下載的函數庫未安裝到系統預設的 Python 函數庫目錄時,常透過修改 path 的值加入新的模組路徑,以便使目前程式正常載入該函數庫。

1.6.2 Python 圖形影像處理

圖形和影像的處理看似和巨量資料關係不大，但實際上也是巨量資料計算常用的工具之一。在我們可取得的資料集中，常常包含大量的影像及視訊資料，並需要從中分析特徵，以便在下一步的分析和建模中使用，而操作的第一步經常是對圖像資料格式、大小的歸一化處理以及各種轉換。同理，資料建模和分析的輸出有時也涉及一些圖片的相關操作，本小節簡介 Python 中的兩個影像處理函數庫。

1. Scikit-Image 圖片處理

Scikit-Image 也叫 skimage，是 Python 中用於圖片處理的協力廠商函數庫。在安裝時，根據 Python 版本的不同，使用其名稱 Scikit-Image 或 skimage。

其功能包含從視訊或檔案中讀寫資料，顯示影像，對圖片的大小、顏色、模式、影像增強、去噪等修改，計算邊緣、輪廓，以及對圖片中像素點的矩陣運算，可以將其看成 PhotoShop 影像處理的 Python 工具。

2. OpenCV 機器視覺

相對於 Scikit-Image，OpenCV 能提供更豐富的功能，這在 3D 和動態影像處理方面尤為突出。OpenCV 提供了影像的校正、分割前景背景、視訊監控、運動追蹤、人臉識別、手勢識別等功能，並支援機器學習演算法。和很多開放原始碼工具一樣，它提供基礎功能。程式開發者利用對基本功能的組合，轉換場景，來實現實際功能。它本身只是一個工具集，不是實際問題的解決方案。如果只在應用層面呼叫的話，則了解其基本的資料結構、函數介面就可以使用了。

1.6.3 Python 自然語言處理

自然語言處理（Natural Language Processing，NLP）是人工智慧領域中的重要方向。它研究人機之間通訊的方法，並有關機器對人類知識系統的學習和應用。從分詞、相似度計算、情感分析、文章摘要到學習文獻、知識推理都有

關自然語言處理。下面介紹一些自然語言處理的基礎函數庫和中文語言語義
分析的資源。

在巨量資料處理時，由於一般資料集中包含大量的文字資訊，有時甚至比數
值類型資料攜帶的資訊更為重要。因此，從中分析特徵並將自然語言轉換成
為模型可識別的資料是經常遇到的問題。

1. NLTK 自然語言處理

學習自然語言處理，一般都會參考 NLTK（Natural Language Toolkit，自然語
言處理工具套件），主要是學習它的想法，從設計的角度分析其功能。自然語
言處理的本質就是把語言看成字串、字串組、字串集，並尋找它們之間的規
律。

NLTK 支援多語言處理，目前網路上的程式幾乎沒有用 NLTK 處理中文的，
但可以實現。舉例來說，標記功能，因為它本身提供了帶標記的中文語料庫
（繁體語料庫 sinica_treebank）。

2. Jieba 分詞工具

中文與英文差異最大的地方在於，英文中表示意義的最小單位（詞）之間以
空格分割，而中文的詞與詞之間沒有空格，與詞相比單一字表達的意思常常
又不完整。因此，中文需要借助工具將句子分詞。Jieba 是 Python 的中文分片
語件。它提供了分詞和詞性標記功能，能在本機自由使用，並可以極佳地和
其他 Python 工具結合。實現類似功能的中文分詞工具還有 SnowNLP。

3. SentencePiece 切分子句

SentencePiece 是 Google 開放原始碼的自然語言處理工具套件。它使用針對神
經網路無監督學習方法，可從大段文字中切分出意群。

在資料採擷時，假設有一列特徵 T 是文字描述，我們需要將其轉成列舉型，
或多個布林型代入模型，即需要從文字中提供資訊建置新特徵。首先，可用
標點將長句拆分成短句，以短句作為關鍵字。

其次，再看每個實例的特徵 T 中是否包含該關鍵字，進一步建置新的布林型特徵。但有時候表達同一個意思所使用的文字並不完全一致，例如「買三送一」和「買三送一啦！」是一個意思。在這種情況下，我們可以先用 SnowNLP 或 Jieba 分詞把描述拆成單一詞，看 T 是否包含該關鍵字。但這樣做的問題在於：可能把一個意思拆成了多個特徵，例如「袖子較短，領子較大」被拆成了四個獨立的特徵「袖子」、「較短」、「領子」、「較大」，失去了組合效果。

我們需要的效果是：如果「袖子較短」這個組合經常出現，就把它當成一個詞處理。在 Jieba 中可以用自訂字典的方式加入已知的詞，還有一些組合常常出現，但事先並不知道，於是希望機器自動學習經常組合出現的子句和詞。SentencePiece 可以解決這個問題，但它需要大量文字來訓練。

SentencePiece 的用途不僅限於自然語言處理，如巨量資料競賽平台 DC 曾經有一個藥物分子篩選的比賽，即需要取得長度不固定的氨基酸序列片斷，此處就可以用 SentencePiece 進行切分。其原理是將重複出現次數多的片斷識別為一個意群（詞）。

4. WordNet

WordNet 是由 Princeton 大學的心理學家、語言學家和電腦工程師聯合設計的一種以認知語言學為基礎的英文詞典。它不是只把單字按字母順序排列，而是按照單字的含義組成一個「單字的網路」。

它是覆蓋範圍寬廣的英文詞彙語義網。名詞、動詞、形容詞和副詞各自被組織成一個同義字的網路，每個同義字集合都代表一個基本的語義概念，並且這些集合之間也由各種關係連接。

WordNet 包含描述概念含義、一義多詞、一詞多義、類別歸屬、近義、反義等功能。目前，WordNet 只針對英文，中文的知網也以詞庫的方式實現了部分類似的功能。

1.6.4 Python 資料分析和處理

1. Numpy 資料處理

Numpy 全稱為 Numeric Python，是 Python 資料運算的協力廠商函數庫，支援大規模陣列和矩陣的運算，具有豐富的數學函數程式庫，是資料分析和高性能計算的基礎。它底層的大部分功能都由 C 語言實現，這比 Python 基本資料結構運算的速度快，使用也更方便，因此在科學計算領域中被廣泛使用，Pandas，Sklearn 也都以它為基礎函數庫。第 2 章將詳細介紹 Numpy 函數庫。

2. Pandas 資料操作與分析

Pandas 是資料分析處理的協力廠商函數庫，基於 Numpy 開發，可以把 Pandas 資料處理看作對資料庫中表的操作。它提供資料匯入、匯出成各種檔案格式，資料表的增刪查改，簡單的資料清洗、統計、聚合、分組、排序等功能。第 3 章將詳細介紹 Pandas 函數庫。

3. Matplotlib 繪圖

Matplotlib 是 Python 中最常用的圖表繪製函數庫，提供類似 MATLAB 的繪圖函數集，支援柱圖、圓形圖、氣泡圖等 2D 類型的圖表繪製，也支援一些 3D 類型的圖表繪製。它能控制所繪圖像的大小，並能按不同解析度匯出影像，可以繪製絕大多數的圖表。

Matplotlib 的缺點是需要手動設定參數，繪製同一影像所需的步驟較多，複雜度較高，相對來說屬於比較底層的工具。一些進階的繪圖工具，如 Seaborn 就是建置在 Matplotlib 基礎上的。第 4 章將詳細介紹 Matplotlib 函數庫和 Seaborn 函數庫的使用方法。

4. Scipy 資料計算

Scipy 也是建置在 Numpy 基礎上的協力廠商函數庫，用於支援各種科學計算，如各種數學常數、傅立葉轉換、線性代數、微積分、N 維影像、數學函數以及常用的統計函數。其中，統計函數是資料分析的基礎。第 7 章將介紹 Scipy 資料計算 Stats 模組中統計函數的使用方法。

5. Sympy 符號運算

SymPy 是 Python 的數學符號運算協力廠商函數庫，支援符號計算、高精度計算、模式比對、繪圖、解方程式、微積分、組合數學、離散數學、幾何學、機率與統計、物理學等方面的功能，基本可以解決日常遇到的各種計算問題。在學習演算法的過程中，可以使用它實現實際的數學運算。

1.6.5 Python 機器學習

1. Sklearn 機器學習

Sklearn 全稱為 Scikit-Learn，是機器學習最常用的協力廠商函數庫，基於 NumPy，Scipy，MatPlotLib 等基礎函數庫。在資料前置處理方面，它支援各種遺漏值處理、資料降維、歸一化、離散化、簡單的特徵篩選等；在建模方面，它支援無監督學習的分群和監督學習中的各種分類和回歸演算法，如線性回歸、決策樹、隨機森林、SVM 等常用演算法；在整合模型方面，它支援 AdaBoost，GBDT 等方法。Sklearn 機器學習基本包含了機器學習中的大多數方法。本書第 7 章介紹使用 Sklearn 中的函數庫實現部分演算法。

2. TensorFlow 深度學習

TensorFlow 是一個基於資料流程程式設計（Dataflow Programming）的符號數學系統協力廠商函數庫，最初由 Google 大腦團隊的工程師開發，現在主要用於開發深度學習系統，其主要優點是分散式運算，特別是在多 GPU 的環境中能高效率地使用資源。

3. Keras 深度學習

TensorFlow 屬於比較底層的函數庫，呼叫方法相對比較複雜，而 Keras 可以視為其上層封裝，它提供更具人性化的 API，降低了使用難度，但同時也失去了部分靈活性。除了 TensorFlow，Keras 還支援深度學習的 Theano 作為底層函數庫。

1.7 Python 技巧

除了 Python 的基本語法和呼叫 API，程式的偵錯方法也很重要。本節將集中介紹 Python 偵錯及異常處理的一些技巧。

1.7.1 Python 程式偵錯

1. 命令列偵錯工具 pdb

從一個簡單程式開始，撰寫 Python 程式 a.py 如下：

```
01   for i in range(0,3):
02       print(i)
03       print("@@@@")
04       print("###")
```

用 pdb 指令偵錯工具：

```
01   $ pdb a.py          # 此後看到>提示符號，即可以輸入指令偵錯
```

2. 常用 pdb 指令

最常用的指令如下：

- 單步偵錯（進入函數）：s(tep)。
- 單步偵錯（不進入函數）：n(ext)。
- 繼續往後執行，直到下個中斷點：c(ont(inue))。
- 執行到函數結束：r(eturn)。
- 執行到目前循環結束：unt(il)。
- 設定中斷點：b(reak) 檔案名稱:行號（或行號，或函數名稱）。
- 顯示目前呼叫關係：w(here)。
- 顯示目前程式碼片段：l(ist)。
- 顯示變數：p(rint) 變數名稱。
- 顯示目前函數的參數：a(rgs)。
- 顯示說明資訊：h(elp)。
- 退出：q(uit)。

可以看到，pdb 指令的使用方法與 C 語言的偵錯工具 gdb 類似。

3. 在程式中設定中斷點

在使用 Jupyter Notebook 進行開發時，常把功能分段寫入 Cell 分別偵錯，以實現偵錯程式碼片段的功能。在需要進入函數內部偵錯或單步執行時，可以直接在程式中設定中斷點，其方法是在要設定中斷點的程式前輸入：

```
01    import pdb
02    pdb.set_trace()
```

當程式執行到此處時就出現了 pdb 的命令列，此時可以輸入上方的 pdb 指令進行單步偵錯，也可以在輸入框中執行 Python 敘述。以上方法在命令列也可以使用。

4. 在程式出錯時呼叫出 pdb

在 Jupyter 中加入魔法指令 "%pdb" 即可在程式出錯時呼叫 pdb，以便偵錯出錯時的實際程式。

1.7.2　去掉警告資訊

在 Python 的輸出中，有時會在有效輸出的資訊中出現一些警告資訊（warning），使用以下方法可去掉警告資訊輸出。

```
01    import warnings
02    warnings.filterwarnings('ignore')
```

1.7.3　製作和匯入模組

當一個 Python 程式過於龐大時，常常需要將其拆分成多個程式檔案 ".py"，有時被多個程式呼叫的公共函數也單獨作為 ".py" 檔案，在使用時它們要被其他程式匯入。在 Python 中，每個 ".py" 檔案都可以作為模組在其他程式中用 import 匯入。

當被匯入檔案和使用它的檔案在同一目錄中時，直接透過檔案名稱即可匯入。當模組檔案較多時，有時也將多個 ".py" 檔案放在一個目錄中，即產生套件 Package，套件的目錄下必須包含名為 __init__.py 的檔案。如果沒有該檔案，該目錄就不會被識別為 Package。

1. 製作模組

下面用程式的方式展示匯入同一目錄及子目錄中的模組。首先建立以下的目錄結構，在第一層目錄中 main.py 為呼叫其他模組的主程式；a.py 為被匯入的模組 a；tools 為一子目錄，其中包含被匯入的模組 b.py；__init__.py 是 Package 的標識。

```
├── a.py
├── main.py
└── tools
├── b.py
└── __init__.py
```

然後在程式 a.py 中定義函數 A：

```
01   def A():
02       print("func A")
```

在程式 b.py 中定義函數 B：

```
01   def B():
02       print("func B")
```

在程式 main.py 中分別匯入模組 a 和套件 tools 中的模組 b：

```
01   import a
02   from tools import b
03   a.A()
04   b.B()
05   # 傳回結果：
06   # func A
07   # func B
```

2. 設定模組路徑

Python 支援匯入三種模組：系統模組、三方模組、自訂模組。當自訂的模組和套件在目前的目錄下時，直接使用 import 匯入即可；當模組在 Python 定義的協力廠商函數庫目錄下（如 "/usr/local/lib/python3.7/site-packages/"）時，也可以直接匯入，大多數協力廠商模組都以該方式匯入。對於自訂模組，可透過增加系統模組路徑 "sys.path" 的方式加入新的模組或套件所在路徑，以便目前程式正常載入該函數庫，實際方法如下：

```
01    import sys
02    sys.path.append(模組a所在路徑)
03    import a
04    a.A()
```

3. 重新載入模組

當一個模組被 import 匯入多次時，只有第一次載入其內容，其後再匯入則載入記憶體中的內容。在使用 Jupyter 偵錯工具時，如果呼叫程式 main.py 和 a.py 模組同步偵錯，有時修改了 a.py 模組內容後就需要重新載入，此時可使用 reload 方法，實際如下：

```
01    import imp
02    imp.reload(模組名稱)
```

1.7.4　異常處理

當程式執行出錯時會拋出例外，如果不做處理則程式會異常退出。Python 也支援用 try/except 方式捕捉異常，其語法規則如下：

```
01    try:
02    程式碼
03    except <異常類別> as <變數>:
04        異常處理程式
05    else:
06    異常以外其他情況處理
```

```
07   finally:
08       無論是否異常，最後都要執行的程式
```

簡單實例如下：以讀取方式開啟檔案 test.txt，當該檔案不存在時將拋出異常，如程式中捕捉異常並顯示實際的異常資訊。從傳回結果可以看到，在捕捉到異常資訊後，程式正常執行了之後的列印資訊操作。

```
01   try:
02       f = open('test.txt', 'r')
03   except Exception as e:
04       print('error', e)
05   print('aaaa')
06   # 傳回結果：
07   # error [Errno 2] No such file or directory: 'test.txt'
08   # aaaa
```

1.8 Python 常見問題

在剛開始使用 Python 的過程中，會經常遇到一些常見問題。本節以問答的方式列出常見問題及對應解答。

1. Python 是指令稿還是語言

Python 是一種直譯型、物件導向、動態資料類型的程式語言。Python 程式設計可繁可簡，它既可以像 Shell 指令稿一樣，只包含幾個簡單敘述，又可以支援字典、串列、函數、類別等複雜的資料結構。它可以建置大型軟體，尤其是擁有強大的開放原始碼協力廠商函數庫的支援，以及簡便的呼叫方式，使其在前端介面和後端演算法上都表現優異。

2. Python 的程式入口是什麼

Python 程式一般以順序方式執行，這一點與指令碼語言類似。在撰寫相對複雜的程式時，一般把功能放在各個函數中，使用判斷 __name__ 方式，判斷其主函數入口，如程式 a.py 包含以下程式：

```
01   if __name__ == '__main__':
02       print('a')
```

當程式 a.py 作為主程式即時執行，其 __name__ 為'__main__'，而當其作為模組匯入到其他程式中時，其 __name__ 為模組名稱。

3. Python 如何寫註釋

Python 使用 "#" 實現單行註釋，即 "#" 之後的內容都視為註釋；使用三引號實現多行註釋，形如：

```
01   print('aaa') # 列印資訊
02   """
03   註釋第一行
04   註釋第二行
05   """
```

4. Python 2 與 Python 3 的區別

目前，Python 3 已逐漸佔據主流，大部分協力廠商函數庫同時支援 Python 2 和 Python 3，但由於 Python 3 不向下相容，有些函數庫只能在某些 Python 版本上執行。建議在系統中同時安裝 Python 2 和 Python 3 兩個版本，在使用指令時指定其版本，如 python2，python3，pip2，pip3。

Python 2 與 Python 3 的差別很大，例如 Python 2 的 print 敘述既可使用空格分割列印內容，也可使用小括號指定其內容，而 Python 3 只支援小括號；又如 Python 3 無須設定字元集也能正常顯示中文等。本書中的所有程式都基於 Python 3 環境。

5. 如何描述 Python 的層次結構

Python 依靠空格縮排來表示其語法結構，就像 C 語言和 Java 中大括號的功能一樣。但需要注意的是，同一層級中的空格個數必須一致，且 Tab 鍵產生的空格與 Space 鍵輸入的空格不一樣。

科學計算 Numpy

Numpy 包含的方法非常多，不能一一列舉，本章將重點介紹資料處理和機器學習常用的 Numpy 方法。使用以下指令安裝 Numpy 函數庫：

```
01   $ pip install numpy
```

在程式中使用時，需要先導入函數庫，一般將 np 作為 Numpy 的簡稱（本章中的範例程式均需匯入 Numpy 函數庫，在此統一說明）。

```
01   import numpy as np
```

2.1 多維陣列

多維陣列（n-dimensional array，簡稱 ndarray），是在資料處理領域中必用的資料結構，類似基本資料結構中的串列：有序且內容可修改。我們可以將多維陣列看成 Python 基底資料型態的擴充，其提供更多的屬性和方法。

2.1.1 建立陣列

1. 類型轉換方式建立

利用類型轉換方式建立陣列是最常見的陣列建立方式，本例中使用 np.array 類型轉換方法分別將元組和串列轉換成一維陣列和 3D 陣列。

```
01   a = np.array((1,2,3))
02   b = np.array([[1,2,3],[4,5,6],[7,8,9]])
```

2. 批次建立

除了手動給每個陣列元素設定值，更多的時候是需要建立陣列並按照一定規則批次填充資料。下面介紹使用 Numpy 提供的批次建立陣列中資料的方法建立初值為 0，終值為 5（不包含終值），步進值為 1 的陣列。

```
01  a = np.arange(5) # [0 1 2 3 4]
```

建立初值為 2，終值為 5（不包含終值），步進值為 1 的陣列。

```
01   a = np.arange(2,5,1)  # [2,3,4]
```

建立初值為 2，終值為 5（包含終值 endpoint=True），元素為 4 個的等差陣列。

```
01   a = np.linspace(2,5,4) # [2,3,4,5]
```

建立基數為 10 的等比陣列，首個元素為 10^0=1，末元素為 10^2=100，共 5 個元素。

```
01   a = np.logspace(0,2,5) # [1 3.16 10 31.6 100]
```

批次建立 N 個相同元素的陣列。

```
01   a = np.empty(5) # [0. 0.5 1. 1.5 2.] 建立5個元素，值為隨機數的陣列（速度快）
02   a = np.zeros(5) # [0. 0. 0. 0. 0.] 建立5個值全為0的陣列
03   a = np.ones(5)  # [1. 1. 1. 1. 1.] 建立5個值全為1的陣列
04   a = np.full(5, 6) # [6 6 6 6 6] 建立5個值全為6的陣列
```

建立與指定陣列形狀相同的新陣列：本例中，用 zero_like 方法建立了元素全為 0 且形狀與 a 相同的陣列 b，而建立值全為 1(ones_like)、全為空 (empty_like)，以及全為某一特定值（full_like）陣列的方法與此類似。

```
01   a = [1,2,3]
02   b = np.zeros_like(a)  # [0 0 0]
```

Numpy.random 系列函數用於建立隨機數組：本例使用 randint 函數建立最小值為 1，最大值為 3（不包含最大值），元素為 5 個的整數陣列；Numpy.random 還提供了 rand 函數來建立 0 ～ 1 分佈的隨機樣本陣列、randn 函數來建立標準正態分佈樣本陣列等。

```
01   np.random.randint(1,3,5)  # [1, 1, 2, 1, 2]
```

np.from* 系列函數用於透過現有的資料建立陣列，本例使用 np.fromfunction 函數建立二維陣列九九乘法表，第一個參數是呼叫的函數名稱，第二個參數是陣列的形狀。該系列函數還包含 frombuffer, fromstring, fromiter, fromfile, fromregex 等函數。

```
01   def func(i,j):
02       return (i+1)*(j+1)
03   np.fromfunction(func,(9,9))
```

2.1.2 存取陣列

1. 存取陣列元素

透過指定索引值存取單一元素，支援正向索引和反向索引。

```
01   a=np.array([1,2,3,4,5])
02   print(a[3])        # 傳回結果：4
03   print(a[-1])       # 傳回結果：5（倒數第一個元素）
```

透過索引值串列傳回多個元素並形成新的陣列，新陣列與原陣列不共用記憶體，支援多維度索引。

```
01   print(a[[1,3]])    # 傳回結果：[2 4]
```

根據值的範圍取得子陣列。

```
01   print(a[a>3])      # [4 5]
```

以布林值方式取得陣列元素，**True** 為選取對應位置的元素。

```
01   print(a[[True,False,True,False,True]])    # 傳回結果：[1 3 5]
```

ndarray 還支援切片方式取得子陣列，切片格式為 [起始位置 : 終止位置 : 步進值]，不包含終止值，使用格式中三個元素的組合取子陣列，切片與原陣列共用同一空間。

```
01    print(a[2:])      # 傳回結果 [3 4 5]      # 僅指定初始位置
02    print(a[:-2])     # 傳回結果 [1 2 3]      # 僅指定終止位置，並使用反向索引
03    print(a[2:3])     # 傳回結果 [3]          # 指定初值和終止值（不包含終止值）
04    print(a[::2])     # 傳回結果 [1 3 5]       # 指定步進值：每兩個元素取一個
05    print(a[::-1])    # 傳回結果 [5 4 3 2 1]    # 以倒序傳回陣列
```

在存取多維陣列時，用元組（即小括號）作為索引。

```
01    b=np.array([[1,2],[3,4]])
02    print(b[(1,1)])
```

2. 常用的陣列屬性

屬性 shape 用於描述陣列的維度。

```
01    a = np.array([[1,2,3],[4,5,6]])
02    print(a.shape)         # 傳回結果：(2,3)
```

屬性 dtype 用於描述陣列的元素類型。

```
01    print(a.dtype)         # 傳回結果：int64
```

屬性 ndim 用於描述陣列維度的個數，也稱作秩。

```
01    print(a.ndim)          # 傳回結果：2
```

屬性 size 用於描述陣列包含的元素個數。

```
01    print(a.size)          # 傳回結果：6
```

屬性 nbytes 用於描述陣列所佔空間大小。

```
01    print(a.nbytes)        # 傳回結果：48
```

2.1.3 修改陣列

上一小節介紹資料元素值及屬性的查詢方法，本小節將從增、刪、改幾方面介紹 ndarray 的編輯方法。

1. 增加陣列元素

ndarray 方法支援在陣列中增加元素後產生新陣列：append 方法支援在陣列尾端增加元素，insert 方法支援在指定位置增加元素。

```
01   a = np.array([1,2,3,4,5])
02   print(np.append(a, 7))        # 傳回結果： [1 2 3 4 5 7]
03   print(np.insert(a, 0, 0))     # 傳回結果： [0 1 2 3 4 5]
```

2. 刪除陣列元素

ndarray 方法支援使用索引值刪除陣列中的元素並傳回新陣列。本例中，刪除陣列中索引值為 3 的元素（即第四個元素）。

```
01   print(np.delete(a,3))         # 傳回結果： [1 2 3 5]
```

3. 修改元素值

使用索引值修改單值。

```
01   a = np.array([1,2,3,4,5,6])
02   a[0] = 8                      # [8 2 3 4 5 6]
```

使用切片方法修改多值。

```
01   a[2:4] = [88,77]             # [ 8  2 88 77  5  6]
```

4. 修改形狀

使用 reshape 方法可修改陣列形狀，當參數設定成 -1 時為自動計算對應值。reshape 方法傳回的陣列與原資料共用儲存空間。

```
01   a = np.array([[1,2,3],[4,5,6]])   # shape: (2, 3)
02   a = a.reshape(3, 2)               # 注意：只是維度變化，不是轉置
03   print(a)                          # 傳回結果： [[1 2], [3 4], [5 6]]
04   a = a.reshape(1,-1)               # shape (6, 1)
05   print(a)                          # 傳回結果： [[1 2 3 4 5 6]]
06   a = a.reshape(-1)                 # shape (6, )
07   print(a)                          # 傳回結果： [1 2 3 4 5 6]
```

5. 修改類型

首先，檢視 Numpy 函數庫支援的所有資料類型。

```
01    print(np.typeDict.items())
```

其次，指定類型並建立陣列。

```
01    a = np.array([1,2,3,4,5,6], dtype=np.int64)
02    print(a.dtype)              # 傳回結果：int64
```

最後，轉換陣列中資料的類型，並檢視其轉換後的實際類型。

```
01    a = a.astype(np.float32)
02    print(a.dtype)             # 傳回結果：float32
03    print(a.dtype.type)        # 傳回結果：<class 'numpy.float32'>
```

2.2 陣列元素運算

ufunc（universal function）是對陣列中每個元素運算的函數，比循環處理速度更快且寫法簡單。Numpy 提供了很多陣列相關的 ufunc 方法，同時也支援自訂 ufunc 函數。Numpy 提供的 ufunc 函數分為一元函數（Unary ufuncs）和二元函數（Binary ufuncs）。

2.2.1 一元函數

一元函數是參數為單一值或單一陣列的函數，如取整數、三角函數等，常用的函數如表 2.1 所示。

表 2.1 Numpy 常用一元函數

功能	函數	描述
絕對值函數	abs	計算整數、浮點數、複數的絕對值
	fabs	快速計算整數、浮點數的絕對值
	sign	計算元素的符號：正數為 1，負數為 -1，0 為 0

功能	函數	描述
指數對數函數	Sqrt	計算平方根
	square	計算平方
	exp	計算以 e 為底的指數函數
	log，log10，log2，log1p	計算以 e/10/2/1+x 為底的對數
取整數函數	ceil	向上取整
	floor	向下取整
	round	四捨五入
判斷類型	isnan	判斷是否為空值
	isinf	判斷是否為無限大數
	isfinate	判斷是否為有限大數
三角函數	cos，cosh，sin，sinh，tan，tanh	三角函數
	arcos，arcosh，arsin，arsinh，artan，artanh	反三角函數

一元函數的使用方法與一般函數的相同，形如：

```
01   print(np.abs([-3,-2,5]))          # 傳回結果：[3 2 5]
```

2.2.2 二元函數

二元函數是參數為兩個陣列的函數，包含算數運算和布林運算。

1. 算數運算

本例中利用四則運算符號實現兩個陣列間的算數運算，並傳回新陣列。先定義陣列：

```
01   a = np.array([1,2,3])
02   b = np.array([4,5,6])
```

兩個陣列相加：

```
01   print(a+b)                        # 傳回結果：[5 7 9]
```

兩個陣列相減：

```
01   print(b-a)                # 傳回結果：[3 3 3]
```

兩個陣列相乘：

```
01   print(a*b)                # 傳回結果：[4 10 18]
```

兩個陣列相除：

```
01   print(b/a)                # 傳回結果：[4 2.5 2]
```

兩個陣列整除：

```
01   print(b//a)               # 傳回結果：[4 2 2]
```

兩個陣列整除取餘數：

```
01   print(b%a)                # 傳回結果：[0 1 0]
```

2. 布林運算

布林運算是指使用 ">"、"<"、">="、"<="、"=="、"!=" 等邏輯運算子比較兩個陣列，並傳回布林類型資料，其中每個元素是兩個陣列中對應資料比較的結果。

```
01   a = np.array([1,2,3])
02   b = np.array([1,3,5])
03   print(a<b)                # 傳回結果：[False  True   True]
04   print(a==b)               # 傳回結果：[True False False]
```

2.2.3 廣播

前面介紹了當兩個陣列形狀相同時，可以進行算數運算和布林運算，實際方法是兩個陣列對應位置的資料運算。而當它們的形狀不同時，資料就會將自動擴充對齊維數較大的陣列後，再進行運算，這種從低維向高維的自動擴充被稱為廣播（broadcasting）。

最常見的廣播形式如下，即它將被減數 1 擴充成為與減數形狀相同的陣列 [1,1,1] 後，再進行二元減法運算：

```
01   a = np.array([1,2,3])
02   print(a-1)                    # 傳回結果: [0 1 2]
```

相對複雜的是對多維陣列的廣播，實際沿哪一個軸擴充取決於待擴充陣列的形狀，簡單的規則是它會沿缺失的方向擴充。首先建置資料：

```
01   a=np.array([[1,1],[2,2]])
02   print(a)
03   # 傳回結果:
04   # [[1 1]
05   # [2 2]]
```

當縱軸向缺少資料時，向縱軸方向擴充，如圖 2.1 所示。

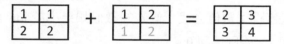

圖 2.1　垂直擴充示意圖

當第二個陣列中僅有一行資料時，自動擴充為兩行，第二行的內容與第一行相同，擴充之後再進行後續運算。

```
01   b=np.array([1,2])
02   print("shape", b.shape, a+b)
03   # 傳回結果: shape (2,)
04   # [[2 3]
05   #  [3 4]]
```

當橫軸向缺少資料時，向橫軸方向擴充，如圖 2.2 所示。

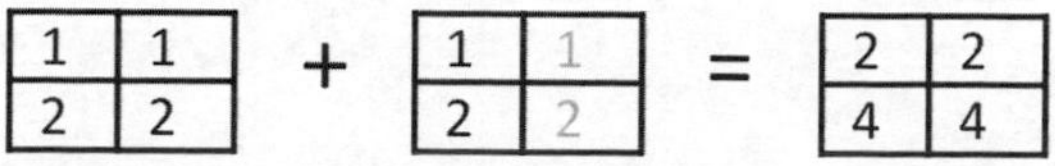

圖 2.2　水平擴充示意圖

當第二個陣列中僅有一列資料時，自動擴充為兩列，第二列的內容與第一列相同，擴充之後再進行後續運算。

```
01   c=np.array([[1],[2]])
02   print("shape", c.shape, a+c)
03   # 傳回結果：shape (2, 1)
04   # [[2 2]
05   #  [4 4]]
```

2.2.4 自訂 ufunc 函數

自訂 ufunc 函數包含兩個主要步驟：第一步，定義函數，其方法和定義普通函數的方法相同。第二步，利用 np.frompyfunc 將函數轉為元素運算函數，它的第二個和第三個參數分別為之前定義的普通函數的導入參數和傳回值個數。定義好之後，就可以將陣列作為參數和其他參數一起呼叫函數了。

本程式中的函數實現了數值分段：傳入的數值如果小於 low 則傳回 -1，如果大於 high 則傳回 1，否則傳回 0。

```
01   def my_ufunc(x, low, high):
02       if x < low:
03           return -1
04       elif x > high:
05           return 1
06       else:
07           return 0
08
09   my_ufunci = np.frompyfunc(my_ufunc, 3, 1)
```

函數呼叫部分產生了包含 1 ～ 9 的陣列 x，將其代入函數。當呼叫函數時，x 是陣列，而定義的處理函數中 x 為每個元素。從傳回結果可以看到，呼叫函數後傳回的 y 為陣列。

```
10   x = np.arange(1,10,1)
11   y2 = my_ufunci(x, 3, 6)
12   print(x)
```

```
13    print(y2)
14    # 執行結果:
15    # [1 2 3 4 5 6 7 8 9]
16    # [-1 -1 0 0 0 0 1 1 1]
```

2.3 常用函數

Numpy 為科學計算設計專門提供了龐大的函數程式庫以簡化程式量並加強程式執行效率,這樣可以使程式設計師不用再關注實際的實現細節,而有更多的時間和精力去關注程式的目標、架構和邏輯。

2.3.1 分段函數

分段函數高效簡練,使用它可以將 if 條件選擇和 select 分支僅透過一行敘述實現對陣列的處理,方便的同時還可以加強程式的可讀性。

1. where 函數

where 函數是 if/else 條件選擇敘述對陣列操作的精簡寫法,其語法如下:

```
01    x = np.where(condition, y, z)
```

其中,參數 condition,y,z 都是大小相同的陣列(或用於產生陣列的運算式),condition 為布林型。當其元素值為 True 且選擇對應位置 y 陣列的值為 False 時,選擇陣列 z 中的值,傳回值是新值組成的陣列。

```
01    a=np.arange(10)
01    print(np.where(x<5, x, 9-x)) # 傳回結果: [0 1 2 3 4 4 3 2 1 0]
```

2. select 函數

當判斷條件為多個時,需要多次呼叫 where 函數,而用 select 函數可用單一敘述實現該功能,其語法如下:

```
01    select(condlist, choicelist, default=0)
```

其中，condlist 是條件串列，choicelist 是值串列，default 是預設值。範例將小於 3 的數置為 -1，3 ～ 6 的置為 0，大於 6 的置為 1，程式如下：

```
01  a=np.arange(10)
02  print(np.select([x<3,x>6], [-1,1], 0))
03  # 傳回結果：[-1 -1 -1  0  0  0  0  1  1  1]
```

3. piecewise 函數

piecewise 函數是 select 函數的擴充，它不但支援按不同條件設定值，還支援按條件執行不同函數或 lambda 運算式。其語法如下：

```
01  piecewise(X, condlist, funclist)
```

語法與 select 函數略有不同：第一個參數是待轉換陣列 x，第二個參數 condlist 是條件串列，第三個參數 funclist 是函數串列。當滿足 condlist 中的條件時，執行對應位置 funclist 中的函數並取其傳回結果。

```
01  def func1(x):
02      return x*2
03
04  def func2(x):
05      return x*3
06
07  a=np.arange(10)
08  print(np.piecewise(x, [x<3,x>6], [func1,func2]))
09  print(np.piecewise(x, [x<3,x>6], [lambda x: x * 2, lambda x: x * 3]))
10  # 傳回結果：
11  # [ 0  2  4  0  0  0  0 21 24 27]
```

2.3.2 統計函數

本小節將介紹針對數值型態的統計函數的使用方法。

1. 平均值、方差、分位數

首先建立測試陣列，然後計算其平均值（mean）、方差（var）、標準差

（std）。平均值是將陣列中所有值加起來除以陣列個數，度量的是陣列中數值的趨勢，如公式（2.1）所示：

$$\overline{X} = \frac{\sum_{i=1}^{n} X_i}{n} \qquad (2.1)$$

```
01   a=np.arange(10,0,-1)
02   print(a)                    # 傳回結果：[10  9  8  7  6  5  4  3  2  1]
03   print(a.mean())             # 傳回結果：5.5
```

方差是陣列中各數減去平均數的平方的平均數，度量的是陣列中數值的離散量度，如公式（2.2）所示：

$$var(X) = \frac{\sum_{i=1}^{n} (X_i - \overline{X})^2}{n-1} \qquad (2.2)$$

```
01   print(a.var())              # 傳回結果：8.25
```

標準差又稱均方差，是方差的算術平均根，如公式（2.3）所示：

$$std(X) = \sqrt{\frac{\sum_{i=1}^{n} (X_i - \overline{X})^2}{n-1}} \qquad (2.3)$$

```
01   print(a.std())              #傳回結果：2.87
```

用 average 方法計算加權平均值，其中 weights 為指定陣列中每個值的權重。

```
01   print(np.average(a, weights=np.arange(0,10,1)))   # 傳回結果： 3.67
```

用 median 方法計算中數，percentile 方法計算分位數。中數是將陣列排序後，位於中間位置的數。如果陣列元素個數為偶數，則計算中間兩數的平均值，分位數同理。舉例來說，本例中的 75 分位數是排序後計算在 75% 位置的數值。

```
01   print(np.median(a))          # 中位數，傳回結果： 5.5
02   print(np.percentile(a, 75))  # 75分位數，傳回結果： 7.75
```

2. 極值和排序

計算陣列的最大值（max）、最小值（min），以及最大值和最小值之差（ptp）。

```
01   print(a.min())              # 傳回結果：1
02   print(a.max())              # 傳回結果：10
03   print(a.ptp())              # 傳回結果： 9
```

用 argmin 方法和 argmax 方法取得最大值和最小值的索引。

```
01   print(a.argmin())           # 傳回結果： 9
02   print(a.argmax())           # 傳回結果：0
```

用 argsort 方法計算每個元素排序後的索引位置。

```
01   print(a.argsort())          #傳回結果 [9 8 7 6 5 4 3 2 1 0]
```

用 sort 方法對陣列排序，其中 axis 指定排序的軸，kind 指定排序的演算法，預設是快速排序，排序後陣列內容被改變。

```
01   a.sort()
02   print(a)                    # 傳回結果： [1  2  3  4  5  6  7  8  9 10]
```

3. 統計

首先建立測試陣列，然後用 unique 方法統計陣列中所有不同的值。

```
01   a=np.random.randint(0,5,10)
02   print(a)                    # 傳回結果： [2 2 0 0 4 4 0 4 4 4]
03   print(np.unique(a))         # 傳回結果： [0 2 4]
```

用 bincount 方法統計整數陣列中每個元素出現的次數。

```
01   print(np.bincount(a))       # 傳回結果： [3 0 2 0 5]
```

用 histogram 方法統計一維陣列資料分佈長條圖，用 bins 方法指定區間各數。函數傳回兩個陣列：第一個陣列是每個區間值的個數，第二個陣列是各區間的邊界位置。

```
01   print(np.histogram(a,bins=5))
02   # 傳回結果：(array([3, 0, 2, 0, 5]), array([0. , 0.8, 1.6, 2.4, 3.2, 4. ]))
```

2.3.3 組合與分割

1. 組合

利用 concatenate 和 stack 系列函數可連接兩個陣列以建立陣列。首先定義測試
陣列，然後使用 stack 函數連接兩個陣列，從傳回結果中可以看到，連接後新
陣列的秩增加。

```
01   a=np.array([[1,2],[3,4]])
02   b=np.array([[5,6],[7,8]])
03   d=np.stack((a,b))
04   print("shape", d.shape)      # 傳回結果: shape (2, 2, 2)
05   print("dim", d.ndim)         # 傳回結果: dim 3
06   print(d)
07   # 傳回結果:
08   # [[[1 2]
09   #   [3 4]]
10   #  [[5 6]
11   #   [7 8]]]
```

column_stack 方法和 hstack 方法的效果相似，都是沿第 0 軸連接陣列（水平連
接），而垂直連接用 row_stack 方法和 vstack 方法。

```
01   print(np.column_stack((a,b)))
02   print(np.hstack((a,b)))
03   # 傳回結果:
04   # [[1 2 5 6]
05   #  [3 4 7 8]]
```

concatenate 方法既可水平連接，也可垂直連接，可透過 axis 參數指定連接方
向，是使用頻率最高的陣列連接方法。

```
01   print(np.concatenate([a,b],axis=0))
02   # 傳回結果:
03   # [[1 2]
04   #  [3 4]
05   #  [5 6]
06   #  [7 8]]
07   # 傳回結果: [1 2 3 4]
```

flatten 方法和 reval 方法都可將多維陣列展成一維，差別是 flatten 方法傳回一份拷貝 copy，當對資料更改時不會影響原來的陣列，而 Numpy.ravel 方法傳回的是視圖 view（view 和 copy 的概念將在 2.3.6 節詳述）。

```
01   print(np.ravel(a))      # 傳回結果：[1 2 3 4]
02   c = a.flatten()         # [1 2 3 4], 後續程式中用到資料c
```

2. 分割

split 方法和 array_split 方法都可用於切分陣列，split 方法只支援平均分組，而 array_split 方法儘量平均分組。array_split 方法的第一個參數是待切分陣列。而當第二個參數設定為整數時，按整數指定的份數切分；當第二個參數設定為陣列時，將陣列中指定索引值作為切分點進行切分。

```
01   print(np.split(c,[1,2]))
02   # 傳回結果： [array([1]), array([2]), array([3, 4])]
03   print(np.split(c, 2))
04   # 傳回結果： [array([1, 2]), array([3, 4])]
05   print(np.array_split(c, 3))
06   # 傳回結果： [array([1, 2]), array([3]), array([4])]
```

vsplit 方法和 hsplit 方法分別為垂直切分陣列和水平切分陣列的方法。

```
01   print(np.hsplit(a, 2))
02   # 傳回結果：
03   # [array([[1],
04   #         [3]]),
05   #  array([[2],
06   #         [4]])]
```

2.3.4 矩陣與二維陣列

矩陣（matrix）是陣列的分支，即二維陣列。在一般情況下，矩陣和陣列的使用方法相同，但陣列相對更靈活，而矩陣提供了一些二維陣列計算的簡單方法。在兩種方法均可實現功能時，建議使用陣列。

矩陣（二維陣列）是除一維陣列外最常用的陣列形式，資料表和圖片都會用到該資料結構。本小節除了介紹矩陣的基本操作，還介紹一些線性代數和二維資料表的常用方法。

1. 建立矩陣

用 np.mat 方法可將其他類型的資料轉為矩陣。

```
01    a = np.mat(np.mat([[1,2,3],[4,5,6]]))
02    print(type(a))
03    # 傳回結果：<class 'numpy.matrix'>
```

使用隨機數建置矩陣。在本章前面提到的建置一維陣列的方法中大多數都可以用於建置矩陣，如 np.ones，np.zeros，np.random.randint 等，只要用元組方式指定其形狀即可。

```
01    a = np.mat(np.random.random((2,2)))
02    print(a)
03    # 傳回結果：
04    # [[0.6510063  0.32837694]
05    #  [0.86749298 0.99218293]]
```

產生對角矩陣：用 np.eye 方法產生單位矩陣，即對角線元素為 1，其他元素為 0 的矩陣。用 diag 方法產生對角線元素為指定陣列元素（本例中為 2，3）的對角矩陣。

```
01    print(np.eye(2))
02    # 傳回結果：
03    # [[1. 0.]
04    #  [0. 1.]]
05    print(np.diag([2,3]))
06    # 傳回結果：
07    # [[2 0]
08    #  [0 3]]
```

2. 線性代數常用方法

線性代數包含行列式、矩陣、線性方程組、向量空間等結構，它們均可用 Numpy 的矩陣描述。Numpy 也提供了一些線性轉換、特徵分解、對角化等問題的求解方法，常用函數如下：

```
01    a = np.mat([[1.,2.],[3.,4.]])
02    print(np.dot(a,a))              # 矩陣乘積
03    print(np.multiply(a,a))         # 矩陣點乘
04    print(a.T)                      # 矩陣轉置
05    print(a.I)                      # 矩陣求逆
06    print(np.trace(a))              # 求矩陣的跡
07    print(np.linalg.eig(a))         # 特徵分解
```

3. 資料表常用方法

沿矩陣的某一軸向運算是常用的資料表統計方法，如對某行求和、對某列求平均值等，注意要使用 axis 參數指定軸向。下例使用求和函數（sum）舉例統計不同軸向的用法，其他統計方法依此類推。

```
01    a = np.mat(np.mat([[1,2,3],[4,5,6]]))
02    print(a.sum())
03    print(a.sum(axis=0))
04    print(a.sum(axis=1))
```

前面介紹的平均值和方差是描述一維資料的統計量，協方差是描述二維資料間相關程度的統計量，如公式（2.4）所示：

$$\mathrm{cov}(X,Y) = \frac{\sum_{i=1}^{n}(X_i - \overline{X})(Y_i - \overline{Y})}{n-1} \qquad (2.4)$$

Numpy 中使用 cov 方法計算協方差：

```
01    print(np.cov(a))               # 傳回結果：[[1. 1.] [1. 1.]]
```

2.3.5 其他常用函數

除了各種數學計算，Numpy 還提供了一些工具函數，用於陣列之間以及陣列與其他資料之間的轉換。舉例來說，前面提到的 np.array 方法能將其他類型的資料轉換成陣列。相對的，在將陣列轉換成串列時使用 tolist 方法：

```
01   a = np.mat(np.random.randint(1,3,5))
02   print(a.tolist(), type(a.tolist()))
     # 傳回結果：[[1, 2, 1, 1, 2]] <class 'list'>
```

用 view 方法以視圖的方式建立新陣列，它與原陣列指向同一資料，且資料儲存在 base 指向的陣列中。

```
01   b = a.view()
02   print(b is a, b.base is a)     # 傳回結果：False, True
```

用 copy 方法深度複製產生資料備份，它與原陣列指向不同資料。

```
01   c = a.copy()
02   print(c is a, c.base is a)     # 傳回結果：False, False
```

資料操作 Pandas

Pandas 是資料分析處理的必備工具，可以使用以下指令安裝 Pandas 函數庫。

```
01   $ pip install pandas
```

在程式中使用時，需要先導入函數庫，一般使用 pd 作為 Pandas 的簡稱（本章中的範例程式均需匯入 Pandas 函數庫，在此統一說明）。

```
01   import pandas as pd
```

3.1 資料物件

Pandas 中最重要的兩種資料物件是 Series 和 DataFrame，其中 DataFrame 由多個 Series 組成，而索引是 DataFrame 和 Series 的重要組成部分，下面介紹它們的概念及基本用法。

3.1.1 Series 物件

上一章介紹的 Numpy 多維陣列常用於處理單一類型的資料，可看作串列的擴充；而 Series 可以管理多種類型的資料，可以透過索引值存取元素，更像基底資料型態中字典的擴充，可以把它視為帶索引的一維陣列。下面將從建立、查詢、增加、刪除等幾方面學習 Series 的使用方法。

1. 建立

建立 Series 需要指定值和索引，當不指定索引時，索引為元素的序號。

```
01   a = pd.Series([1,2,3],index=['item1','item2','item3'])
02   print(a)
03   # 傳回結果：
04   # item1    1
05   # item2    2
06   # item3    3
07   # dtype: int64
```

也可以使用轉換的方式將其他類型的資料轉換成 Series 類型。

```
01   b = pd.Series([1,2,3])                              # 從串列轉換
02   c = pd.Series({"item1":1, "item2":2, "item3":3})    # 從字典轉換
```

2. 查詢

Series 支援用索引值存取其中的資料，這種操作類似存取字典元素；也可以用位置索引存取資料元素，操作方法類似存取串列元素。

```
01   print(a['item1'])                                   # 用資料值存取
02   # 傳回結果：1
03   print(a[2])                                         # 用索引存取
04   # 傳回結果：3
```

Series 由兩個陣列組成，其資料值和索引值可作為屬性存取。

```
01   print(a.values)                                     # 存取資料
02   # 傳回結果：[1 2 3]
03   print(a.index)                                      # 存取索引
04   # 傳回結果：Index(['item1', 'item2', 'item3'], dtype='object')
```

Series 還提供多維陣列物件介面，用於處理多維陣列的函數都可直接處理 Series 元素。

```
01   print(a.__array__())                                # 存取資料介面
02   # 傳回結果：[1 2 3]
03   print(a.mean())                                     # 求Series平均值
```

透過資料串列、索引串列、索引切片的方式可以存取 Series 中的或多個元素。

```
01   print(a[['item1','item2']])                    # 資料串列
02   print(a[[1,2]])                                # 索引串列
03   print(a[:1])                                   # 索引切片
```

還可以透過 Series 的 iteritems 方法以反覆運算的方式檢查元素。

```
01   for idx,val in a.iteritems():
02       print(idx,val) # idx為索引值，val為資料值
03   # 傳回結果:
04   # item1 1
05   # item2 2
06   # item3 3
```

3. 增加

用 append 方法連接兩個已有的 Series，並傳回新的 Series，且不改變原資料。

```
01   print(a.append(c))
```

4. 刪除

用 drop 方法刪除索引值對應的 Series 元素，並傳回刪除後的 Series，且不改變原資料。

```
01   print(a.drop('item1'))
```

3.1.2 DataFrame 物件

DataFrame 類似資料庫中的資料表 table，是資料處理中最常用的資料物件。從資料結構的角度可將其視為有標籤的二維陣列，水平為行，垂直為列，且每行有行索引，每列有列名稱，列中資料類型必須一致。

1. 建立

利用轉換方式將已有資料轉換成 DataFrame，其語法如下：

```
01   pd.DataFrame(data=None, index=None, columns=None, dtype=None, copy=False)
```

其中，data 是待轉換的資料，index 是索引值（行），column 是列名稱。下例
透過陣列組成的字典建立 DataFrame。

```
01   dic = {"a":[1,3], "b":[2,4]}                        # a,b為列名稱
02   print(pd.DataFrame(dic, index=['item1','item2'])) # index指定行索引值
03   # 傳回結果
04   #       a  b
05   # item1 1  2
06   # item2 3  4
```

在透過字典組成的陣列建立 DataFrame 時，如果不指定索引，則以資料的序
號作為索引，使用 Series 建立 Dataframe 與之同理。

```
01   arr = [{"a":1,"b":2}, {"a":3,"b":4}]              # 每一個字典為一個記錄
02   print(pd.DataFrame(arr))
03   # 傳回結果：
04   #    a  b
05   # 0  1  2
06   # 1  3  4
```

透過陣列建立 DataFrame，用 columns 指定列名稱。

```
01   arr = [[1,2],[3,4]]
02   print(pd.DataFrame(arr, columns=['a','b']))      # columns指定列名稱
03   # 傳回結果同上例
```

2. 增加

用 append 函數可以在目前 DataFrame 的尾部增加一行，然後傳回新表。增加
的內容可以是串列、字典、Series，本例中以字典為例示範 append 函數的使用
方法。

```
01   df = pd.DataFrame([[1,2],[11,12]], columns=['a','b'])   # 建立DataFrame
02   print(df.append({'a':21,'b':22}, ignore_index=True))
     # 在DataFrame表尾端增加記錄
03   # 傳回結果
04   #    a   b
05   # 0  1   2
```

```
06   # 1   11   12
07   # 2   21   22
```

如果想在兩行之間插入資料，則可以先用索引值將 DataFrame 切分成前後兩個表，然後將前表、新行、後表連接在一起。

除了增加一行，append 函數還支援將兩個 DataFrame 表連接在一起，支援表連接的函數還有 concat。下例中，將 df 表和其本身連接起來，使用 ignore_index=True 忽略索引值，索引值重新排序。

```
01   print(df.append(df, ignore_index=True))
02   # 傳回結果
03   #      a    b
04   # 0    1    2
05   # 1   11   12
06   # 2    1    2
07   # 3   11   12
```

增加列最簡單的方法是直接給新列設定值：

```
01   arr = [[1,2],[11,12]]
02   df = pd.DataFrame(arr, columns=['a','b'])    # 建立DataFrame
03   df['c'] = [3,13]                             # 增加新列c
```

如果需要在指定位置插入新列，則需要用 insert 方法。

```
01   df.insert(0,'x',[0,10])                      # 在開始位置插入新列x
02   print(df)
03   # 傳回結果
04   #      x    a    b    c
05   # 0    0    1    2    3
06   # 1   10   11   12   13
```

3. 刪除

用 drop 方法可以刪除 DataFrame 的行和列。在刪除列時，需要指定參數 axis=1；當該參數預設為 0 時，即刪除行。drop 方法支援刪除一行 / 多行或一

列／多列，在刪除行時需要指定行的索引值。在本例中，刪除第 1 行後，僅剩
第 0 行。

```
01   df = pd.DataFrame([[1,2],[11,12]], columns=['a','b'])
02   print(df.drop(1))   # 刪除第1行
03   # 傳回結果
04   #    a  b
05   # 0  1  2
```

在刪除列時需要指定列名稱，drop 方法預設傳回刪除列後的資料表，原表不
變。當指定其參數 inplace=True 時，原資料表內容被修改。

```
01   df = pd.DataFrame([[1,2],[11,12]], columns=['a','b'])
02   print(df.drop('a', axis=1)) # 刪除a列
03   # 傳回結果：
04   #     b
05   # 0   2
06   # 1  12
```

用 del 方法也可以從原表中刪除 a 列。

```
01   del df['a']
02   print(df)
03   # 傳回結果：同上例
```

還可以用 pop 方法刪除列，呼叫 pop 方法之後，b 列的內容作為函數傳回值並
同時從原表中刪除。

```
01   df = pd.DataFrame([[1,2],[11,12]], columns=['a','b'])
02   print(df.pop('b')) # b作為函數傳回值
03   # 傳回結果：
04   # 0     2
05   # 1    12
06   # Name: b, dtype: int64
07
08   print(df)      # 檢視資料表
09   # 傳回結果：
```

```
10   #     a
11   # 0   1
12   # 1  11
```

3.1.3 Index 物件

1. 索引

DataFrame 中的索引包含行索引和列索引，其類型為 Pandas.Index，簡稱為 pd.Index。它的結構類似陣列，但其資料內容不可以修改（不允許單一修改，但可以對行索引或列索引整體重新設定值）。在理論上，索引中允許內容重複，在資料表中允許有名稱重複的列或行索引值，但一般不推薦使用。

```
01   df = pd.DataFrame({"a":[1,3], "b":[2,4]}, index=['line1', 'line2'])
02   print(df.index)                    # 顯示行索引
03   print(df.columns)                  # 顯示列索引
04   # 傳回結果：
05   Index(['line1', 'line2'], dtype='object')
06   Index(['a', 'b'], dtype='object')
```

用 pd.Index 將其他類型轉換成索引物件。

```
01   idx = pd.Index(["x","y","z"])      # 將串列轉換成索引
02   print(idx)
03   # 傳回結果：Index(['x', 'y', 'z'], dtype='object')
```

用 values 屬性檢視 Index 中的所有值。

```
01   print(idx.values)
02   # 傳回結果：['x' 'y' 'z']
```

用索引或索引陣列讀取部分索引值。

```
01   print(idx[1])                          # 使用索引存取索引值
02   # 傳回結果：Y
03   print(idx[1:2])                        # 使用索引切片存取索引值
04   #傳回結果：Index(['y'], dtype='object')
```

用 get_loc 或 get_indexer 尋找值對應的索引。

```
01   print(idx.get_loc("y"))                    # 尋找單一索引
02   # 傳回結果：1
03   print(idx.get_indexer(["y","z"]))          # 尋找索引串列
04   # 傳回結果：[12]
```

2. 修改索引

對 DataFrame 的 column 和 index 重新設定值可改變其索引，資料表內容不變。

```
01   df = pd.DataFrame({"a":[1,3], "b":[2,4]}, index=['line1', 'line2'])
02   df.index=['l1','l2']                       # 對行索引重新設定值
03   print(df)
04   # 傳回結果：
05   #    a  b
06   #l1  1  2
07   #l2  3  4
```

如果不僅想改變索引值，還想重排行或列的順序，可以使用 DataFrame 的 reindex 方法。從下列傳回結果可以看到，reindex 方法傳回了新的資料表，原表不改變。對於已有的索引值，對應行的順序發生了變化；對於不存在的索引值，產生了新的行並置為空值。

```
01   print(df.reindex(['l2','l1','l0']))        # 重置行索引
02   # 傳回結果：
03   #      a    b
04   # l2  3.0  4.0
05   # l1  1.0  2.0
06   # l0  NaN  NaN
```

除了對行修改，reindex 方法還支援修改列索引，用 columns 參數指定其新的列索引值。

```
01   print(df.reindex(columns=['b','a']))
02   # 傳回結果：
03   #      b  a
04   # l1   2  1
05   # l2   4  3
```

用 sort_index 方法對索引重新排序,該方法預設傳回新的 DataFrame。

```
01   df = pd.DataFrame({"a":[1,3], "b":[2,4]}, index=['line2', 'line1'])
02   print(df.sort_index())
03   # 傳回結果
04   #        a  b
05   # line1  3  4
06   # line2  1  2
```

還有一種更為簡單的方法,即用直接設定值的方法修改其列索引的順序。

```
01   order = ['b','a']
02   df = df[order]
```

3. 多重索引

多重索引包含多重行索引和多重列索引,在資料分析和建模過程中使用多重索引的情況並不多。多重列索引主要出現在從其他格式檔案匯入資料和匯出資料,以及前期的資料處理過程中,如從 Excel 檔案中匯入的表格,如表 3.1 所示。

表 3.1 Excel 多重列索引資料

期 中		期 末	
語文	數學	語文	數學
95	91	82	79
92	80	95	85

用 read_excel 方法讀取資料表(讀取 Excel 需要協力廠商函數庫支援,實際方法請參見第 5 章),注意用 header 參數指定列索引包含前兩行(讀取雙重行索引使用 index_col=[0,1])。從傳回結果可以看到,其每個欄位被表示為多層列名稱組成的元組。

```
01   df = pd.read_excel('test.xlsx', header=[0,1])   # 指定前兩行為列索引
02   print(df)
03   # 傳回結果
04   #     期中期末
```

```
05    #      語文數學語文數學
06    # 0  95  91  82  79
07    # 1  92  80  95  85
08
09    print(df.columns.values) # 檢視列索引內容
10    # 傳回結果:
11    # [('期中', '語文') ('期中', '數學') ('期末', '語文') ('期末',
      '數學')]
```

由於資料被解析成多重索引處理起來比較麻煩,因此一般會將其兩列索引組合成單層索引。下例用 join 方法將元組連成的字串作為新的欄位名稱。

```
01    df.columns = ['_'.join(col).strip() for col in df.columns.values]
      # 重置欄位名稱
02    print(df)
03    # 傳回結果
04    #      期中_語文 期中_數學 期末_語文 期末_數學
05    # 0        95        91        82        79
06    # 1        92        80        95        85
```

多重行索引常出現在 groupby 用多變數分組後的資料中(groupby 將在 3.3 節中詳細介紹,本例中程式的前三行只作為資料來源使用,主要關注將索引轉為普通列的方法),在這種情況下,通常使用 reset_index 方法將多重行索引轉換成普通列。建立多重行索引資料:

```
01    import statsmodels.api as sm
02    data = sm.datasets.ccard.load_pandas().data
03    df = data.groupby(['AGE','OWNRENT']).mean() # 根據AGE和OWNRENT分組
04    print(df.head())
05    # 傳回結果:
06    #                    AVGEXP      INCOME    INCOMESQ
07    # AGE  OWNRENT
08    # 20.0 0.0        108.610000   1.650000   2.722500
09    # 21.0 0.0         68.910000   1.600000   2.570000
10    #      1.0        552.720000   2.470000   6.100900
11    # 22.0 0.0         65.126667   2.076667   4.553633
12    # 23.0 0.0         72.825000   2.545000   6.479050
```

從執行結果可以看到，行索引為 AGE 和 OWNRENT 兩層。在使用 reset_index 方法後，索引被轉為普通列。

```
01   print(df.reset_index().head())
02   # 傳回結果：
03   #     AGE    OWNRENT    AVGEXP      INCOME    INCOMESQ
04   # 0  20.0      0.0    108.610000  1.650000   2.722500
05   # 1  21.0      0.0     68.910000  1.600000   2.570000
06   # 2  21.0      1.0    552.720000  2.470000   6.100900
07   # 3  22.0      0.0     65.126667  2.076667   4.553633
08   # 4  23.0      0.0     72.825000  2.545000   6.479050
```

3.2 資料存取

DataFrame 支援多種資料存取方式，包含對單一資料單元的存取、對整行整列的存取、反覆運算存取整數個資料表，它們的用法和效率各有不同。本節將介紹操作資料表的基本方法及常用技巧。

3.2.1 存取資料表元素

1. 存取列

最簡單的存取資料表元素的方法是指定列名稱和行索引值。在存取列時，可以指定單一列名稱存取一列，傳回 Series 類類型資料，其中第一列是行的索引值，第二列 values 值是該欄位的實際值；也可以使用列名稱資料存取多列，傳回 DataFrame 類類型資料，是原 DataFrame 的子集。

```
01   df = pd.DataFrame([[1,2],[11,12]], columns=['a','b'])
02   print(df['a'])                    # 用列名稱存取
03   傳回結果：
04   # 0    1
05   # 1    11
06   # Name: a, dtype: int64
07   print(df[['a','b']])              # 用列名稱資料存取多列
```

2. 存取記錄

使用指定索引切片的方式存取行，傳回的結果也是 DataFrame。

```
01   print(df[:1])                        # 用切片方式存取多行
02   print(type(df[:1]))                  # 顯示傳回數值型態
03   # 傳回結果：
04   #    a  b
05   # 0  1  2
06   # <class 'pandas.core.frame.DataFrame'>
```

3. 條件篩選記錄

在下例中，透過條件篩選行。從傳回結果可見，條件判斷傳回了 Series，其索引為資料表的索引值，其值為 bool 值。如果將該 Series 作為行索引，則篩選其值為 True 的所有行。

```
01   print(df['a']==11)
02   # 傳回結果：
03   # 0     False
04   # 1      True
05
06   print(df[df['a'] == 11])             # 篩選資料表中a值為11的所有行
07   # 傳回結果：
08   #    a   b
09   # 1  11  12
```

當使用一個以上條件篩選時，就用邏輯運算子組合各個條件，注意下例中括號的使用。

```
01   print(df[(df['a'] > 10) & (df['a'] < 20)])# 篩選a值為10～20的所有記錄
02   # 傳回結果：同上例
```

4. 存取實際元素

存取實際某行和某列的值分別使用 loc 方法和 iloc 方法，二者的區別在於 loc 方法在存取資料時使用行索引名稱和列名稱，iloc 方法在存取資料時使用行索引和列索引。iloc 方法的參數是索引、索引陣列，以及切片方式指定的資料範圍。

```
01   df = pd.DataFrame([[1,2],[11,12]], columns=['a','b'])
02   print(df.iloc[0,0])                        # 用索引存取資料
03   # 傳回結果：1
04
05   print(df.iloc[[0,1],[1]])                   # 指定索引陣列
06   # 傳回結果：
07   #     b
08   # 0   2
09   # 1   12
10
11   print(df.iloc[[0],:1])                      # 指定索引切片
12   # 傳回結果：
13   #     a
14   # 0   1
```

當使用 loc 方法存取資料表時，支援指定元素索引名稱、列名稱、串列、切片的方式設定參數。當對應參數為空時，預設展示所有行或列。

```
01   df = pd.DataFrame([[1,2],[11,12]], columns=['a','b'], index=['item1','item2'])
02   print(df.loc['item1','b'])                  # 存取單一元素
03   # 傳回結果：2
04   print(df.loc[['item1','item2'], ['a','b']]) # 用串列指定存取範圍
05   # 傳回結果：
06   #     a  b
07   # 0   1  2
08   # 1   11 12
09
10   print(df.loc['item1':'item2', ])            # 用切片指定存取範圍
11   # 反回結果同上
```

loc 方法還支援按條件索引，以下例中篩選出欄位 a==11 的所有記錄。

```
01   print(df.loc[df['a']==11,])
02   # 傳回結果：
03   #     a  b
04   # 1   11 12
```

除了 loc 方法和 iloc 方法，還可以使用 ix 混合索引。它綜合了 loc 和 iloc 兩種方法，可同時使用索引值和索引名稱。另外，它還可以使用 at 方法和 iat 方法取得單一元素的值，其參數設定方法類似 loc 方法和 iloc 方法。

5. 反覆運算存取資料表

使用 iterrows 方法可檢查資料表的每一筆記錄，以及其中的每一個元素。其中，idx 是記錄的索引值，item 是每一筆記錄的實際資料，Series 為資料類型。需要注意的是，使用反覆運算方法存取和修改資料的速度比較慢。

```
01   df = pd.DataFrame([[1,2],[11,12]], columns=['a','b'])
02   for idx,item in df.iterrows():
03       print(idx, type(item) , item['a'])
```

3.2.2 修改資料表元素

1. 修改列名稱

使用給 columns 設定值的方法可修改列名稱，請注意在使用此方法修改時，需要指定所有列的名稱，無論是否修改。

```
01   df = pd.DataFrame([[1,2],[11,12]], columns=['a','b'])
02   df.columns = ['a','c']          # 重置列名稱
```

上述方法只能修改列名稱，不能修改資料表內容。如果想重排其中某幾個列，使用下例中的方法調換位置。

```
01   df = df[['c','a']]
02   print(df)
03   # 傳回結果：
04   #    c   a
05   # 0   2   1
06   # 1  12  11
```

使用 rename 方法修改列名稱，可用字典方法只描述被修改的列，而不影響其他列。下例中將列名稱 "c" 改為 "d"。

```
01   print(df.rename(columns = {'c':'d'}))
02   # 傳回結果：
03   #      d   a
04   # 0    2   1
05   # 1   12  11
```

2. 修改行索引值

修改行索引值的方法與修改列名稱的方法類似，如果使用直接對行索引設定值的方法，則需要列出所有索引值，無論是否修改。

```
01   df.index = [7,8]
```

使用 rename 方法，利用字典參數也可以修改行索引值，注意設定 axis=0。

```
01   print(df.rename({7:'x', 8:'y'},axis = 0))
02   # 傳回結果：
03   #      c   a
04   # x    2   1
05   # y   12  11
```

3. 修改資料表內容

使用直接對列設定值的方法或用 loc 指定列名稱的方法都可以修改整列的值。

```
01   df = pd.DataFrame([[1,2],[11,12]], columns=['a','b'])
02   df['b'] = [3,13]              # 修改b列的值
03   df.loc[:,'a'] = [4,14]        # 修改a列的值
04   print(df)
05   # 傳回結果：
06   #      a   b
07   # 0    4   3
08   # 1   14  13
```

使用 loc 指定索引值的方法也可以對整行設定值，本列中使用了字典方法給行中元素設定值。

```
01   df.loc[0] = {'a':21,'b':22}
02   print(df)
```

```
03   # 傳回結果
04   #    a   b
05   # 0  21  22
06   # 1  14  13
```

同時，在指定行索引和列名稱時，可以給指定資料表中的指定元素設定值，此方法也可用於給多行或多列的元素設定值。

```
01   df.loc[0,'a'] = 32
02   print(df)
03   # 傳回結果：
04   #    a   b
05   # 0  32  22
06   # 1  14  13
```

下面的範例是一種相對複雜，但比較常用的資料處理方法，即將某個欄位（本例中為欄位 b）大於邊界值（本例中為 10）的所有值都設定為邊界值。

```
01   df = pd.DataFrame([[1,2],[11,12]], columns=['a','b'])
02   df.loc[df['b'] > 10, 'b'] = 10
03   print(df)
04   # 傳回結果
05   #    a   b
06   # 0  1   2
07   # 1  11  10
```

修改資料表元素的值也可以使用 iloc 方法，其與 loc 方法類似，此處不再詳細說明。

4. 批次修改

用 DataFrame 的 apply 函數可批次修改表中的資料，最簡單的用法是使用 lambda 運算式逐筆對已有資料計算，以建置新資料。本例中將 a 列資料透過算術運算式轉換成原資料的平方，b 列透過邏輯判斷敘述將大於 10 的元素置為 True，小於等於 10 的元素置為 False。

```
01  df = pd.DataFrame([[1,2],[11,12]], co·lumns=['a','b'])
02  df['a'] = df['a'].apply(lambda x: x*x) # 修改a列
03  df['b'] = df['b'].apply(lambda x: True if x > 10 else False) # 修改b列
04  print(df)
05  # 傳回結果：
06  #      a      b
07  # 0    1   False
08  # 1  121    True
```

除 lambda 運算式以外，apply 函數還支援呼叫函數，以實現更複雜的計算，這比使用 iterrows 檢查資料表修改資料更高效。下例中繼續使用上例中的資料，利用 a，b 列元素的值建置出新列 c。在呼叫 apply 函數時指定了兩個參數，axis=1 是指逐行處理，args 指定了傳給函數的兩個附加參數。程式中定義了函數 f，它的第一個參數是資料表中的每行資料，後兩個參數是 args 中指定的參數。函數 f 使用資料表的 a 列、b 列，並分別與參數 arg1, arg2 相乘再將其結果附值給 c 列。可以説，apply 函數是在 DataFrame 中建置新特徵時使用頻率最高的方法。

```
01  def f(item, arg1, arg2):            # 用a,b,arg1,arg2逐筆建置新列c的值
02      if item['b']:
03          return item['a'] * arg1
04      else:
05          return item['a'] * arg2
06
07  df['c'] = df.apply(f, args={-1,1}, axis=1)  # 呼叫函數f
08  print(df)
09  # 傳回結果：
10  #      a      b    c
11  # 0    1   False  -1
12  # 1  121    True  121
```

3.3 分組運算

分組運算（Groupby）是指按某一特徵（欄位）將一個巨量資料表分成幾張小
表，分表後經過統計處理再將結果重組。分組操作相當大地簡化了資料處理
的流程，並加強了處理效率。

3.3.1 分組

本小節先從一個實例開始，實例使用 1996 年美國大選的資料集。首先載入資
料集，並檢視資料的基本情況。

```
01    import statsmodels.api as sm
02    data = sm.datasets.anes96.load_pandas().data
03    print(data.head())
```

資料基本情況如表 3.2 所示，可以看到表中多數列為類別（列舉）類型。

表 3.2 美國大選資料集前五行資料

popul	TVnews	selfLR	ClinLR	DoleLR	PID	age	educ	income	vote	logpopul
0	7	7	1	6	6	36	3	1	1	-2.302585093
190	1	3	3	5	1	20	4	1	0	5.247550249
31	7	2	2	6	1	24	6	1	0	3.437207819
83	4	3	4	5	1	28	6	1	0	4.420044702
640	7	5	6	4	0	68	6	1	0	6.461624414

分組既可以對 Series 分組，也可以對 DataFrame 分組，支援使用一個特徵及多
個特徵作為分組條件。當使用「受教育程度」分組時，資料被分為七組，每
種受教育程度相同的記錄被分成一組；按「受教育程度」和「投票」兩個特
徵分組時，資料表被分成 14 個組，每種特徵的組合分為一組。另外，還可以
使用 lambda 運算式作為分組依據。下例中按索引值交錯將資料分成兩組。

```
01    grp = data.groupby('educ')              # 按單特徵分組
02    print(len(grp))                         # 傳回結果：7
03    grp = data.groupby(['educ','vote'])     # 按兩特徵分組
```

```
04    print(len(grp))                              # 傳回結果：14
05    grp = data.groupby(lambda n: n%2)            # 按索引值交錯分組
06    print(len(grp))                              # 傳回結果：2
```

執行 groupby 指令後資料並未被真正拆分，只是在存取組中的資料時才會執行拆分操作，這會使得分組操作變得快速且節省儲存空間。

使用 get_group 方法可取得某一組中的所有記錄。

```
01    print(grp.get_group(1))
```

一般透過反覆運算方式存取分組元素，其中 desc 為分組的特徵值，item 是包含該組中的所有記錄的新資料表。

```
01    for desc,item in grp:
02        print(desc, item)
```

使用欄位名稱作為索引可獲得只包含該欄位的新組，用這種方式可實現依據某一列給另一列分組，以供後續計算。下例中按 vote 分組後取每組的 age，反覆運算方式存取的元素 item 是 Series 類型，其中包含該組中的所有 age 值。

```
01    for desc,item in grp['age']:
02        print(desc, type(item))
03    # 傳回結果
04    # 0 <class 'pandas.core.series.Series'>
05    # 1 <class 'pandas.core.series.Series'>
```

統計分組後的資料也是常用的操作，如統計為不同候選人投票的兩組的人數和平均年齡，方法如下例所示。除了計數和求平均值，也可以使用求和、求中值等其他統計方法。

```
01    grp = data.groupby(['vote'])
02    print(grp['vote'].count())        # 求每組的人數
03    傳回結果：
04    # vote
05    # 0.0    551
06    # 1.0    393
07    # Name: vote, dtype: int64
```

上例中傳回值的類型為 Series，分組變數的設定值為索引值，組中元素個數為
value。還可以利用 reset_index 方法將結果轉換成單層索引的 DataFrame，其
中分組變數 vote 和年齡平均值 age 都已轉換成新資料表中的欄位。

```
01    df = grp['age'].mean().reset_index()
02    print(type(df))
03    print(df)
04    # 傳回結果：
05    # <class 'pandas.core.frame.DataFrame'>
06    #    vote         age
07    # 0   0.0   46.299456
08    # 1   1.0   48.086514
```

3.3.2 聚合

聚合（Agg）可以對每組中的資料進行聚合運算，即把多個值按指定方式轉換
成一個值。Agg 的參數是處理函數，它將列中的資料轉給處理函數，為方便了
解，還是從實例開始。本例中使用 statsmodels 中附帶的信用卡資料，資料非
常簡單，只有五個欄位。

```
01    data = sm.datasets.ccard.load_pandas().data
02    print(data.head())                # 顯示資料前5行
03    # 傳回結果：
04    #      AVGEXP   AGE   INCOME   INCOMESQ   OWNRENT
05    # 0    124.98  38.0     4.52    20.4304       1.0
06    # 1      9.85  33.0     2.42     5.8564       0.0
07    # 2     15.00  34.0     4.50    20.2500       1.0
08    # 3    137.87  31.0     2.54     6.4516       0.0
09    # 4    546.50  32.0     9.79    95.8441       1.0
```

使用 OWNRENT 值分組，由於它的設定值為 0 或 1，因此資料被分為兩組，
用集合方法呼叫取平均值的函數來聚合資料。

```
01    grp = data.groupby('OWNRENT')
02    print(grp.agg(np.mean))           # 呼叫匯總函數
03    # 傳回結果：
```

```
04   #            AVGEXP        AGE      INCOME    INCOMESQ
05   # OWNRENT
06   # 0.0    203.000667  28.866667  2.818667    8.764329
07   # 1.0    361.751111  35.296296  4.467778   24.490293
```

傳回結果也是 DataFrame 物件。轉換後的欄位和原表相同，記錄變為兩個，
分別對應不同的分組，表中的資料是該欄位不同組的平均值。本例中使用了
Numpy 的平均值函數，也可用自訂函數，或使用 lambda 運算式定義處理方
法，如下例中將每組中收入最高的記錄作為轉換後的值。

```
01   print(grp.agg(lambda df: df.loc[(df.INCOME.idxmax())]))
```

3.3.3 轉換

轉換（Transform）是將資料表中的每個元素按不同組進行不同的轉換處理，
轉換之後的行索引和列索引不變，只有內容改變。下例中將收入（INCOME）
的實際值轉為 INCOME 減去該組的平均值，用於表示其收入在所群組中是偏
高還是偏低。

```
01   data = sm.datasets.ccard.load_pandas().data     # 讀取資料
02   grp = data.groupby('OWNRENT')
03   data['NEW_INCOME'] = grp['INCOME'].transform(lambda x: x - x.mean())
     # 按組轉換
04   print(data[['INCOME', 'NEW_INCOME', 'OWNRENT']].head())
05   # 執行結果：
06   #     INCOME  NEW_INCOME   OWNRENT
07   # 0     4.52    0.052222      1.0
08   # 1     2.42   -0.398667      0.0
09   # 2     4.50    0.032222      1.0
10   # 3     2.54   -0.278667      0.0
11   # 4     9.79    5.322222      1.0
```

聚合和轉換都支援將 DataFrame 和 Series 作為輸入。上例中將 DataFrame 作為
處理物件，輸出的是 DataFrame；本例中將 Series 作為處理物件，轉換後輸出
的也是 Series。

3.3.4 過濾

過濾（Filter）是透過一定的條件從原資料表中過濾掉一些資料，過濾之後列不變，行可能減少，實際方法是按組過濾，即過濾掉某些組。

本例中，使用 lambda 函數過濾掉了收入（INCOME）平均值小於 3 的組。

```
01    data = sm.datasets.ccard.load_pandas().data
02    grp = data.groupby('OWNRENT')
03    print(grp.filter(lambda df: False if df['INCOME'].mean() < 3 else
      True).head())
04    # 傳回結果：
05    #      AVGEXP   AGE   INCOME   INCOMESQ   OWNRENT
06    # 0    124.98   38.0   4.52    20.4304     1.0
07    # 2     15.00   34.0   4.50    20.2500     1.0
08    # 4    546.50   32.0   9.79    95.8441     1.0
09    # 7    150.79   29.0   2.37     5.6169     1.0
10    # 8    777.82   37.0   3.80    14.4400     1.0
```

處理函數接收的參數是某一分組中的所有資料，傳回布林值。當布林值為 True 時保留該組，當布林值為 False 時過濾掉該組，判斷條件一般是根據組中資料求出的統計值。

3.3.5 應用

相對於前幾種方法，應用（Apply）更加靈活，並且能實現前幾種處理的功能。其處理函數的輸入是各組的 DataFrame，傳回值可以是數值、Series，DataFrame，apply 會根據傳回的不同類型建置不同的輸出結構。

用 apply 實現聚合功能：

```
01    print(grp.apply(np.mean))
```

用 apply 實現轉換功能：

```
01    print(grp['INCOME'].apply(lambda x: x - x.mean()))    # 同transform
```

用 apply 實現過濾功能與使用 filter 函數不同的是，當滿足條件時，傳回 df；
當不滿足條件時，傳回 None，即在重組時忽略該傳回值。

```
01   print(grp.apply(lambda df: df if df['INCOME'].mean() < 3 else None))
```

除以上功能外，apply 還提供更靈活的使用方式，例如傳回符合條件組中的前
N 筆。

```
01   print(grp.apply(lambda df: df.head(3) if df['INCOME'].mean() < 3 else None))
```

Pandas 對常用的聚合功能在底層做了最佳化，使 apply 函數的速度比自行分組
計算之後再組合快得多，因此其是資料處理中不可或缺的工具。

3.4 日期時間處理

日期時間處理是 Python 程式設計的必備技能，如從計算某一段程式的執行時
期長，到統計建模中某一列日期或時間戳記類類型資料，再到時間序列問題
中透過歷史資料預測未來趨勢，在經濟、金融、醫學等領域中被廣泛使用。
Python 的 datatime 包含一系列的時間處理工具，Pandas 函數庫也附帶時序工
具，還支援將時間類型作為資料表的索引及作圖使用。

3.4.1 Python 日期時間處理

1. 時間點

Python 的標準函數庫提供了 datetime 系列工具，date 用於處理日期資訊，time
用於處理時間資訊，datetime 可同時處理時間資訊和日期資訊，也是最常用的
工具。

本例中首先匯入 datetime 工具，使用 now 方法取目前日期時間，然後透過
datetime 的屬性 year,month 等取得其實際資料。另外，也可以使用指定實際年
月日分時秒的方法建置 datetime 資料，省略的分時秒參數被預設為 0。

```
01    from datetime import datetime
02    d1 = datetime.now()              # 取得目前時間
03    print(d1)
04    # 傳回結果：2019-03-27 12:57:48.457741
05    print(d1.year, d1.month, d1.day, d1.hour, d1.minute, d1.second)
06    # 傳回結果：2019 3 27 12 57 01    48
07    d2 = datetime(2019, 3, 27)        # 透過指定日期建置datetime
08    print(d2)                        # 傳回結果：2019-03-27 00:00:00
```

2. 時間段

時間段 timedelta 用於表示兩個時間點的差值，可以透過 datetime 資料相減獲得，也可以透過指定實際時間差的方式建置。本例中使用了上例建立的時間日期變數 d1 和 d2。

```
01    from datetime import timedelta
02    delta = d2-d1                    # 透過時間日期相減取得
03    print(type(delta))
04    # 傳回結果：<class 'datetime.timedelta'>
05    print(delta)
06    # 傳回結果：-1 day, 11:02:11.542259
07    delta = timedelta(days=3)        # 指定時差
08    print(d1+delta)                  # 利用時間段計算新的日期時間
09    # 傳回結果：2019-03-30 12:57:48.457741
```

3. 時間戳記

時間戳記是指格林威治時間自 1970 年 1 月 1 日零時至目前時間的總秒數。使用時間戳記的好處在於節省儲存空間，且不受不同系統之間的日期時間格式限制；缺點在於不夠直觀。一般使用 Python 的 time 工具處理時間戳記。

使用 time.time 函數取得目前時間戳記：

```
01    import time
02    print(time.time())
03    # 傳回結果：1553693676.4635994
```

使用 time.mktime 函數將 datetime 類類型資料轉換成時間戳記，或從字串格式轉換。

```
01   t = time.mktime(d.timetuple())    # 從datetime格式轉換
02   print(t)
03   # 傳回結果：1553644800.0
04   print(time.mktime(time.strptime("2019-03-27", "%Y-%m-%d")))
     # 從字串格式轉換
05   # 傳回結果：1553644800.0
```

使用 datetime.fromtimestamp 函數將時間戳記轉換成 datetime 類型。

```
01   print(datetime.fromtimestamp(t))
02   # 傳回結果： 2019-03-27 00:00:00
```

使用 time.strftime 函數將時間戳記按指定格式轉換成字串。

```
01   time.strftime("%Y-%m-%d %H:%M:%S", time.localtime(t))
```

4. 時間類型轉換

字串類型轉換成時間類型可使用 datetime 附帶的 strptime 函數，在使用時需要指定時間格式：

```
01   d = datetime.strptime('2019-03-27', '%Y-%m-%d')
02   print(d)
03   # 傳回結果：2019-03-27 00:00:00
```

在事先不確定時間日期格式的情況下，可以使用 dateutil.parser 中的 parse 方法自動識別符號串的時間類型，這樣使用更為方便，但相對消耗資源較大。

```
01   from dateutil.parser import parse
02   d = parse('2019/03/27')
03   print(d)
04   # 傳回結果：2019-03-27 00:00:00
```

將日期轉換成時間相對比較簡單，如果對字串的語法沒有特殊要求，就用 str 方法直接轉換即可。

```
01    print(str(d))
02    # 傳回結果：2019-03-27 00:00:00
```

如果想指定格式，就使用 datetime 的 strftime 方法。

```
01    print(d.strftime("%Y/%m/%d %H:%M:%S"))
02    # 傳回結果：2019/03/27 00:00:00
```

3.4.2 Pandas 日期時間處理

Pandas 支援時間點 Timestamp、時間間隔 Timedelta 和時間段 Period 三種時間類型，它們常被用於時間索引，有時也用於描述時間類類型資料。

1. 時間點

Pandas 最基本的資料類型為時間點，它繼承自 datetime，可使用 to_datetime 方法從字串格式或 datetime 格式轉換。

```
01    t = pd.to_datetime('2019-03-01 00:00:00')        # 從字串格式轉換
02    print(type(t), t)
03    # 傳回結果：
04    # <class 'pandas._libs.tslibs.timestamps.Timestamp'> 2019-03-01 00:00:00
05    t = pd.to_datetime(datetime.now())               # 從datetime格式轉換
06    print(type(t), t)
07    # 傳回結果：
08    # <class 'pandas._libs.tslibs.timestamps.Timestamp'> 2019-03-28
      10:57:17.150421
```

2. 時間間隔

Pandas 中的時間間隔類似 datetime 工具中的時間段，可以透過兩個時間點相減獲得。它的屬性 days，seconds 可以檢視實際的天數以及一天以內的秒數。

```
01    t1 = pd.to_datetime('2019-03-01 00:00:00')
02    t2 = pd.to_datetime(datetime.now())
03    delta = t2-t1    # 透過TimeStamp相減取得
04    print(type(delta), delta, delta.days, delta.seconds)
05    # 傳回結果：
```

```
06    <class 'pandas._libs.tslibs.timedeltas.Timedelta'>27 days 11:41:01.
      335558 27 42061
```

時間間隔可以透過 **pd.Timedelta** 函數建立，並利用它與時間點的計算建置新的時間點。

```
01    delta = pd.Timedelta(days=27)          # 建置時間間隔為27天
02    print(t2 + delta)
03    # 傳回結果：
04    2019-04-24 11:13:31.906658
```

3. 時間段

時間段描述的也是時間區間，但與時間間隔不同的是，它包含起始時間和終止時間，一般以年、月、日、小時等為計算單位，透過時間點來建置它所在的時間段。下例中使用目前時間所在小時建置時間段，並顯示了該時間段的起止時間。

```
01    t = pd.to_datetime(datetime.now())
02    p = pd.Period(t, freq='H')
03    print(p, p.start_time, p.end_time)     # 顯示時間段的起止時間
04    # 傳回結果：
05    2019-03-28 11:00 2019-03-28 11:00:00 2019-03-28 11:59:59.999999999
```

4. 批次轉換

使用 **to_datetime** 方法也可以進行資料的批次轉換，通常用它將字串類型轉為時間類型。

```
01    arr = ['2019-03-01','2019-03-02','2019-03-03']
02    df = pd.DataFrame({'d':arr})
03    df['d'] = pd.to_datetime(df['d'])
```

3.4.3 時間序列操作

Pandas 中日期時間最重要的應用是處理時間序列。時間序列是一系列相同格式的資料按時間排列後組成的數列，常用於透過歷史資料預測未來趨勢，有

時也用於空缺值的插補。在時間序列資料的清洗和準備時，會用到大量的與 Pandas 日期相關的操作，如按時間篩選、切分、統計、聚合、取樣、去重、偏移等。

1. 時間日期類型索引

時間點、時間段和時間間隔都可以作為資料表的索引，用以建置時間序列，其中最常用的是時間點索引，其類型為 DatetimeIndex。

```
01   df.index = pd.to_datetime(df['d']) # 本例中使用了上例中建置的df[ 'd' ]
02   print(df.index)
03   # 傳回結果：
02   # DatetimeIndex(['2019-03-01', '2019-03-02', '2019-03-03'],
03   #       dtype='datetime64[ns]', 04   name='d', freq=None)
```

另外，也常用 date_range 方法指定時間範圍來建置一組時間資料。下例中建立了從 2017-12-30 到 2019-01-05，每日一筆資料，共 372 筆資料。用 set_index 方法將 date 列設定為索引列，然後將該日是星期幾設定為其 val 欄位的值，本小節的後續程式中也用到在此建立的資料。

```
01   df = pd.DataFrame()
02   df['date'] = pd.date_range(start='2017-12-30',end='2019-01-05',freq='d')
     # 建立時間資料
03   df['val'] = df['date'].apply(lambda x: x.weekday())   # 計算該日是星期幾
04   df.set_index('date', inplace = True)                  # 設定時間索引
05   print(df.head(3))                                     # 顯示前三筆
06   # 傳回結果
07   #               val
08   # date
09   # 2017-12-30    5
10   # 2017-12-31    6
11   # 2018-01-01    0
```

date_range 方法不僅支援設定起止時間 start/end，還支援用起始時間和段數 periods 建置資料 start/periods，其間隔 freq 支援年 'y'、季 'q'、月 'm'、小時 'h'、分鐘 't'、秒 's' 等，並支援設定較為複雜的時間，如 freq='1h30min' 為

間隔一個半小時。實際格式支援請參見 Pandas 原始程式中的 pandas/tseries/frequencies.py。

2. 時間段類型索引

時間段也是一種重要的索引，常用它儲存整個時間段的統計資料，如全年總銷量，其類型為 PeriodIndex。與時間日期類型索引不同的是，它儲存了起始和終止兩個時間點。使用 to_period 方法和 to_timestamp 方法可以在時間段類型索引和時間點索引之間相互轉換。

下例中，將時間日期類型索引改為其所在月的時間段類型索引。

```
01  df_period = df.to_period(freq='M') # 按月建立時間段
02  print(type(df_period.index))        # 檢視類型
03  # 傳回結果：<class 'pandas.core.indexes.period.PeriodIndex'>
04  print(len(df_period))                # 檢視記錄個數，與原記錄個數一致
05  # 傳回結果：372
06  print(df_period.head(3))
07  # 傳回結果：
08  #        val
09  # date
10  # 2017-12    5
11  # 2017-12    6
12  # 2018-01    0
```

從傳回結果可以看到，轉換後索引值的類型變為 PeriodIndex，記錄筆數和實際內容不變，用以下方法可檢視其實際起止時間：

```
01  print(df_period.index[0].start_time, df_period.index[0].end_time)
02  # 傳回結果：2017-12-01 00:00:00 2017-12-31 23:59:59.999999999
03  print(df_period.index[1].start_time, df_period.index[1].end_time)
04  # 傳回結果：2017-12-01 00:00:00 2017-12-31 23:59:59.999999999
05  print(df.index.is_unique, df_period.index.is_unique)
06  # 傳回結果：True, False
```

由於是在同一個月，因此第一筆記錄和第二筆記錄的起止時間相同，用 is_unique 檢視其索引值有重複。使用 to_timestamp 方法可將 Period 類型轉換回 Timestamp 類型。

```
01   df_dt = df_period.to_timestamp()
02   print(df_dt.head(3))
03   print(type(df_dt.index))
04   # 傳回結果：
05   #              val
06   # date
07   # 2017-12-01   5
08   # 2017-12-01   6
09   # 2018-01-01   0
10   # <class 'pandas.core.indexes.datetimes.DatetimeIndex'>
```

經過以上程式中的兩次轉換，日期都被轉換成當月的第一天了。

3. 篩選和切分

使用時間日期類型索引的重要原因是 Pandas 支援使用簡單的寫法按時間範圍篩選資料，如用月份或年份篩選當月或當年的所有資料。

```
01   print(df['2019'])           # 篩選2019全年資料
02   print(df['2019-01'])        # 篩選2019年一月資料
```

用切片方法取得某段時間的資料。

```
01   (df['2018':'2019'])         # 篩選2018年年初到2019年年底的所有資料
02   (df['2018-12-31':])         # 篩選2018-12-31及之後的資料
```

4. 重取樣

重取樣是指對時序資料按不同的頻率重新取樣，把高頻資料降為低頻資料是降取樣 downsampling，反之則為升取樣 upsampling。

用降取樣聚合一段時間的資料，先看一個常用的程式，將以日為單位的記錄降取樣成以周為單位，並累加其值。除了累加，常用的操作還有取其第一個值、最大值等。從結果可以看到，日期置為該周的最後一天，欄位設定值為該周所有數值之和。

```
01   tmp = df.resample('w').sum()    # 使用疊加方式按周重取樣
02   print(tmp.head(3))
```

```
03    # 傳回結果
04    #            val
05    # date
06    # 2017-12-31    11
07    # 2018-01-07    21
08    # 2018-01-14    21
```

另一種常用的降取樣是 ohlc 方法，它常用於金融領域中計算統計區域內開盤 open、最高 high、最低 low 和收盤 close 的值。從傳回結果可以看到，它傳回了雙層列索引。

```
01    tmp = df.resample('M').ohlc()    # 使用ohlc方法按月降取樣
02    print(tmp.head(3))
03    # 傳回結果
04    #            val
05    #            open  high   low  close
06    # date
07    # 2017-12-31     5     6     5      6
08    # 2018-01-31     0     6     0      2
09    # 2018-02-28     3     6     0      2
```

降取樣中的 to_period 方法和 resample 方法常常配合使用，同時實現時間和設定值的聚合，下例中聚合了月度資料。

```
01    tmp = df.resample('M').sum().to_period('M')
                              # 按月降取樣，同時將時間變為時間段
02    print(tmp.head(3))
03    # 傳回結果
04    #          val
05    # date
06    # 2017-12    11
07    # 2018-01    87
08    # 2018-02    84
```

升取樣常用於時序資料的插補，如在做時序預測時，缺少某一日期對應的記錄，這時就需要升取樣補全所有日期範圍內的資料。下例中只含有三月份的三筆資料，需要補全當月所有日期的資料，按日 'D' 升取樣並使用內插方法插補資料。除了內插方法,常用的插補方法還有使用後面資料插補 ffill、使用前面資料插補 bfill、使用空值插補 fillna 等。

```
01    df1 = pd.DataFrame({'val':[8,7,6]})
02    df1.index = pd.to_datetime(['2019-03-01','2019-03-15','2019-03-31'])
      # 僅含三筆資料
03    df2 = df1.resample('D').interpolate()      # 用內插方式升取樣
04    print(len(df2))
05    # 傳回結果:31
06    print(df2.head(3))
07    # 傳回結果
08    #                 val
09    # 2019-03-01  8.000000
10    # 2019-03-02  7.928571
11    # 2019-03-03  7.857143
```

resample 方法傳回的值為 DatetimeIndexResampler 類型,需要進一步處理才能轉換成 DataFrame。它提供的功能較多,可使用該物件的 aggregate, apply, transfrom 等方法聚合資料。如果只需要簡單填充,也可以使用 asfreq 方法,其直接傳回 DataFrame 並將新記錄填充為空值。

```
01    df3 = df1.asfreq('D')
```

5. 偏移

偏移操作適用於各種類型的資料,但在時序問題中最為常用。資料偏移使用 shift 方法實現,DataFrame,Series 及 Index 都支援該方法,其語法如下:

```
01    shift(self, periods=1, freq=None, axis=0, fill_value=None)
```

其中,Period 預設為 1,即取其前項的資料。如果 Period 設定為負數,則為取其後項的資料。freq 可設定頻率,用法和 Period 中的 freq 相同。

在時序預測時,常將前一天的資料作為當日預測的特徵,本例仍使用本小節第一部分中建立的 df 資料表來建立欄位 prev,其值為前一天的 val。

```
01    df['prev'] = df['val'].shift()
```

```
                  # 取前一筆資料的val值作為目前記錄中欄位prev的值
02   print(df.head(3))
03   # 傳回結果
04   #              val   prev
05   # date
06   # 2017-12-30    5    NaN
07   # 2017-12-31    6    5.0
08   # 2018-01-01    0    6.0
```

6. 計算滑動視窗

當時序資料波動較大時,常常會用一段時間的平均值來取代該值。在趨勢預測中常常需要計算前 N 天的平均值,如股票預測中常用的 N 日均線,即前 N 日收盤價之和除以 N。在這個區間內 N 就是視窗,視窗隨著時間的流逝向前滑動,即滑動視窗。DataFrame 的 rolling 方法可以透過對視窗中的數值計算其統計值建置新的欄位,其語法如下:

```
01   DataFrame.rolling(window, min_periods=None, center=False, win_type=None,
     on=None, axis=0, closed=None)
```

其中,參數 window 指定視窗大小;min_peroids 指定視窗中最小觀測值的資料量,如果達不到該觀測值,則將統計值置為空;center 為目前記錄是否置中,預設為靠右。

下例中設定視窗長度為 3,min_periods 為 None,center 使用預設值 False。如果觀察到有空值,則將其計算結果置為空。從程式傳回結果可以看到,第三筆的記錄對應的視窗範圍是前三筆的記錄,其平均值為 3.666667。

```
01   df['sw'] = df['val'].rolling(window=3).mean()   # 計算視窗中資料的平均值
02   print(df.head(3))
03   # 傳回結果
04                  val     sw
05   date
06   2017-12-30     5      NaN
07   2017-12-31     6      NaN
08   2018-01-01     0   3.666667
```

emw 方法比 rolling 方法的功能更強，實現了指數加權滑動視窗，指定近距離的記錄更大的權重。下例用作圖的方法比較 ewm 設定參數 span 為 3，7 以及 rolling 為 7 的部分計算結果，如圖 3.1 所示。

```
01   df['emw_3'] = df['val'].ewm(span=3).mean()
02   df['emw_7'] = df['val'].ewm(span=7).mean()
03   df['rolling'] = df['val'].rolling(7).mean()
```

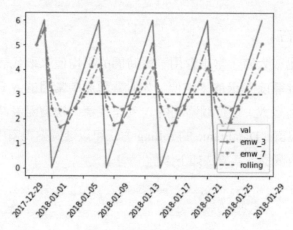

圖 3.1　滑動視窗比較圖

其中，val 為實際值，emw_3 距離實際值最近，emw_7 更多地參考了過去的資料，而 rolling 取 7 天平均值，畫出了一條直線。

7. 時區轉換

從其他資料來源讀出的資料有時帶有時區資訊，如 "2019-03-31 11:21:49.915103+ 08:00"，有時雖然沒有顯性地帶有時區資訊，但從其內容能推斷出是格林威治時間，即比台北時間少 8 個小時。

當能確定資料為格林威治時間時，計算對應的台北時間用 shift 方法偏移 8 個小時即可。而更多的時候，不能確定兩個時區間的實際差異，此時建議使用 Python 或 Pandas 提供的時區轉換功能。首先來看 Python 提供的基本時區功能，其中 pytz 模組用於時區轉換，透過 common_timezones 屬性檢視其可支援的時區串列。本例中列出了其中的前三個時區：

```
01    import pytz
02    print(pytz.common_timezones[:3])
03    # 傳回結果
04    # ['Africa/Abidjan', 'Africa/Accra', 'Africa/Addis_Ababa']
```

接下來，用 datetime 的 now 方法取目前時間。

```
01    import datetime
02    t = datetime.datetime.now()
03    print(t)
04    # 傳回結果
05    # 2019-03-31 03:36:48.402890
```

其傳回結果為凌晨三點，比目前的實際時間早 8 個小時，由此可以確定其傳回的是格林威治時間。在此使用 pytz 提供的工具，**pytz.utc.localize** 為其加入了時區資訊，時間被設定為格林威治時間的三點。

```
01    utc_dt = pytz.utc.localize(t)
02    print(utc_dt)
03    # 傳回結果
04    # 2019-03-31 03:41:42.503180+00:00
```

接下來使用 timezone 建立台北時間所在的時區 'Asia/Shanghai'，並將格林威治時間改為台北時間，轉換後時間顯示正常。

```
01    from pytz import timezone
02    tz = timezone('Asia/Shanghai')        # 將時區設為上海
03    print(utc_dt.astimezone(tz))          # 轉換時區
04    2019-03-31 11:41:42.503180+08:00
```

使用 Pandas 附帶的時區設定和置換功能更為簡單，只需要使用 **tz_localize** 和 **tz_convert** 兩個函數即可。首先，建立時間索引的 DataFrame 來顯示其索引資訊，可以看到其不帶時區資訊。

```
01    df = pd.DataFrame()
02    df['date'] = pd.date_range(start='2018-12-31',end='2019-01-01',freq='d')
03    df.set_index('date', inplace=True) # 設定時間索引
```

```
04    print(df.index)
05    # 傳回結果
06    # DatetimeIndex(['2018-12-31', '2019-01-01'],
07           dtype='datetime64[ns]', name='date', # freq=None)
```

使用 tz_localize 函數指定時區為格林威治時間：

```
01    df.index = df.index.tz_localize('UTC')
02    print(df.index.values, df.index)
03    # 傳回結果
04    # ['2018-12-31T00:00:00.000000000' '2019-01-01T00:00:00.000000000']
05    # DatetimeIndex(['2018-12-31 00:00:00+00:00', '2019-01-01 00:00:00+00:00'],
06    #                dtype='datetime64[ns, UTC]', name='date', freq=None)
```

再將格林威治時間轉為台北時間：

```
01    df.index = df.index.tz_convert('Asia/Shanghai')
02    print(df.index.values)
03    print(df.index)
04    # 傳回結果
05    #  ['2018-12-31T00:00:00.000000000' '2019-01-01T00:00:00.000000000']
06    # DatetimeIndex(['2018-12-31 08:00:00+08:00', '2019-01-01 08:00:00+08:00'],
07    #       dtype='datetime64[ns, Asia/Shanghai]', name='date', freq=None)
```

比較其傳回結果，時間索引值被修改，而其實際值 df.index.value 始終未改變，這說明修改時區修改的是顯示形式，而內部時間資料未被修改。

3.4.4 資料重排

1. 資料表轉置

資料表轉置即行列互換，與矩陣轉置類似，使用 DataFrame 附帶的方法 T 即可實現。首先建立資料表（此處資料表在後續程式中也會用到），然後呼叫轉置方法 T。

```
01    df = pd.DataFrame({"a":[1,2],"b":[3,4]}, index=['l1','l2'])
02    print(df)
```

```
03   print(df.T)
04   # 傳回結果
05   # 原資料：轉置後
06   #      a  b   l1  l2
07   # l1   1  3a   1   2
08   # l2   2  4b   3   4
```

2. 行轉列和列轉行

使用 DataFrame 的 stack 方法可將原資料表中的列轉為新資料表中的行索引，原行索引不變，資料沿用上例中建立的 df。從傳回結果可見，資料表變為雙重行索引，其資料內容為原表中的資料，而結構被修改。

```
01   df1 = df.stack()              # 列轉行
02   print(df1)
03   # 傳回結果列索引為空
04   # 1   a    1
05   #     b    3
06   # 2   a    2
07   #     b    4
08   #  dtype: int64
```

與 stack 方法的功能相反，unstack 方法是將行索引轉換成列索引，原列索引不變。從傳回結果可看到：左側輸出使用預設參數，將內層的行索引轉換成了列索引，轉換之後資料與原資料一致；右側輸出使用參數 level=0，將外層行索引轉換成列索引，轉換後與原資料的轉置結果一致。stack 方法和 unstack 方法常用於處理多重索引向單層索引的轉換，stack 方法也支援 level 參數。

```
01   print(df1.unstack())          # 將內層行索引轉為列索引
02   print(df1.unstack(level=0))   # 將外層行索引轉為列索引
03   # 傳回結果
04   #      a  b   l1  l2
05   # l1   1  3a   1   2
06   # l2   2  4b   3   4
```

3. 透視轉換

pivot 函數和 pivot_table 函數提供資料的透視轉換功能，它們能將資料的行列按一定規則重組，pivot_table 函數是 pivot 函數的擴充，下面介紹 pivot 函數的基本功能。本例中的基本資料是將期中和期末的各科成績以多筆記錄的形式放在一個表中（輸出結果中的左側表），目標是將其中一部分列索引轉換成行索引，以便縮減表的長度。pivot 函數需要指定三個參數：新的行索引 index，列索引 columns 及表中內容 values。

```
01   df = pd.DataFrame({"時間":['期中','期末','期中','期末'],
02                      "學科":['語文','語文','數學','數學'],
03                      "分數":[89,75,90,95]})
04   df1 = df.pivot(index='時間', columns='學科', values='分數')
05   print(df, df1)
06   # 傳回結果
07   # 分數學科時間學科數學語文
08   # 0  89    語文期中時間
09   # 1  75    語文期末期中  90    89
10   # 2  90    數學期中期末  95    75
11   # 3  95    數學期末
```

本小節學習的資料重排、轉換表中的行列，以及轉換表中的索引與實際的值，都是主要針對分類特徵的。數值型特徵展開後維度太大，一般只作為表中儲存的資料。

資料視覺化

在 Python 中，資料視覺化有很多選擇，本章介紹其中三個常用的工具。第一部分的 Matplotlib 是最常用的 Python 作圖工具，用它可以建立大量的 2D 圖表和簡單的 3D 圖表，此部分主要介紹圖表本身。第二部分的 Seaborn 工具是對 Matploblib 的封裝，它讓我們僅用少量程式就能實現大多數的資料分析功能，此部分的學習主要集中在圖表與資料分析功能的結合上。第三部分的 PyEchars 封裝了百度開放原始碼圖表函數庫 Echarts，使用它可以將圖表產生互動網頁，此部分偏重以資料為核心的實際應用。

圖表是將工作表中的資料用圖形表示出來。在資料分析時，具象的圖表展示常常能提供更多的資訊。在資料展示時，常用於製作 PPT、報告、論文等，展示物件一般是同事、客戶或讀者，受眾多數不是資料分析的專業人士。因此，先要確定展示的目標和受眾，作圖表如同寫應用文，最重要的是用直觀的方法表述清楚，如果同時能做到工整和美觀則更好。舉例來說，用 3D 柱圖展示工作表內容，如圖 4.1 所示。同樣的內容，如表 4.1 所示。

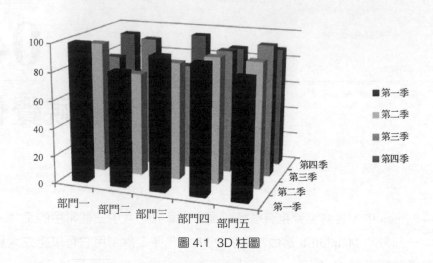

圖 4.1　3D 柱圖

表 4.1　資料表

	部門一	部門二	部門三	部門四	部門五
第一季	100	82	95	92	85
第二季	95	75	85	91	90
第三季	80	95	77	90	96
第四季	93	60	95	87	88

雖然 3D 柱圖看起來比較「進階」，但是對於上述資料，其表達能力反而不如表簡單清晰。這種圖放在 PPT 中，反而會影響受眾對內容的了解。

4.1 Matplotlib 繪圖函數庫

Matplotlib 是 Python 最著名的圖表繪製函數庫，支援很多繪圖工具，可以從其官網中看到大量的圖表及對應的使用方法。本節不盡數所有方法和參數，而是從功能的角度出發，介紹在資料分析時最常用的方法及使用場景。

4.1.1 準備工作

1. 安裝軟體

安裝 Matplotlib 函數庫，注意在 Python 2 的環境下，需要指定安裝 Matplotlib 3.0 以下版本，同時安裝 python-tk 軟體套件。在 Ubuntu 系統中，執行以下指令：

```
01   $ sudo pip install matplotlib==2.2.2
02   $ sudo apt-get install python-tk
```

2. 包含標頭檔

使用 Matplotlib 函數庫需要包含標頭檔，程式中還使用了 Numpy 函數庫。在 4.1 節中所有範例都需要包含以下標頭檔案，在此統一說明，後續程式中省略。

```
01   import numpy as np
02   import matplotlib.pyplot as plt
```

另外，如果使用 Jupyter Notebook 撰寫程式，還需要加入：

```
01   %matplotlib inline
```

以確保圖片在瀏覽器中正常顯示。

4.1.2 散點圖與氣泡圖

1. 散點圖

Matplotlib 的 pyplot 模組提供了類似 MATLAB 的繪圖介面，其中 plot 函數最為常用。它支援繪製散點圖、線圖，本例中使用 plot 函數繪製散點圖。

```
01   x = np.random.rand(50) * 20   # 隨機產生50個點，x軸的設定值範圍為0～20
02   y = np.random.rand(50) * 10   # 隨機產生50個點，y軸的設定值範圍為0～10
03   plt.plot(x, y, 'o')           # 用'o'指定繪製散點圖
04   plt.show()
```

程式執行結果如圖 4.2 所示。

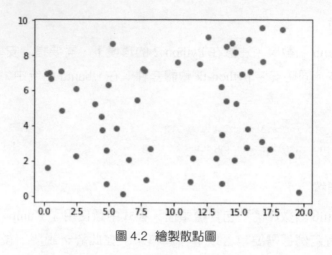

圖 4.2 繪製散點圖

在本程式中，隨機產生了 50 個點，並利用 plot 函數產生影像，其中參數 'o' 指定產生影像為散點圖（預設為線圖）。

散點圖通常用於展示資料的分佈情況，即 x 與 y 的關係。在資料分析中，最常用的場景是將兩維特徵分別作為 x 軸和 y 軸，透過散點圖展示二者的相關性，相關性將在 4.2 節中詳細討論。

2. 氣泡圖

氣泡圖的繪製函數 scatter 也常被用於繪製上例中的散點圖。相對於 plot 函數，scatter 函數提供更強大的功能，支援指定每個點的大小及顏色，可以展示更多維度的資訊。

```
01   N = 50
02   x = np.random.rand(N)
03   y = np.random.rand(N)
04   colors = np.random.rand(N)          # 點的顏色
05   area = (30 * np.random.rand(N))**2 # 點的半徑
06   plt.scatter(x, y, s=area, c=colors, alpha=0.5)
                                 # 由於點可能疊加，因此設定透明度為0.5
07   plt.show()
```

程式執行結果如圖 4.3 所示。

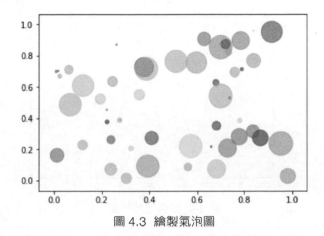

圖 4.3　繪製氣泡圖

在程式中，由於用參數 s 指定每個圖點面積的大小、用參數 c 指定每個點的顏色，因此，圖中可以展示四個維度的資訊。但在實際應用中，一張圖中四個維度攜帶的資訊量太大，更多的時候僅使用 x 軸，y 軸及面積大小這三個維度。

4.1.3　線圖

線圖常用於展示當 x 軸資料有序增長時，y 軸的變化規律。

1. 比較線圖

本例也使用了 plot 函數進行繪製，不同的是繪製線圖可在同一張圖中展示兩條曲線，可看到比較效果。

```
01   x = np.arange(0.0, 2.0, 0.01)# 建立範圍為0.0～2.0，步進值為0.01的陣列
02   y = np.sin(2 * np.pi * x)
03   z = np.cos(2 * np.pi * x)
04   plt.plot(x, y)                    # 繪製實線
05   plt.plot(x, z, '--')             # 繪製虛線
06   plt.grid(True, linestyle='-.')   # 設定背景網格
07   plt.show()
```

程式執行結果如圖 4.4 所示。

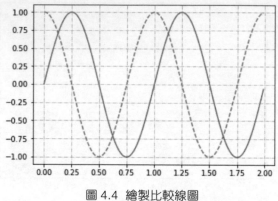

圖 4.4 繪製比較線圖

與散點圖不同的是,線圖把陣列中前後相鄰的點連接在一起。當資料在 x 軸方向未被排序時,圖示看起來比較混亂,如圖 4.5 中的左圖所示。在這種情況下,建議先排序後作圖,結果如圖 4.5 中的右圖所示。

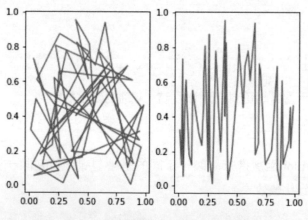

圖 4.5 對 x 軸陣列排序前後比較圖

2. 時序圖

線圖的另一個常見應用場景是繪製時序圖,從時序圖中可以直觀地看出整體趨勢、時間週期,以及特殊日期帶來的影響。在繪製時序圖時,x 軸一般為時間類類型資料。

```
01    import pandas as pd
02    import matplotlib.dates as mdates
03
04    x = ['20170808210000' ,'20170808210100' ,'20170808210200' ,'20170808210300'
05         ,'20170808210400' ,'20170808210500' ,'20170808210600' ,'20170808210700'
06         ,'20170808210800' ,'20170808210900']
07    x = pd.to_datetime(x)
08    y = [3900.0,  3903.0,  3891.0,  3888.0,  3893.0,
09         3899.0,  3906.0,  3914.0,  3911.0,  3912.0]
10
11    plt.plot(x, y)
12    plt.gca().xaxis.set_major_formatter(mdates.DateFormatter('%m-%d %H:%M'))
      # 設定時間顯示格式
13    plt.gcf().autofmt_xdate()          # 自動旋轉角度，以避免重疊
14    plt.show()
```

程式執行結果如圖 4.6 所示。

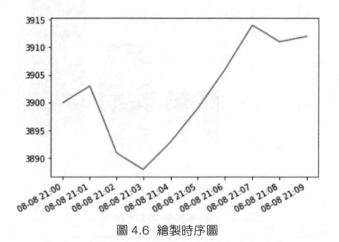

圖 4.6 繪製時序圖

繪圖前使用 pd.to_datetime 函數將字元型的日期轉換成日期時間類型，繪製時
用 gca 函數和 gcf 函數設定目前繪圖區域時間格式和旋轉角度，繪圖區域相關
概念將在 4.1.7 節中詳細介紹。除了可以用 autofmt_xdate 方法自動調整旋轉角
度，還可以使用 rotation 參數手動設定旋轉的實際角度，形如：

```
01    plt.xticks(rotation=90)
```

4.1.4 柱圖

柱圖、橫條圖、堆疊圖和長條圖都屬於柱圖範圍，柱圖的核心功能在於比較柱與柱之間的關係，常用於統計中。舉例來說，常用長條圖描述單一變數值的分佈情況，也可在不同分類之下用柱圖描述各個類別的計數、平均數或資料之和，以比較類別間的差異。

1. 柱圖

本例中使用 bar 函數繪製普通柱圖，其水平座標可以是數值，也可以是字串。

```
01    data = {'apples': 10, 'oranges': 15, 'lemons': 5, 'limes': 20}
02    plt.bar(list(data.keys()), list(data.values()))
```

程式執行結果如圖 4.7 所示。

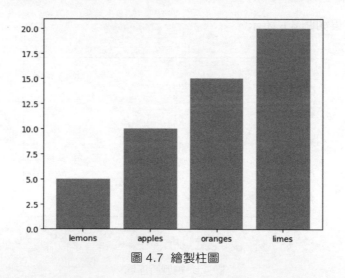

圖 4.7　繪製柱圖

2. 橫條圖

橫條圖是水平顯示的柱圖，本例中繪製了帶誤差線的橫條圖。

```
01    data = {'apples': 10, 'oranges': 15, 'lemons': 5, 'limes': 20}
02    error = [3, 4, 2, 7]
03    plt.barh(data.keys(), data.values(), xerr=error, align='center',
```

```
04          color='green', ecolor='black')
05   plt.show()
```

程式執行結果如圖 4.8 所示。

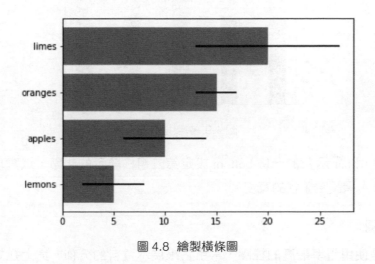

圖 4.8 繪製橫條圖

本例中用 error 陣列模擬了誤差範圍,可以將此圖解讀為酸橙 limes 的平均值為 20,用柱表示,上下波動範圍為 ±7,用黑色線筆表示。它們對應了數值類型資料統計中最重要的兩個因素:平均值和方差。

3. 堆疊圖

堆疊圖是在同一張圖中展示了兩組柱,以及兩組柱疊加的結果,也是常用的統計工具。

```
01   y1 = (20, 35, 30, 35, 27)
02   y2 = (25, 32, 34, 20, 25)
03   x = np.arange(len(y1))
04   width = 0.35
05   p1 = plt.bar(x, y1, width)
06   p2 = plt.bar(x, y2, width, bottom=y1)      # 堆疊圖
07   plt.show()
```

程式執行結果如圖 4.9 所示。

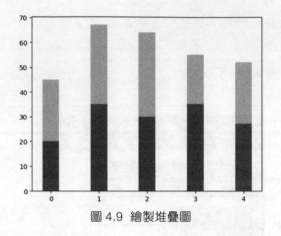

圖 4.9 繪製堆疊圖

本例中使用 bar 函數的參數 bottom 設定第二組柱顯示的起點，以實現堆疊效
果。另外，還設定了柱的寬度。

4. 長條圖

長條圖是使用頻率最高的柱圖，常用它來展示資料的分佈。與上述幾種柱圖
不同的是，在大部分的情況下，長條圖只需要指定一個參數，而非 x 和 y 兩
個參數。它分析的是一組資料的內部特徵，而非兩組資料的相互關係。

```
01   x = np.random.rand(50, 2)    # 產生兩組數，每組50個隨機數
02   plt.hist(x)
```

程式執行結果如圖 4.10 所示。

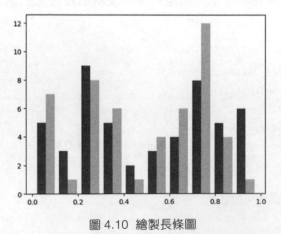

圖 4.10 繪製長條圖

本例中產生了兩維陣列，目的是比較兩組資料的分佈情況，當然也可以只傳入一維陣列。在圖 4.10 中，x 軸展示了資料變數的設定值範圍，y 軸是在該設定值範圍內實例的數量，如第一根柱表示第一組資料中有 5 個數，其值的範圍為 0 ～ 0.1。

4.1.5 圓形圖

圓形圖用於展示一組資料的內部規律，多用於分類後展示各個類別的統計值。相對於其他圖表，圓形圖攜帶的資訊量不大，不太容易出效果。使用圓形圖有一些注意事項，例如太過細碎的分類，最好把百分比不多的歸為一種，描述為「其他」；如果只有兩種類別，與其做圓形圖，不如用文字描述。

```
01   data = {'apples': 10, 'oranges': 15, 'lemons': 5, 'limes': 20}
02   explode = (0, 0.1, 0, 0)      # 向外擴充顯示的區域
03   plt.pie(data.values(), explode=explode, labels=data.keys(), autopct='%1.1f%%',
04           shadow=True, startangle=90)
05   plt.axis('equal')                  # 設定圓形圖為正圓形
06   plt.show()
```

程式執行結果如圖 4.11 所示。

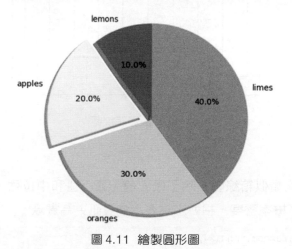

圖 4.11　繪製圓形圖

4.1.6 箱線圖和小提琴圖

箱線圖和小提琴圖同為統計圖，是二維圖中相對較難了解的圖示，但由於它們可以在一張圖中描述各個分組的多種性質，因此也被廣泛使用。

1. 箱線圖

箱線圖中每個箱體描述的是一組數，箱體從上到下的五條橫線分別對應該組的最大值、75 分位數、中位數、25 分位數和最小值，相對於平均值和方差，該描述攜帶更多的資訊。

在作箱線圖時，通常有關數值型和分類兩種特徵，例如先利用性別（分類變數）將學生分為兩組，然後計算每組學生身高（數值型變數）的統計值。

```
01    data = np.random.rand(20, 5)      # 產生五維資料，每維20個
02    plt.boxplot(data)
```

程式執行結果如圖 4.12 所示。

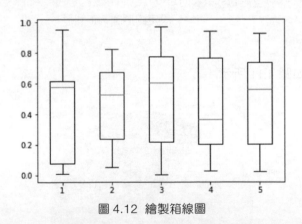

圖 4.12 繪製箱線圖

2. 小提琴圖

小提琴圖的功能類似箱線圖，除了最大值、最小值和中位數，小提琴圖兩側的曲線還描述了機率密度，相對來說展示的資訊更為實際。

```
01    data = np.random.rand(20, 5)
02    plt.violinplot(data,showmeans=False,showmedians=True)
```

程式執行結果如圖 4.13 所示。

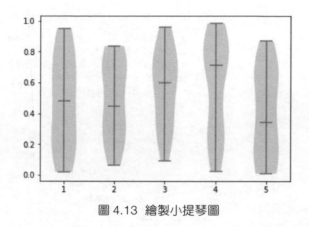

圖 4.13 繪製小提琴圖

4.1.7 3D 圖

1. 3D 散點圖

mpl_toolkits.mplot3d 模組提供了 3D 繪圖功能,但它在巨量資料量繪圖時速度較慢。3D 圖的優勢在於能在同一圖表中展示出 3D 特徵的相互關係,但 3D 靜態的圖片由於不能隨意旋轉,故描述能力有限。本章將在後續的 PyEchart 部分介紹製作可互動的圖表。

```
01   from mpl_toolkits.mplot3d import Axes3D
02
03   data = np.random.rand(50, 3)     # 產生3D資料,每維50個
04   fig = plt.figure()
05   ax = Axes3D(fig)
06   ax.scatter(data[:, 0], data[:, 1], data[:, 2])
07   ax.set_zlabel('Z')
08   ax.set_ylabel('Y')
09   ax.set_xlabel('X')
10   plt.show()
```

程式執行結果如圖 4.14 所示。

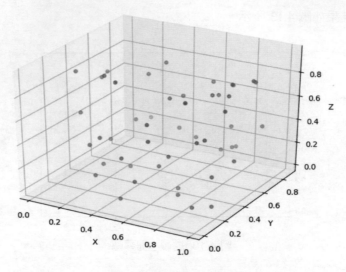

圖 4.14 繪製 3D 散點圖

程式用 Axes3D 函數建置了 3D 的繪圖區域，並繪製出散點圖，通常在 x 軸和 y 軸兩個方向繪製引數 $x1$ 和 $x2$，在 z 軸方向上繪製因變數 y。

2. 3D 柱圖

與二維柱圖一樣，3D 柱圖也常用於描述統計數量。由於 3D 的統計資料是透過兩個類別特徵統計得出的，因此它同時也反應了兩個特徵互動作用的結果。

```
01    from mpl_toolkits.mplot3d import Axes3D
02
03    fig = plt.figure()
04    ax = Axes3D(fig)
05    _x = np.arange(4)
06    _y = np.arange(5)
07    _xx, _yy = np.meshgrid(_x, _y)      # 產生網格點座標矩陣
08    x, y = _xx.ravel(), _yy.ravel()     # 展開為一維陣列
09
10    top = x + y
11    bottom = np.zeros_like(top)         # 與top陣列形狀一樣，內容全部為0
12    width = depth = 1
13
```

```
14    ax.bar3d(x, y, bottom, width, depth, top, shade=True)
15    plt.show()
```

程式執行結果如圖 4.15 所示。

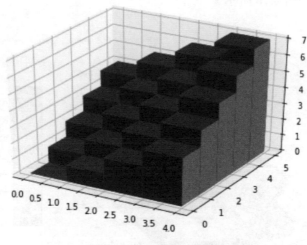

圖 4.15　繪製 3D 柱圖

3. 立體曲面圖和等高線圖

本例使用 plot_surface 函數繪製立體曲面圖，只需要指定其 *X* 軸、*Y* 軸和 *Z* 軸上的 3D 陣列即可繪製曲面圖，並將影像在 *z* 軸方向上投影。

```
01    from matplotlib import cm
02    from mpl_toolkits.mplot3d import Axes3D
03
04    fig = plt.figure()
05    ax = Axes3D(fig)
06    X = np.arange(-5, 5, 0.25)
07    Y = np.arange(-5, 5, 0.25)
08    X, Y = np.meshgrid(X, Y)
09    R = np.sqrt(X**2 + Y**2)
10    Z = np.sin(R)
11    surf = ax.plot_surface(X, Y, Z, rstride=1, cstride=1, cmap=cm.coolwarm)
12    ax.contourf(X,Y,Z,zdir='z',offset=-2)        # 把等高線向z軸投射
```

```
13    ax.set_zlim(-2,2)                          # 設定z軸範圍
14    fig.colorbar(surf, shrink=0.5, aspect=5)
15    plt.show()
```

程式執行結果如圖 4.16 所示。

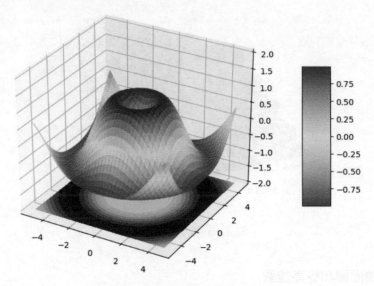

圖 4.16 繪製立體曲面圖和等高線圖

4.1.8 Matplotlib 繪圖區域

在繪圖時，一般包含從大到小三個層次：畫板、畫布、繪圖區。在 Matplotlib 中，視窗就是畫板，Figure 是繪製物件，Axes 是繪圖區。當我們需要在一張大圖中展示多張子圖時，就要用到繪圖區域的概念。

一個繪製物件中可以包含一個或多個 Axes 子圖，每個 Axes 都是一個擁有自己座標系統的繪圖區域。在上述程式中，使用的都是預設繪圖物件和子圖。

可以使用 plt.gcf（Get current figure）函數取得目前繪製物件，plt.gca（Get current Axes）函數取得目前繪圖區域，而使用 plt.sca（Set current figure）函數可以設定目前操作的繪圖區域。下面介紹多子圖繪製中的兩個核心方法：

1. 建立繪圖物件

- figure(num=None, figsize=None, dpi=None, facecolor=None, edgecolor=None⋯)
- num：影像編號或名稱（數字為編號，字串為名稱）。
- figsize：指定繪製物件的寬和高，單位為英吋（1 英吋等於 2.54cm）。
- dpi：指定繪圖物件的解析度，即每英吋多少像素，預設值為 80，它決定了圖片的清晰程度。

2. 建立單一子圖

- subplot(nrows, ncols, index, **kwargs)
- nrows：整體繪圖物件中的總行數。
- ncols：整體繪圖物件中的總列數。
- index：指定編號，編號順序為從左到右、從上到下，從 1 開始。如果 nrows,ncols,index 三個參數值都小於 10，就可以去掉逗點，如 "221"。

最常見的子圖排序方式是左右並列兩子圖和「田」字形四子圖。下面將以「田」字形的四子圖為例，首先建立 8 英吋 ×6 英吋的繪圖物件，然後分別新增和繪製各個子圖，以及設定主標題和子標題。

```
01   fig = plt.figure(figsize = (8,6))  # 8英吋×6英吋
02   fig.suptitle("Title 1")            # 主標題
03   ax1 = plt.subplot(221)             # 整體為兩行兩列，建立其中的第一個子圖
04   ax1.set_title('Title 2',fontsize=12,color='y')  # 子標題
05   ax1.plot([1,2,3,4,5])
06   ax2 = plt.subplot(222)
07   ax2.plot([5,4,3,2,1])
08   ax3 = plt.subplot(223)
09   ax3.plot([1,2,3,3,3])
10   ax4 = plt.subplot(224)
11   ax4.plot([5,4,3,3,3])
```

程式執行結果如圖 4.17 所示。

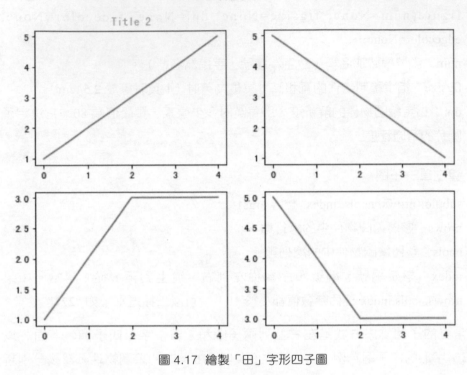

圖 4.17　繪製「田」字形四子圖

如果需要各個子圖大小不同，則可以使用 subplot2grid 分格顯示方法繪製相對
複雜的子圖。

■ plt.subplot2grid(shape, loc, rowspan=1, colspan=1, fig=None, **kwargs)

■ shape：劃分網格的行數和列數。

■ loc：子圖開始區域的位置。

■ rowspan：子圖所佔行數。

■ colspan：子圖所佔列數。

下面透過程式說明 subplot2grid 的實際用法，將繪圖區域分成 shape=3×3 共 9
個小區域，第一個子圖從 loc=(0.0) 位置開始，佔一行兩列，其他子圖依此類
推。

```
01    fig = plt.figure(figsize = (9,6))
02    ax1 = plt.subplot2grid((3,3), (0,0), colspan = 2)
03    ax2 = plt.subplot2grid((3,3), (0,2), rowspan = 2)
04    ax3 = plt.subplot2grid((3,3), (1,0), rowspan = 2)
05    ax4 = plt.subplot2grid((3,3), (1,1)) # rowspan/colspan預設為1
06    ax5 = plt.subplot2grid((3,3), (2,1), colspan = 2)
07    ax5.plot([1,2,3,4,1])
08    plt.show()
```

程式執行結果如圖 4.18 所示。

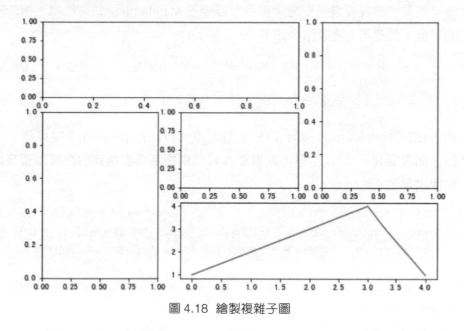

圖 4.18 繪製複雜子圖

4.1.9 文字顯示問題

1. 中文字型安裝和顯示

Matplotlib 預設的字型不能正常顯示中文，但可以透過設定支援中文，並且指定字型。首先，要取得可用的字型串列，找到對應中文字型的名稱，然後用以下方法列出參考字型時的字型名，以及字型檔案的實際儲存位置。

```
01    from os import path
02    from matplotlib.font_manager import fontManager
03    for i in fontManager.ttflist:
04      print(i.fname, i.name)
```

有時系統未安裝中文字型，如在 Ubuntu 系統中，Matplotlib 使用字型和系統字型儲存在不同位置，這時就需要把中文字型安裝到 Matplotlib 所定的目錄中。假設需要使用黑體字 simhei.ttf（可從 Windows 系統複製，或從網路下載），就需要將其複製到 Matplotlib 的字型目錄中，請注意不同 Python 版本目錄略有差異。複製後還需要刪除用戶家目錄下 Matplotlib 的快取檔案，這時安裝的字型才能使用。實際指令如下：

```
01    $ sudo cp simhei.ttf /usr/local/lib/python2.7/dist-packages/matplotlib/
      mpl-data/fonts/ttf/
02    $ rm $HOME/.cache/matplotlib/* -rf
```

注意，由於 Matplotlib 只搜尋 TTF 字型，因此無法用 ttflist 方法搜尋到 TTC 字型。如果想使用 TTC 字型，則需要在程式中指定字型檔案的實際位置來載入和使用字型：

```
01    import matplotlib as mpl
02    zhfont = mpl.font_manager.FontProperties(fname='TTC檔案路徑')
03    plt.text(0, 0, u'測試一下 ', fontsize=20, fontproperties=zhfont)
```

推薦使用修改 rc 預設設定方法設定字型，這樣只需要設定一次，即可對所有中文字型顯示生效。

```
01    plt.rcParams['font.sans-serif'] = ['SimHei']
02    plt.text(0, 0, u'測試一下')
```

2. 負號顯示問題

另一個常見的顯示問題是負號不能正常顯示（顯示為黑色方框），我們可以透過加入以下程式解決該問題。

```
01    plt.rcParams['axes.unicode_minus'] = False
```

4.1.10 匯出圖表

除了在程式中顯示，更多的時候需要把產生的圖表匯出成為圖片，放入文章、PPT 中，或以網頁的形式展示。尤其是在發表論文時，對圖片的精度有較高要求，Matplotlib 提供了 plt.savefig 函數儲存圖片，其參數 dpi（Dots Per Inch，每英吋點數）可設定精度，其中用於印刷的圖片一般設定為 dpi: 300 以上。

除了匯出圖片，有時也需要將圖片嵌入在網頁中作為應用展示。下例中透過使用建置網頁的 etree 函數庫和呼叫瀏覽器的 webbrowser 函數庫，將資料表格和 Matplotlib 產生的圖表顯示在瀏覽器中。

```
01    import pandas as pd
02    import matplotlib.pyplot as plt
03    from io import BytesIO
04    from lxml import etree
05    import base64
06    import webbrowser
07
08    data = pd.DataFrame({'id':['1','2','3','4','5'],     # 建置資料
09                         'math':[90,89,99,78,63],
10                         'english':[89,94,80,81,94]})
11    plt.plot(data['math'])                               # Matplotlib作圖
12    plt.plot(data['english'])
13
14    # 儲存圖片（與網頁顯示無關）
15    plt.savefig('test.jpg',dpi=300)
16
17    # 儲存網頁
18    buffer = BytesIO()
19    plt.savefig(buffer)
20    plot_data = buffer.getvalue()
21
22    imb = base64.b64encode(plot_data)                    # 產生網頁內容
23    ims = imb.decode()
```

```
24    imd = "data:image/png;base64,"+ims
25    data_im = """<h1>Figure</h1>  """ + """<img src="%s">""" % imd
26    data_des = """<h1>Describe</h1>"""+data.describe().T.to_html()
27    root = "<title>Dataset</title>"
28    root = root + data_des + data_im
29
30    html = etree.HTML(root)
31    tree = etree.ElementTree(html)
32    tree.write('tmp.html')
33    # 使用預設瀏覽器開啟 html 檔案
34    webbrowser.open('tmp.html',new = 1)
```

程式執行結果如圖 4.19 所示。

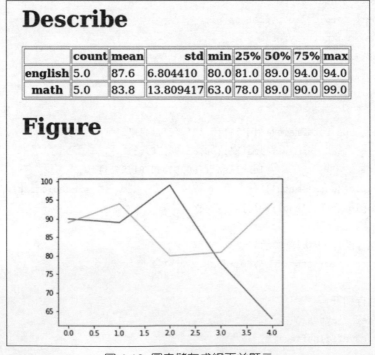

圖 4.19　圖表儲存成網頁並顯示

不帶格式定義的 HTML 檔案看起來顯得比較簡陋，可以透過設定網頁的風格來美化顯示效果，推薦使用 bootstrap 的 css 樣式。

4.1.11 Matplotlib 技巧

在 Matplotlib 的最後一小節中，將透過綜合實例介紹 Matplotlib 作圖的一些技巧，用以做出更加專業的圖表。其基礎知識如下：

- 圖例：使用 plot 的 label 參數和 legend 方法顯示圖例，當一張圖中顯示多個圖示時，可以使用圖例描述每個圖示的含義。注意，只有在呼叫 legend 方法後，圖例才能顯示出來，預設顯示在影像內側的最佳位置。
- 圖示風格：使用 plt.style 設定預設圖示風格，ggplot 灰底色加網路是一種較常用的顯示風格。
- 繪製文字：使用 text 函數繪製文字，繪製位置與 x 軸、y 軸座標一致，常用於在圖片內部顯示公式、說明等。
- 標記：使用 annotate 函數繪製標記，該函數提供在圖片中的不同位置標記多組文字，還支援以箭頭方式標記。
- x 軸和 y 軸設定：圖表預設顯示所有內容，但有時候只需要顯示其中部分區域。舉例來說，可能由於離群點把核心區域壓縮得很小，或在多圖比較時需要顯示範圍一致。這時，可以使用 xlim 和 ylim 設定 x 軸和 y 軸的顯示範圍，使用 xlabel 和 ylabel 設定 x 軸與 y 軸上顯示的標籤文字，使用 xticks 和 yticks 設定座標軸的刻度。
- 用 matplotlib.artist.getp 方法取得繪圖物件的屬性值。

綜合實例見以下程式：

```
01  fig = plt.figure(figsize = (6,4), dpi=120)   # 設定繪製物件大小
02  plt.style.use('ggplot')                      # 設定顯示風格
03
04  plt.plot([12,13,45,15,16], label='label1')   # 繪圖及設定圖例文字
05  plt.annotate('local max', xy=(2, 45), xytext=(3, 45),arrowprops=dict
    (facecolor='black',
06      shrink=0.05))                            # 繪製帶箭頭的標記
07  x = np.arange(0, 6)
08  y = x * x
09  plt.plot(x, y, marker='o', label='label2')   # 繪圖及設定圖例文字
```

```
10    for xy in zip(x, y):
11        plt.annotate("(%s,%s)" % xy, xy=xy, xytext=(-20, 10),  # 繪製標記
12                     textcoords='offset points')
13    plt.text(4.5, 10, 'Draw text', fontsize=20)  # 在位置0和20處繪製文字
14
15    plt.legend(loc='upper left')              # 在左上角顯示圖例
16    plt.xlabel("x value")                     # 設定x軸上的標籤
17    plt.ylabel("y value")                     # 設定y軸上的標籤
18    plt.xlim(-0.5,7)                          # 設定x軸範圍
19    plt.ylim(-5,50)                           # 設定y軸範圍
20    plt.show()
21
22    print(matplotlib.artist.getp(fig.patch))  # 顯示繪製物件的各個屬性值
```

程式執行結果如圖 4.20 所示。

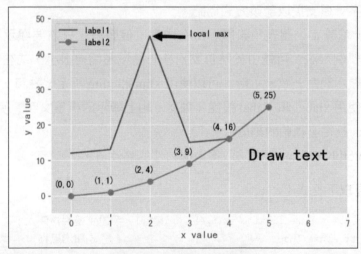

圖 4.20 設定風格及標記

4.2 Seaborn 進階資料視覺化

Seaborn 是以 Matplotlib 為基礎的進階繪圖層。雖然 Matplotlib 包含圓形圖、長條圖、3D 圖以及多圖組合等基本工具，但是在使用時需要設定各種參數，而 Seaborn 簡化了這一問題。它提供簡單的程式來解決複雜的問題，尤其是多圖組合的模式，不但作圖清晰、美觀，更是在同一圖示中集合和比較了大量資訊。這些工作如果只使用底層的 Matplotlib 實現，可能需要幾倍甚至幾十倍的程式量。另外，Seaborn 還給我們提供了多種美觀的圖示風格，以及看問題的各種角度。綜上，Seaborn 的主要優點是簡單、美觀且多角度。

上一節已經介紹過常用的圖表類型，本節將以資料為導向，介紹幾種常用的 Seaborn 圖表及使用場景。

4.2.1 準備工作

1. 安裝軟體

在安裝 Seaborn 函數庫時需要注意其中的一些功能，例如 catplot 功能只有 0.9 版本以上的 Seaborn 才能支援，因此在安裝時需要指定版本編號。

```
01    $ pip install seaborn==0.9.0
```

2. 包含標頭檔

在 4.2 節中所有範例都需要包含以下標頭檔案，在此統一說明，後續程式中省略。

```
01    import numpy as np
02    import seaborn as sns
03    import statsmodels.api as sm   # 範例使用了statsmodels函數庫中附帶的資料
04    import pandas as pd
05    import matplotlib as mpl
06    import matplotlib.pyplot as plt
07
```

```
08    sns.set(style='darkgrid',color_codes=True)    # 帶灰色網格的背景風格
09    tips=sns.load_dataset('tips')                  # 範例中的基本資料
```

tips 中有兩個數值型欄位和五個分類欄位，共 244 個實例，表 4.2 只截取了前 5 個作為範例。

表 4.2 tips 資料範例

	total_bill	tip	sex	smoker	day	time	Size
0	16.99	1.01	Female	No	Sun	Dinner	2
1	10.34	1.66	Male	No	Sun	Dinner	3
2	21.01	3.5	Male	No	Sun	Dinner	3
3	23.68	3.31	Male	No	Sun	Dinner	2
4	24.59	3.61	Female	No	Sun	Dinner	4

4.2.2 連續變數相關圖

本小節介紹一個連續變數與另一個連續變數之間關係的圖表展示。

1. Relplot 關係類型圖表

Relplot 可以支援點圖 kind='scatter' 和線圖 kind='line' 兩種作圖方法。下例把 sex,time, day,tip,total_bill 五維資料繪製在一張圖上，兩個數值類型 tip 和 total_bill 分別對應 y 軸和 x 軸，其他三個維度是列舉型變數，分別用 hue 設定顏色、col 設定行、row 設定列。Seaborn 的大多數函數都支援使用這幾個參數實現多圖比較。

```
01    sns.relplot(x="total_bill", y="tip", hue="day",col="time", row="sex",
      data=tips)
```

程式執行結果如圖 4.21 所示。

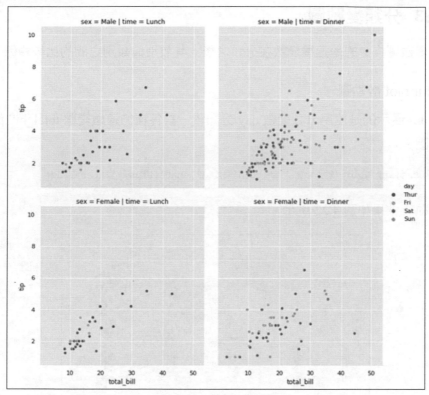

圖 4.21 Relplot 圖表

2. 點圖

點圖在上面的維度之上增加了點大小的維度（此維度為數值型）。

```
01    sns.scatterplot(x="total_bill", y="tip", hue="size", size="size", data=tips)
```

3. 線圖

線圖使用 style 參數，也增加了用不同線（實線、虛線）表示不同類型的新維度（此維度為分類）。

```
01    sns.lineplot(x="tip", y="total_bill", hue="sex", style="sex", data=tips)
```

4.2.3 分類變數圖

分類變數圖描述的是連續變數在分類之後，其類別與類別之間的比較關係。

1. stripplot 散點圖

stripplot 展示的是使用分類變數 day 分類後，對各種的連續變數 total_bill 的統計作圖。

```
01    sns.stripplot(x='day', y='total_bill', data=tips, jitter=True)
```

程式執行結果如圖 4.22 所示。

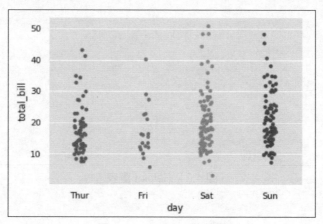

圖 4.22 stripplot 散點圖

2. swarmplot 散點圖

swarmplot 的功能和 stripplot 的類似，為避免重疊而無法估算數量的多少，swarmplot 將每個點散開，這樣做的缺點是耗時，因此當資料量非常大的時候並不適用。

```
01    sns.swarmplot(x='day',y='total_bill',data=tips)
```

程式執行結果如圖 4.23 所示。

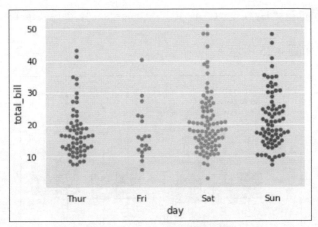

圖 4.23 swarmplot 散點圖

3. violinplot 小提琴圖

為展示實際的分佈，Seaborn 還支援小提琴圖。在本例中，按不同 day 分類並在每個圖上用小提琴圖畫出不同性別的 total_bill 核心密度分佈圖。

```
01    sns.violinplot(x="day", y="total_bill", hue="sex", split=True, data=tips)
```

程式執行結果如圖 4.24 所示。

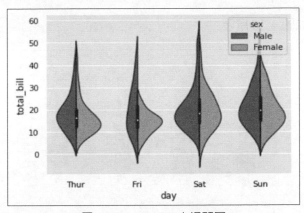

圖 4.24 volinplot 小提琴圖

4. boxplot 箱式圖

boxplot 箱式圖也稱盒須圖或盒式圖，用於描述一組資料的分佈情況。

```
01   sns.boxplot(x="day", y="total_bill", hue="sex", data=tips);
```

程式執行結果如圖 4.25 所示。

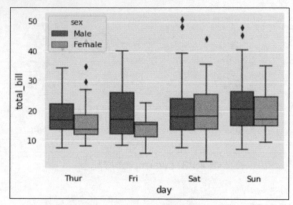

圖 4.25 boxplot 箱式圖

5. boxenplot 變種箱式圖

boxenplot 變種箱式圖也被稱為增強箱式圖,在圖中使用更多分位數繪製出更豐富的分佈資訊,尤其細化了尾部資料的分佈情況。

```
01   sns.boxenplot(x="day", y="total_bill", hue="sex", data=tips)
```

程式執行結果如圖 4.26 所示。

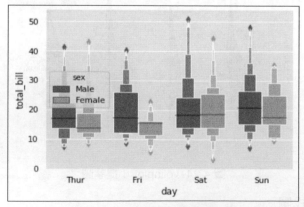

圖 4.26 boxenplot 變種箱式圖

6. pointplot 分類統計圖

pointplot 分類統計圖中的水平座標代表類別，垂直座標展示了該類別對應值的分佈。與箱式圖不同的是，它以連接的方式描述類別之間的關係，更適用於多個有序的類別。

```
01   sns.pointplot(x="sex", y="total_bill", hue="smoker", data=tips,
02   palette={"Yes": "g", "No": "m"},
03   markers=["^", "o"], linestyles=["-", "--"]);
```

程式執行結果如圖 4.27 所示。

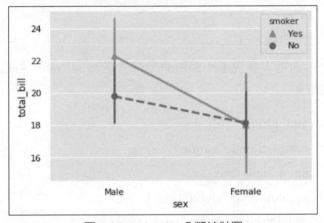

圖 4.27 pointplot 分類統計圖

7. barplot 柱比較圖

barplot 柱比較圖可用於比較兩種分佈的平均值和方差，本例展示了在不同性別、不同吸煙情況的人群中，total_bill 平均值和方差的差異。

```
01   sns.barplot(x='smoker',y='total_bill',hue='sex',data=tips)
```

程式執行結果如圖 4.28 所示。

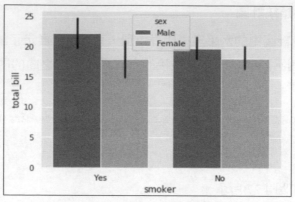

圖 4.28　barplot 柱比較圖

8. catplot 綜合分析圖

catplot 綜合分析圖可以實現本小節所有分類變數圖的功能，可透過 kind 設定不同的圖表類型。

- stripplot()：catplot(kind="strip")。
- swarmplot()：catplot(kind="swarm")。
- boxplot()：catplot(kind="box")。
- violinplot()：catplot(kind="violin")。
- boxenplot()：catplot(kind="boxen")。
- pointplot()：catplot(kind="point")。
- barplot()：catplot(kind="bar")。
- countplot()：catplot(kind="count")。

4.2.4　回歸圖

1. 連續變數回歸圖

implot 是在散點圖的基礎上加入回歸模型的繪圖方法。

```
01   sns.lmplot(x="total_bill", y="tip", data=tips)
```

程式執行結果如圖 4.29 所示。

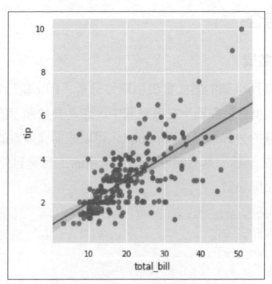

圖 4.29 implot 連續變數回歸圖

2. 分類變數回歸圖

分類變數回歸圖可以使用參數 x_estimator=np.mean 對每個類別的統計量作圖。

```
01    sns.lmplot(x="size", y="total_bill", data=tips, x_estimator=np.mean)
```

程式執行結果如圖 4.30 所示。

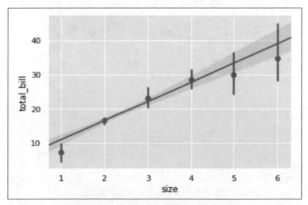

圖 4.30 implot 分類變數回歸圖

4.2.5 多圖組合

1. jointplot 兩變數圖

在資料分析中,常用作圖的方式實現相關性分析,即 x 軸設定為變數 A,y 軸設定為變數 B,然後做散點圖。在散點圖中,點是疊加顯示的,但有時還需要關注每個變數本身的分佈情況,而 jointplot 可以把描述變數的分佈圖和變數相關的散點圖組合在一起,是相關性分析最常用的工具。另外,圖片上還能展示回歸曲線以及相關係數。

```
01    import statsmodels.api as sm
02    import seaborn as sns
03    sns.set(style="darkgrid")
04    data = sm.datasets.ccard.load_pandas().data
05    g = sns.jointplot('AVGEXP', 'AGE', data=data, kind="reg",
06                      xlim=(0, 1000), ylim=(0, 50), color="m")
```

程式執行結果如圖 4.31 所示。

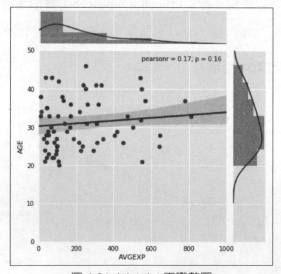

圖 4.31　jointplot 兩變數圖

本例中使用 statsmodels 函數庫的 ccard 資料分析其中兩個數值類型變數的相關性,使用 xlim 和 ylim 設定圖片顯示範圍,忽略了離群點,kind 參數可設定作圖方式,如 scatter 散點圖、kde 密度圖、hex 六邊形圖等,本例中選擇 reg 畫出了線性回歸圖。

2. pairplot 多變數圖

如果對 N 個變數的相關性做散點圖,maplotlib 則需要做 $N×N$ 個圖,而 pairplot 函數呼叫一次即可實現,其對角線上是長條圖,其餘都是兩兩變數的散點圖,這樣不僅簡單,而且還能組合在一起做比較。

```
01    data = sm.datasets.ccard.load_pandas().data
02    sns.pairplot(data, vars=['AGE','INCOME', 'INCOMESQ','OWNRENT'])
```

程式執行結果如圖 4.32 所示。

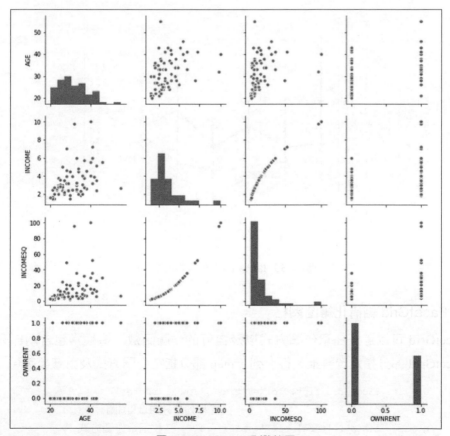

圖 4.32 pairplot 多變數圖

從圖 4.32 中可以看到，資料類型 INCOME 與 INCOMESQ 呈強相關，AGE 與 INCOME 也有一定的相關趨勢，對角線上的圖對應的是每個因素與其本身的比較，圖 4.32 中以長條圖的形式顯示了該變數的分佈。

3. factorplot 兩變數關係圖

factorplot 用於繪製兩維變數的關係圖，用 kind 指定其做圖類型，包含 point, bar, count, box, violin, strip 等。

```
01   data = sm.datasets.fair.load_pandas().data
01   sns.factorplot(x='occupation', y='affairs', hue='religious', data=data)
```

程式執行結果如圖 4.33 所示。

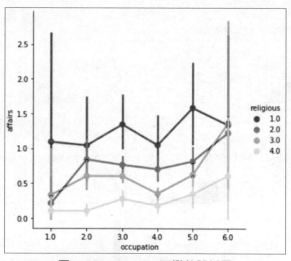

圖 4.33 factorplot 兩變數關係圖

4. FacetGrid 結構化繪圖網格

FacetGrid 可以選擇任意作圖方式以及自訂的作圖函數。這通常包含兩部分：FacetGrid 部分指定資料集、行、列，map 部分指定作圖方式及對應參數。

```
01   g = sns.FacetGrid(tips, col = 'time', row = 'smoker')
                                # 按行和列的分類做N個圖
02   g.map(plt.hist, 'total_bill', bins = 10)     # 指定作圖方式
```

程式執行結果如圖 4.34 所示。

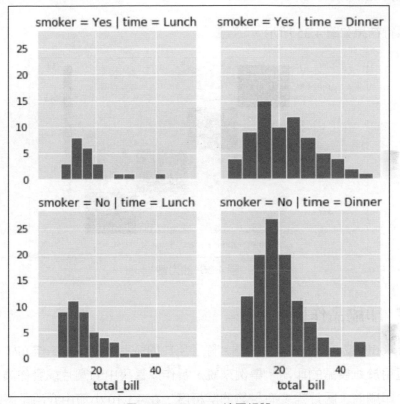

圖 4.34 facetgrid 繪圖網路

可以看到，不論是連續圖還是分類圖，不論是用 FacetGrid 還是用 barplot 都是
將多個特徵放在同一張圖片上展示，其差別在於觀察角度不同和資料本身的
類型。

4.2.6 熱力圖

熱力圖（heatmap）也常用來展示資料表中多個特徵的兩兩線性相關性，尤其
在變數的數量較多時，它比 pairplot 更直觀，也更加節省運算資源。

```
01    data = sns.load_dataset('planets')
02    corr=data[['number','orbital_period','mass','distance']].corr
```

```
         (method= 'pearson')
03    sns.heatmap(corr, cmap="YlGnBu")
```

程式執行結果如圖 4.35 所示。

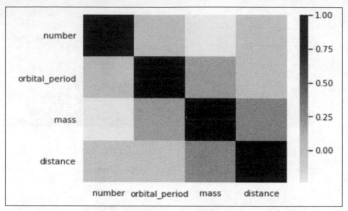

圖 4.35　熱力圖

4.2.7　印刷品作圖

用 Matplotlib 或 Seaborn 產生的圖片除了用於開發者分析資料、作 PPT 展示，常常還用於紙製品的印刷。舉例來說，製作成書籍中的圖片或發佈論文等。在用於印刷時，圖片需要有足夠的解析度，在 4.1.10 小節中介紹了將圖表匯出成圖片以及設定圖片解析度的方法。

除了考慮圖片解析度，還需要考慮出版物中字型的大小及版面的大小，以調整圖片中文字的大小，這在建立繪圖區域時可以使用不同的 figsize。對於非彩色印刷，還需要注意其背景顏色不能太深，以及需要將圖表中不同的顏色（當紅、綠、藍圖轉成黑白圖時，都變成了相似的深灰色）轉換成不同亮度的單色。下面介紹 Seaborn 中常用的兩種方法：

第一種：將背景設定為白色加網格。

```
01    sns.set_style("whitegrid")
```

第二種：將預設的用顏色表示的不同類型設定為單色，由深到淺表示不同的類型。

```
01   with sns.cubehelix_palette(start=2.7, rot=0, dark=.5, light=.8,
02         reverse=True, n_colors=10):
03   # 此處放置實際繪圖函數
```

其中，start=2.7 設定作圖顏色為藍色；dark 和 light 設定灰階變化範圍，其設定值為 0 到 1 之間。由於太深和太淺的顏色效果都比較突兀，因此一般取其中段，n_colors=10 指定將其顏色範圍分為十段。

4.3 PyEcharts 互動圖

前面兩節介紹了 Python 繪製靜態圖表的方法，但由於靜態圖可展示的資訊有限，有時使用者需要互動地取得更多資訊，而開發動態互動程式的工作量大且需要考慮使用者作業系統及程式執行平台，因此網頁互動就成為主流的對話模式。Python 也有一些協力廠商函數庫支援該功能，如 Dash，PyEcharts 等。

4.3.1 ECharts

ECharts 是 Enterprise Charts 的縮寫，是一個提供使用者互動式操作的圖表繪製工具函數庫，由 JavaScript 開發，圖表透過瀏覽器顯示，相容 IE，Chrome，Firefox，Safari 等主流瀏覽器，能在各種作業系統的 PC 和行動裝置上流暢地執行。

PyECharts 是 Python 版本的 Echarts，由於其用法類似 Matplotlib，因此不需要重新學習 API 和 Callback 邏輯，這節省了很大的學習成本。其在風格與配色上也很豐富和考究，在與 JavaScript 撰寫的 EChart 程式結合時，可保持風格一致。而且 PyEchars 可以在 Jupyter Notebook 中偵錯，其顯示效果與瀏覽器顯示效果一致。另外，它還支援顯示地圖以及雷達圖等特殊圖表。

4.3.2 準備工作

1. 安裝軟體

執行以下指令，安裝 PyEcharts 軟體套件：

```
01   $ sudo pip install pyecharts
```

2. 包含標頭檔

使用 PyEcharts 需要包含標頭檔，本例中使用了簡單的資料 v1 和 v2 作圖，在 4.3 節中所有範例都需要包含以下標頭檔案，在此統一說明，後續程式中省略。

```
01   import pyecharts
02   attr = ["Jan", "Feb", "Mar", "Apr", "May", "Jun", "Jul", "Aug", "Sep",
         "Oct", "Nov", "Dec"]
03   v1 = [2.0, 4.9, 7.0, 23.2, 25.6, 76.7, 135.6, 162.2, 32.6, 20.0, 6.4, 3.3]
04   v2 = [2.6, 5.9, 9.0, 26.4, 28.7, 70.7, 175.6, 182.2, 48.7, 18.8, 6.0, 2.3]
```

4.3.3 繪製互動圖

1. 柱圖

無論使用哪種繪圖工具，柱圖、圓形圖、散點圖都是最重要的圖表。互動圖與靜態圖的區別在於，當使用者把滑鼠移至圖形上時，能即時地展示出其對應的詳細資訊，以本例中的柱圖為例，當滑鼠落在第一根柱上時，即可顯示出類型 v1 在 Jan 一月的實際值為 2。

```
01   bar = pyecharts.Bar("Title1", "Title2")
02   bar.add("v1", attr, v1, mark_line=["average"], mark_point=["max", "min"])
03   bar.add("v2", attr, v2, mark_line=["average"], mark_point=["max", "min"])
04   bar.render('test.html')
05   bar
```

程式執行結果如圖 4.36 所示。

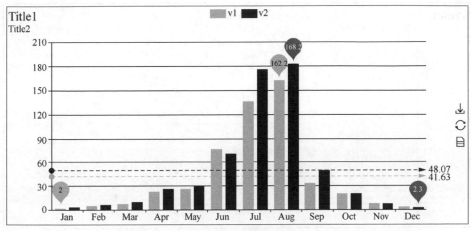

圖 4.36 互動柱圖

可以看到，在不指定任何附加參數的情況下，圖表中就自動標出了平均值、最大值、最小值以及兩個柱圖的比較，本例中使用 render 函數將圖表繪製並儲存為目前的目錄下的 test.html 檔案。

2. 特效散點圖

特效散點圖是效果比較特殊的圖表，圖中的小影像是動態擴散的，看起來效果比較炫，而且配色不誇張，使用效果很好。

```
01    es = pyecharts.EffectScatter("Title1", "Title2")
02    es.add("v1", range(0, len(attr)), v1, legend_pos='center',
03          effect_period=3, effect_scale=3.5, symbol='pin', is_label_show=True)
04    es.render("test.html")
05    es
```

程式執行結果如圖 4.37 所示。

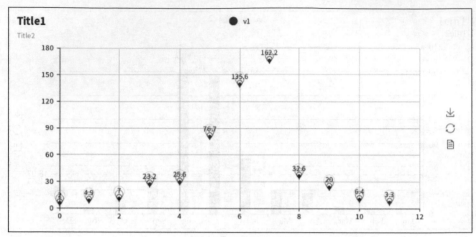

圖 4.37 特效散點圖

3. 其他圖表

由於在 Matplotlib 中已經介紹了長條圖、條狀圖等基本圖表，這裡不再重複，只列出常用圖表及對應的函數。

線圖，如程式所示：

```
01    line = pyecharts.Line("Title1", "Title2")
02    line.add("v1", attr, v1, mark_point=['average'])
03    line.add("v2", attr, v2, mark_line=['average'], is_smooth=True)
```

圓形圖，如程式所示：

```
01    pie = pyecharts.Pie("Title1", "Title2")
02    pie.add('v1', attr, v1, is_label_show=True, legend_pos='right',
03          label_text_color=None, legend_orient='vertical', radius=[30, 75])
```

箱線圖，如程式所示：

```
01    boxplot = pyecharts.Boxplot('Title1', 'Title2')
02    x_axis = ['v1','v2'] # 箱線圖為統計類別圖表，需要兩組資料
03    y_axis = [v1, v2]
04    yaxis = boxplot.prepare_data(y_axis)
05    boxplot.add("value", x_axis, y_axis)
```

4. 多種類型圖疊加

與 Matplotlib 不同，如果要在一張 PyEcharts 圖中顯示兩種不同類型的圖表，則需要使用 overlap 方法將兩種或兩種以上圖表物件疊加在一起。

```
01   bar = pyecharts.Bar('Title1', 'Title2')
02   bar.add('v1',attr,v1)
03   line = pyecharts.Line()
04   line.add('v2',attr,v2)
05   overlop = pyecharts.Overlap()
06   overlop.add(bar)
07   overlop.add(line)
08   overlop.render('test.html')
09   overlop
```

程式執行結果如圖 4.38 所示。

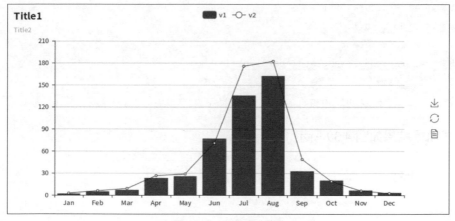

圖 4.38　互動疊加圖

4.3.4 在網頁中顯示圖

本例中將 PyEcharts 與 flask 架構結合起來實現圖在網頁中的顯示，PyEcharts 將圖存成網頁，再用 flask 建立 http 服務支援顯示該網頁。注意，執行前需要先建立 templates 目錄，flask 預設從該目錄中讀取網頁。如果在執行以下程式成功後，在瀏覽器中開啟 http://localhost:9993 即可看到 PyEchart 產生的網頁。

```
01    from flask import Flask
02    from sklearn.externals import joblib
03    from flask import Flask,render_template,url_for
04    import pyecharts
05    server = Flask(__name__)
06    def render_test_1():
07        attr = ["Jan", "Feb", "Mar", "Apr", "May", "Jun", "Jul", "Aug",
      "Sep", "Oct", "Nov", "Dec"]
08        v1 = [2.0, 4.9, 7.0, 23.2, 25.6, 76.7, 135.6, 162.2, 32.6, 20.0,
      6.4, 3.3]
09        v2 = [2.6, 5.9, 9.0, 26.4, 28.7, 70.7, 175.6, 182.2, 48.7, 18.8,
      6.0, 2.3]
10    line = pyecharts.Line("Title1", "Title2")
12    line.add("v1", attr, v1, mark_point=['average'])
13    line.add("v2", attr, v2, mark_line=['average'], is_smooth=True)
14    line.render('templates/bar01.html')
15    @server.route('/')
16    def do_main():
17        render_test_1()
18    return render_template('bar01.html')
19    if __name__ == '__main__':
20        server.run(debug=True, port=9993, host="0.0.0.0")
```

程式執行結果如圖 4.39 所示：

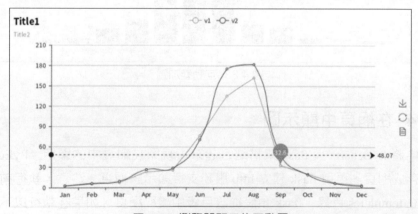

圖 4.39　瀏覽器顯示的互動圖

獲取資料

資料是統計和建模的基礎。我們先來看看,在常見的幾種資料採擷場景中對資料的取得和操作。

第一種場景:在巨量資料比賽中,資料常常儲存在檔案中,其中包含資料檔案和資源檔,如文字和圖片,對於這種資料就需要把檔案下載到本機並用 Python 讀取,其中涉及讀取不同的檔案格式、字元集以及基本的圖片操作。

第二種場景:他人提供的資料。這種資料一般是以資料庫、資料倉儲以及 Web 介面的方式提供的,而介面中的資料組織一般又以 XML 和 Json (JavaScript Object Notation, JS 物件簡譜)格式為主,因此其中涉及資料庫的讀取、存取網路服務,以及解析 XML 和 Json 格式的資料。

第三種場景:自訂問題,然後從各種資訊通道取得資料,其中最主要的通道是用爬蟲抓取網路資料。這些資料一般以網頁的形式儲存,下載之後,還需要考慮對其內容進行解析和取捨,以及大量資料在本機以何種方式儲存。這涉及爬蟲、解析 HTML 格式的資料以及儲存工具的選擇。

此外,還需要考慮資料的處理過程和結果資料的儲存方式,如訓練好的模型以何種方式儲存、在叢集中的多台機器和多種服務如何共用儲存,以及即時或定時抓取資料。

5.1 讀寫檔案

本節主要介紹讀寫各種格式的檔案，其中除了對檔案的操作，也有大量對資料格式及用途的說明。舉例來說，從服務中傳回的資料雖然不是檔案，但是也有大量 Json 或 XML 格式的資料，本節將介紹這些資料的格式、解析及建置的方法。

5.1.1 讀寫文字檔

下面介紹最常用的讀寫文字檔的方法，文字檔的副檔名一般為 ".txt"。

1. 寫入檔案

使用 open 函數以寫入 "w" 的方式開啟檔案，常用的寫入方法有兩種：write 函數為寫入一個字串；writelines 函數為寫入一個序列的字串，至於換行與否主要取決於字串尾部的 "\n" 確認符號。在寫入並呼叫 close 函數關閉檔案之後，檔案內容才能被完整儲存。

```
01   f = open("tmp.txt", "w")              # 開啟檔案
02   f.writelines(["line1\n","line2\n"])   # 寫入多行
03   f.write("line3\nline4")
04   f.close()                             # 關閉檔案
```

2. 讀取檔案全部內容

如果被讀取的檔案涉及中文則需要注意字元集，在 Linux 系統中的檔案大多數使用 Utf-8 字元集，而在 Windows 系統中建立的檔案一般使用 GBK/UTF-8/GB18030 字元集。在本例中，使用 read 和 readlines 兩種方法讀取檔案的全部內容（注意每次只能使用其中一種）。

read 方法將檔案的全部內容作為一個字串傳回，readlines 方法將檔案中每一行作為一個字串，並傳回字串序列。

```
01   f = open("tmp.txt", "r")
02   print(f.read())
```

```
03    #print(f.readlines())      # 讀出多行
04    f.close()
```

3. 按行讀取檔案

如果檔案過大，一次性載入需要佔用大量記憶體，則建議使用單行 readline 方法讀取。

```
01    f = open("tmp.txt", "r")
02    while True:
03        line = f.readline()    # 讀出單行
04        if line:
05            print("line:",line)
06        else:
07            break
08    f.close()
```

5.1.2 寫記錄檔

記錄檔是記錄程式操作和事件的記錄檔案或記錄檔案的集合，一般由程式開發人員撰寫，開發和運行維護人員共同使用。開發人員透過記錄檔可以偵錯工具；運行維護人員透過記錄檔檢查程式近期是否正常執行，如果出現異常，則可以透過記錄檔快速找出問題。

因此，用記錄檔記錄程式流程、事件，以及異常時的詳細資訊非常重要，尤其是對部署在客戶場地的程式。另外，記錄檔有時也記錄使用者操作、程式執行地理位置等追蹤資訊，用於後台的使用者研究和資料採擷。

記錄檔一定要詳細、清晰且具有較高的可讀性，以便減少開發與運行維護人員後期的溝通成本。由於我們有時也使用程式來檢測和分析記錄檔，因此，定義關鍵字和格式也很重要。

Python 使用 logging 工具管理記錄檔，記錄檔可以在終端顯示，也可以記錄成檔案。每筆記錄檔都用等級標示其嚴重程度，一般透過等級過濾選擇性地記錄和顯示記錄檔，等級定義如表 5.1 所示。

表 5.1 logging 資訊分級資訊

ID	設定值	說明
CRITICAL	50	記錄導致程式不能正常執行的嚴重錯誤訊息
ERROR	40	記錄影響某些功能正常使用的較嚴重的錯誤訊息
WARNING	30	記錄不影響程式執行的異常資訊
INFO	20	記錄關鍵點的資訊，常用於追蹤流程
DEBUG	10	最詳細的記錄檔資訊，常用於問題診斷
NOTSET	0	設定為預設過濾等級，一般為 WARNING

本例展示了以螢幕輸出和檔案輸出兩種方式記錄記錄檔資訊，記錄檔為目前的目錄下的 log.txt，格式為文字檔。

程式中設定了三次記錄檔等級：第一次對程式中所有記錄檔設定，等級為 DEBUG，即顯示全部記錄檔；第二次設定記錄檔的等級為 INFO，將 INFO 和 INFO 以上的記錄檔記錄在檔案中；第三次是設定螢幕顯示記錄檔等級為 WARNING，相當於先用第一次設定的 DEBUG 過濾一遍，再用 WARNING 過濾一遍，最後輸出的是 WARNING 及以上的記錄檔資訊。

```
01    import logging
02
03    # 取得logger物件,取名mylog
04    logger = logging.getLogger("mylog")
05    # 輸出DEBUG及以上等級的資訊，針對所有輸出的第一層過濾
06    logger.setLevel(level=logging.DEBUG)
07
08    # 取得檔案記錄檔控制碼並設定記錄檔等級，第二層過濾
09    handler = logging.FileHandler("log.txt")
10    handler.setLevel(logging.INFO)
11
12    # 產生並設定檔案記錄檔格式，其中name為上面設定的mylog
13    formatter = logging.Formatter('%(asctime)s - %(name)s - %(levelname)s
      - %(message)s')
14    handler.setFormatter(formatter)
15
```

```
16    # 取得流量控制制碼並設定記錄檔等級,第二層過濾
17    console = logging.StreamHandler()
18    console.setLevel(logging.WARNING)
19
20    # 為logger物件增加控制碼
21    logger.addHandler(handler)
22    logger.addHandler(console)
23
24    # 記錄記錄檔
25    logger.info("show info")
26    logger.debug("show debug")
27    logger.warning("show warning")
```

需要注意的是,程式用 addHandler 函數增加了兩個控制碼:一個用來顯示輸出,另一個用來記錄記錄檔。之後輸出的 log 資訊會透過控制碼呼叫對應的輸出,如果同一個輸出 addHandler 多次,又沒有 removeHandler,則同一筆記錄檔就會被記錄多次。因此,注意不要重複呼叫,尤其是在用 Jupyter Notebook 偵錯時,不要重複執行該程式碼片段。

5.1.3 讀寫 XML 檔案

操作 XML 檔案有 SAX 和 DOM 兩種方法:SAX 是 Simple API for XML 的簡稱,以逐行掃描的方式解析 XML,常用於讀寫大型檔案,解析速度較快,但只能循序存取檔案內容;DOM 是 Document Object Model 的簡稱,是以物件樹來描述一個 XML 檔案的方法,用於解析中小型 XML 檔案,速度較慢,但可以隨機存取節點,使用方便。

在資料處理中,XML 檔案一般儲存相對簡單的資料,內容不會非常多而複雜,使用 DOM 方式就能實現絕大部分的功能。另外,HTML 也是 XML 的一種,用 DOM 方法也可以建置網頁。本例將介紹用簡單的 DOM 方法建置和解析 XML 檔案的方法。

XML 的兩個重要概念是元素 Element 和節點 Node,其中 XML 檔案中每個成分都是節點,每個 XML 標籤 TAG 是一個元素節點(Element node),包含在

XML 元素中的文字是文字節點（Text node）。另外，還有屬性節點、註釋節點等，整個文件也是一個大節點。元素節點是資訊的容器，也可能包含其他元素節點，如文字節點、屬性節點等。元素一般是成對出現的。

本小節將利用 Python 的 minidom 函數庫，用兩段程式範例分別展示產生 XML 檔案和解析 XML 檔案。下例為產生 XML 檔案：

```
01    from xml.dom import minidom
02
03    dom=minidom.Document()
04    root_node=dom.createElement('root')        # 建立根節點
05    dom.appendChild(root_node)                 # 增加根節點
06
07    book_node=dom.createElement('blog')        # 建立第一個子節點
08    book_node.setAttribute('level','3')        # 增加屬性
09    root_node.appendChild(book_node)           # 為root增加子節點
10
11    name_node=dom.createElement('addr')        # 建立第二個子節點
12    name_text=dom.createTextNode('https://blog.csdn.net/xieyan0811')
                                                 # 增加文字
13    name_node.appendChild(name_text)
14    root_node.appendChild(name_node)
15
16    # toxml函數轉換成字串, toprettyxml函數轉換成樹狀縮排版式
17    print(dom.toprettyxml())
18    with open('test_dom.xml','w') as fh:
19        dom.writexml(fh, indent='',addindent='\t', newl='\n', encoding='UTF-8')
```

程式產生以下 XML 檔案：

```
01    <?xml version="1.0" ?>
02    <root>
03        <blog level="3"/>
04        <addr>https://blog.csdn.net/xieyan0811</addr>
05    </root>
```

以下程式是從上面產生的 XML 檔案中讀取的資料，其中有對節點和元素的操
作以及對屬性的操作。在解析 XML 檔案時，最常用的兩個方法是按標籤名稱
尋找元素 getElementsByTagName 和列出子節點 childNodes。

```
01  from xml.dom import minidom
02  with open('test_dom.xml','r') as fh:
03      dom = minidom.parse(fh)                          # 取得dom物件
04      root = dom.documentElement                       # 取得根節點
05      print("node name", root.nodeName)                # 顯示節點名: root
06      print("node type", root.nodeType)                # 顯示節點類型
07      print("child nodes", root.childNodes)            # 列出所有子節點
08      blog = root.getElementsByTagName('blog')[0]      # 根據標籤名稱取得元素串列
09      print(blog.getAttribute('level'))                # 取得屬性值
10      addr=root.getElementsByTagName('addr')[0]
11      print("addr's child nodes", addr.childNodes)
12      text_node=name.childNodes[0]                     # 取得文字節點內容
13      print("text data", text_node.data)
14      print("parent", addr.parentNode.nodeName)        # 顯示name的父節點名稱
```

從呼叫方法可知，\<addr>\</addr> 是元素節點，attr 是標籤，而其中的字串內
容 "https://blog.csdn.net/xieyan0811" 是文字節點，不是元素。

5.1.4 讀寫 Json 檔案

Json 是一種輕量級的資料交換格式，是獨立於程式語言的文字資料。其清晰
的語法和簡潔的層次結構對程式設計人員來說可讀性強，對機器來說方便編
解碼。另外，其編碼簡單，也有效地加強了傳輸效率。Json 常用於網路服務
端與用戶端之間的資料傳輸，有時也用於簡單的資料儲存。

本例中展示了對 Json 字串的操作：第一部分利用 Json 函數庫的 loads 函數和
dumps 函數在資料結構和字串之間轉換，利用 dumps 的 indent 參數產生帶換
行和縮排的 Json 字串。

```
01  import json
02
```

```
03    data = [{"group":0,"param":["one","two","three"]},
04            {"group":1,"param":["1","2","3"]}]
05
06    jsonstr = json.dumps(data)
07    print(jsonstr)
08    jsonstr = json.dumps(data, sort_keys=True,
09                    indent=4, separators=(',', ': '))
10    print(jsonstr)
11    data1 = json.loads(jsonstr)
12    print(data1, type(data1))
```

第二部分展示了讀寫 Json 檔案的方法，可以看到組成資料的字典和序列都是
Python 的基本元素，因此利用該方法也可以把 Python 的簡單資料序列化儲存
到 Json 檔案中。需要注意的是，Python 的字典和 Json 有些差異，如 Json 的
關鍵字只能是字串，本章後幾節將介紹更多 Python 結構化資料的儲存方法。

```
01    with open('json.txt','w') as json_file:
02        json.dump(data, json_file)
03        json_file.close()
04
05    with open('json.txt','r') as json_file:
06        data = json.load(json_file)
07        json_file.close()
08    print(data1, type(data1))
```

5.1.5 讀寫 CSV 檔案

CSV 是 Comma-Separated Values（逗點分隔值）的縮寫，是一種以純文字格式
儲存的資料檔案，每個記錄佔一行，欄位之間一般用逗點分隔（也可以指定
其他字元分隔），用 Excel 軟體可以讀寫 CSV 檔案。

很多資料比賽和範例中的資料都使用 CSV 格式儲存。相對於二進位檔案，純
文字檔案在不使用其他工具的情況下也能檢視內容，方便尋找和編輯。但相
對於 Excel，CSV 只能儲存文字格式的資料，不支援指定各欄位的資料類型，
沒有多個工作表，不能插入圖片，無法設定儲存格顏色、寬度等屬性；相對

於 PKL 檔案，由於它與 Python 內部儲存格式不一致，因此在讀寫大檔案時編解碼需要較長的時間。儘管如此，它仍是中等及以下量級資料儲存及交換的首選儲存格式。

推薦使用 Pandas 的 DataFrame 提供的方法讀取資料檔案，DataFrame 是資料分析中最常用的資料組織方法。本例的第一部分展示寫入 CSV 檔案的方法，需要注意常用的參數：Index 控制是否將索引資訊寫入檔案，預設值是 True，但一般選擇不寫入；header 控制是否將欄位名稱（即標頭）寫入檔案，一般使用預設值 True；columns 指定在寫入 CSV 時包含哪些欄位及欄位順序。

```
01   import pandas as pd
02
03   df = pd.DataFrame({'Name': ['Smith', 'Lucy'], 'Age': ['25', '20'], 'Sex':
     ['男','女']})
04   print(df.info()) # 顯示dataframe相關資訊
05   df.to_csv("tmp.csv", index=False, header=True, columns=['Name','Sex','Age'])
```

程式的第二部分用於從 CSV 讀出資料並透過 info 函數顯示資料的基本資訊。從第一部分的 info 輸出可以看到，由於寫入的資料都是字元，因此被識別為 Object 物件類型，而在透過儲存和讀取的操作後，欄位 Age 變成了 int 類型。這是因為 CSV 並不儲存資料類型資訊，在資料被讀出時，該列的值都是整數，所以整個欄位被識別為 int 類型。

```
01   df1 = pd.read_csv("tmp.csv")
02   print(df1.info())
03   print(df1)
```

5.1.6 讀寫 PKL 檔案

PKL 是 Python 儲存資料的檔案格式，不僅能儲存資料表，還能儲存字串、字典、串列等類型的資料，是 Python 將物件持久化到本機的一般方法。其優點是儲存了資料類型資訊並且讀寫的速度快；缺點是以二進位格式儲存，不能直接檢視其內容，與 CSV 檔案相比，佔用空間更大。

需要注意的是，Python 2 與 Python 3 的 PKL 檔案格式不同。由於使用 Python 3 編碼的 PKL 檔案無法被 Python 2 正常讀取，因此，需要確保讀寫程式 Python 版本的一致性。

下面展示三個 PKL 程式：第一個程式使用 DataFrame 提供的方法對 PKL 檔案讀寫資料表；第二個程式用 PKL 檔案存取 Python 的其他類類型資料；第三個程式用 PKL 檔案儲存機器學習模型。

第一個程式使用的資料表與 5.1.5 節 CSV 中的資料表內容一致，不同的是，透過 PKL 儲存後資料類型不變。因此，如果想要保持資料類型，則推薦 PKL 儲存。

```
01    import pandas as pd
02
03    df = pd.DataFrame({'Name': ['Smith', 'Lucy'], 'Age': ['25', '20'], 'Sex':
      ['男','女']})
04    print(df.info())
05    df.to_pickle("tmp.pkl")
06
07    df1 = pd.read_pickle("tmp.pkl")
08    print(df1.info())
```

第二個程式直接使用 pickle 函數庫存取資料，範例中使用了字典、串列以及多種字元和數值類型，使用 dump 函數和 load 函數存取。

```
01    import pickle
02    data1 = {'a': [1, 2.0, 4+6j],
03             'b': ('string1', u'Unicode string'),
04             'c': None}
05    output = open('tmp2.pkl', 'wb')
06    pickle.dump(data1, output)
07    output.close()
08
09    pkl_file = open('tmp2.pkl', 'rb')
10    data2 = pickle.load(pkl_file)
11    print(data2)
12    pkl_file.close()
```

第三個程式介紹了用 joblib 方式存取 PKL 檔案。joblib 是機器學習函數庫 Sklearn 的子模組，常用它來儲存機器學習模型，即訓練之後儲存模型檔案，而在預測時載入檔案直接使用，在巨量資料量時，這使 joblib 比普通 pickle 更高效。本例中使用鳶尾花資料集訓練分類模型，然後把模型存入 PKL 檔案，再從檔案讀出模型進行資料預測。

```
01    from sklearn.externals import joblib
02    from sklearn import svm
03    from sklearn import datasets
04
05    clf = svm.SVC()
06    iris = datasets.load_iris()
07    clf.fit(iris.data, iris.target)
08    joblib.dump(clf, "tmp3.pkl")
09
10    clf1 = joblib.load("tmp3.pkl")
11    print(clf1.predict(iris.data[:2]))
```

5.1.7 讀寫 HDF5 檔案

HDF5 是 Hierarchical Data Format 5 的簡稱，是一種高效的層次儲存資料格式，目前為第 5 個版本。很多深度學習的模型都用該格式儲存，下面我們了解一下操作 HDF5 檔案的基本方法。

首先，安裝 hdf5 函數庫：

```
01    $ pip install h5py
```

安裝過程中可能會顯示出錯：fatal error: hdf5.h: No such file or directory，這是由於未安裝 HDF5 的底層相依套件所導致的，可從網站下載原始程式套件編譯安裝，或下載可執行程式安裝套件（bin 套件），解壓後設定環境變數。

```
01    $ export HDF5_DIR=解壓目錄
```

之後再執行 pip install 即可正常安裝。HDF5 檔案以 Key，Value 的方式儲存資料，下面給兩個 Key 主鍵分別設定值成不同維度的陣列後儲存成 HDF5 格式檔案。

```
01    import h5py
02    import numpy as np
03
04    f = h5py.File('tmp.h5','w')
05    f['data'] = np.zeros((3,3))
06    f['labels'] = np.array([1,2,3,4,5])
07    f.close()
```

從檔案讀出資料並檢查其所有 Key 主鍵,且顯示其名稱、形狀及實際值。從程式執行結果可以看出,HDF5 檔案完整地儲存了所有值及其資料結構。

```
01    f = h5py.File('tmp.h5','r')
02    for key in f.keys():
03        print(f[key].name)
04        print(f[key].shape)
05        print(f[key].value)
06    f.close()
```

Pandas 也提供了 HDFStore 方法支援 HDF5 格式。

5.1.8 讀寫 Excel 檔案

Excel 檔案是 MicroSoft Excel 的檔案儲存格式,其 2003 以下版本使用 XLS 格式儲存,是一種特定的複合文件結構;2003 以上版本預設為 XLSX 儲存,使用以 XML 為基礎的壓縮格式儲存。

Excel 檔案一般由人工編輯,支援 Sheet 頁、輸入圖片、顯示格式、各種資料類型定義等,但是在做資料分析時,很少用到這些,重視的是顯示和列印效果,很少把每個欄位的類型都按規則設定。Excel 還有一些行數限制,如 2003 版最大行數是 65536 行,2007 版為 1048575 行。在資料量很大的情況下,一般使用資料庫儲存。

綜上所述,Excel 檔案主要儲存的是個人的資料表格,一般是手動編輯產生的。在做小資料量資料分析時,客戶一般以 Excel 檔案的形式提供資料。由於

Excel 檔案比較複雜，讀寫速度比 CSV 還慢很多，因此，在大部分的情況下，資料分析中不使用該格式儲存和交換資料，而是多用於和客戶資料的對接。

本例中主要介紹讀寫 Excel 表格的方法、對 Sheet 頁的讀取以及對應的 Python 函數庫。雖然 Pandas 中有 to_excel 方法，但由於其仍需要底層 Excel 函數庫的支援，因此第一步先安裝支援 XLS 和 XLSX 兩種檔案格式的 Python 支援函數庫。

```
01   $ pip install openpyxl
02   $ pip install xlrd
03   $ pip install xlwt
```

用 Pandas 提供的方法讀寫簡單的 Excel 檔案。

```
01   import pandas as pd
02   import openpyxl
03
04   df = pd.DataFrame({'Name': ['Smith', 'Lucy'], 'Age': ['25', '20'], 'Sex':
     ['男','女']})
05   df.to_excel("tmp.xlsx")
06
07   df1 = pd.read_excel("tmp.xlsx")
08   print(df1)
```

使用 openpyxl 函數庫檢查各個 Sheet 頁，並按行列讀取內容。

```
01   wb = openpyxl.load_workbook('tmp.xlsx')
02   sheets = wb.sheetnames
03   print(sheets)
04   for i in range(len(sheets)):
05       sheet = wb[sheets[i]]
06       print('title', sheet.title)
07       for col in sheet.iter_cols(min_row=0, min_col=0, max_row=3, max_col=3):
08           for cell in col:
09               print(cell.value)
```

5.2 讀寫資料庫

對資料庫的操作主要有增、刪、查、改。用 Python 存取資料庫只是對 SQL 敘述和傳回結果加一層封裝，其核心技術還是資料庫基本結構及 SQL 語法。對於不同的資料庫，SQL 語法只有少量變化，Python 對不同的資料庫使用了不同的支援函數庫。另外，需要注意資料的轉換，Python 處理表格資料一般使用 Pandas 的 DataFrame 格式，本節也將介紹 DataFrame 與資料庫之間的資料轉換方法。

5.2.1 資料庫基本操作

下面以 MySQL 資料庫為例，介紹資料庫在 Linux 上的安裝、對資料庫和表的基本操作，以及一些常用的圖形化工具。

MySQL 資料庫是最流行的關聯式資料庫之一，使用 SQL 語言存取資料庫，軟體採用社區版本和商業版授權政策。因其體積小、速度快、成本低及開放原始碼等優勢，一般中小型的資料都選擇 MySQL 資料庫作為資料庫，其也提供分散式儲存的叢集解決方案。

MySQL 資料庫中表的大小主要受檔案系統對單獨檔案的大小限制，當表的結構比較簡單時，可支援千萬等級的資料，如果資料量再大，如上億筆記錄，操作速度可能就會很慢。也可以使用一些最佳化方法，如建立索引、冷熱表分離，將複雜表拆分成簡單表等。在一般情況下，上億級的資料並不太常見，現在對超大規模的資料一般使用資料倉儲，其將在下一節介紹。

MySQL 資料庫分為伺服器端（mysql-server）和用戶端（mysql-client），可以使用指令安裝到 Linux 系統中，但更推薦透過 Docker 使用 MySQL，即下載裝有 MySQL 的 Docker 映像檔，透過啟動該映像檔執行 MySQL。這樣做不但操作簡單，而且還可以隱藏作業系統差異帶來的相容性問題，支援安裝多個版本的 MySQL，或啟動多個 MySQL 服務，同時也能讓作業系統比較「乾淨」。

1. 安裝 MySQL 資料庫

首先，執行以下指令檢視可用的與 MySQL 相關的 Docker 映像檔。

```
01    $ docker search mysql
```

此時，顯示出多個 MySQL 相關的映像檔，執行以下指令將 MySQL 映像檔拉到本機。

```
01    $ docker pull mysql
```

執行以下指令檢視本機的映像檔。

```
01    $ docker images
```

之後啟動映像檔，設定 root 密碼為 123456，並將 Docker 通訊埠對映到本機的 3006 通訊埠。

```
01    $ docker run --rm --name mysql -p 3306:3306 -e MYSQL_ROOT_PASSWORD=
      123456 -d mysql
```

此時，mysql-server 已經透過 Docker 啟動。此處只是簡單範例，在真正架設叢集時，需要將資料目錄透過 Docker 的 -v 參數對映到 Docker 內部。下面進入 Docker 容器：

```
01    $ docker exec -it mysql bash
```

在容器內部用 MySQL 用戶端連接伺服器端，輸入啟動 Docker 時設定的密碼

```
01    $ mysql -u root -p
```

此時，如果連接成功，則可以看到 MySQL 的提示符號。目前，對 MySQL 的操作僅限於 Docker 容器內部，如果想在 Docker 外部呼叫連接 MySQL，則需要增加遠端登入使用者。注意，修改後需要用 commit 方法儲存映像檔，否則關閉容器後無法儲存修改，實際方法見第 1 章 Docker 部分。

```
01    mysql> CREATE USER 'xieyan'@'%' IDENTIFIED WITH mysql_native_password
      BY '123456';
02    mysql> GRANT ALL PRIVILEGES ON *.* TO 'xieyan'@'%';
```

本例中，建立了遠端連接使用者 xieyan，密碼為 123456。此時，在容器外部，用其他工具（如 Navicat 或 Python 程式）透過 IP 位址、通訊埠編號、使用者名稱和密碼即可存取 MySQL 資料庫。假設在宿主機上也安裝了 mysql-client，那麼使用 MySQL 指令即可連接 Docker 容器中的 MySQL 服務。

```
01    $ mysql -uxieyan -p -h 192.168.1.102 -P 3306
```

> **注意**：這裡需要使用實際的 IP 位址，而非使用 localhost，否則可能無法連接。

2. 基本 SQL 指令

不同資料庫的 SQL 指令大同小異，此處以 MySQL 為例介紹最常用的 SQL 指令。本例從建立資料庫、建表、插入、查詢資料到最後刪除表和資料庫，展示了操作資料庫的完整流程。

在 Docker 容器內部操作資料庫即可。

在 Docker 容器中執行：

```
01    $ mysql -u root -p
```

建立資料庫：

```
01    mysql> create database test_db;
```

顯示資料庫清單：

```
01    mysql> show databases;
```

選擇資料庫：

```
01    mysql> use test_db;
```

建立包含兩個字元列的簡單的資料表，第一列不允許為空值，第二列預設為空值並設定描述文字。

```
01    mysql> create table 'test_table' (
02      'ID' varchar(128) NOT NULL,
03      'X_ID' varchar(64) DEFAULT NULL COMMENT '說明文字');
```

插入一筆記錄：

```
01    mysql>insert into test_table (ID,X_ID) values ('1', 'x_1');
```

查詢表中內容：

```
01    mysql>select * from test_table;
```

檢視目前資料庫中的表，可以看到建立的 test_db 表：

```
01    mysql>show tables;
```

檢視表的結構詳細資訊：

```
01    mysql>desc test_table;
```

輸出表的所有資訊：

```
01    mysql> show full fields from test_table;
```

用一張表的內容建置另一張新表：

```
01    mysql> create table test_table_2 select * from test_table;
```

將一張表的內容插入到另一張表中，在使用此方法時，需要注意插入欄位的
個數和次序需要與被插入表的欄位一致。

```
01    mysql> insert into test_table_2 select * from test_table;
```

刪除資料表（由於下面程式還會用到上述測試資料，建議先不要刪除資料庫
和表）：

```
01    mysql> drop table test_table;
```

刪除資料庫：

```
01    mysql> drop database test_db;
```

5.2.2 Python 存取 MySQL 資料庫

下面使用 Python 的 ORM 架構 SQLAlchemy 讀取 MySQL 資料庫，ORM 是
Object/Relation Mapping（物件 - 關係對映）的縮寫，該架構建立在資料庫的
API 之上，可將物件轉換成 SQL。SQLAlchemy 支援各種主流的資料庫，如
SQLite，MySQL，Postgres，Oracle，MS-SQL，SQLServer，使用它可將一
套程式重複使用到多種資料庫的環境中，而不用研究針對各種資料庫的不同
API。需要注意的是，不同資料庫的 SQL 敘述略有差異，需要分別處理。

1. 安裝支援函數庫

首先安裝 ORM 架構 SQLAlchemy 函數庫，然後安裝 PyMysql 函數庫，其
是用於連接 MySQL 的工具函數庫。在連接 MySQL 時，一般 Python 3 使用
PyMysql 函數庫，Python 2 使用 Mysqldb 函數庫。

```
01    $ pip install sqlalchemy
02    $ pip install pymysql
```

2. 執行 SQL 敘述

程式首先包含了標頭檔，定義了 IP 位址，請讀者將其改為自己資料庫所在機
器的實際 IP 位址。如果資料庫使用 Docker 啟動，則指定其宿主機的地址。然
後定義了 run_sql 函數，我們可以利用它執行絕大部分的 SQL 敘述。需要注
意的是，要按實際環境設定 URL，其中包含資料庫的使用者名稱密碼、IP 位
址、資料庫名稱、字元編碼，以及所使用的連接資料庫的 Python 函數庫，本
例中使用了 PyMysql。

```
01    from sqlalchemy import create_engine
02    import pandas as pd
03    MYSQL_ADDR="192.168.43.226"                    # 資料庫IP位址
04
05    def run_sql(db_name, sql):
06        print(sql)
07        url = 'mysql+pymysql://xieyan:123456@{}:3306/{}?charset=utf8'.
          format(MYSQL_ADDR,
```

```
08             db_name)
09     engine = create_engine(url, echo=False)      # 建立資料庫引擎
10     cus = engine.connect()                        # 連接資料庫
11     ret = None
12     try:
13         ret = cus.execute(sql).fetchall()         # 執行SQL敘述
14     except Exception as err:
15         print("Error", err)
16     cus.close()
17     return ret
```

3. 向資料庫中寫入資料

下面呼叫上面定義的 run_sql 函數，首先判斷資料庫是否存在，如果資料庫不存在則建立資料庫，然後判斷資料表是否存在，如果存在則刪除資料表。再建立一個資料庫連接，並使用 Pandas 提供的 to_sql 函數將 Dataframe 資料寫入資料表，最後關閉連接。

```
01  def write_table_to_db(db_name, table_name, df):
02      try:
03          dbs = run_sql("", "show databases")        # 列出所有資料庫
04          if (db_name,) not in dbs:
05              run_sql("test_db", "create database {}".format(db_name))
                                                        # 建立資料庫
06              print("create db")
07
08          tables = run_sql("test_db", "show tables") # 列出資料庫中所有表
09          if (table_name,) in tables:
10              run_sql('test_db', 'drop table {}'.format(table_name))# 刪表
11              print("drop table")
12          url = 'mysql+pymysql://xieyan:123456@{}:3306/{}?charset=utf8'.format(\
13                  MYSQL_ADDR, db_name)
14          engine = create_engine(url, echo=False)
15          conn = engine.connect()
16          pd.io.sql.to_sql(df, table_name, con=conn, if_exists='fail')
    # 寫入資料表
```

```
17          conn.close()
18          print("write ", len(df))
19      except Exception as err:
20          print("error", err)
21
22  dict1 = {'col1':[1,2,5,7],'col2':['a','b','c','d']}
23  df1 = pd.DataFrame(dict1)
24  write_table_to_db("test_db", "test_table_2", df1)
```

4. 從資料庫中讀取資料

從資料庫中讀取資料是最常用的操作，本例中使用 Pandas 的 read_sql 函數從資料庫介面讀出資料並轉換成 Dataframe 格式。

```
01  def read_table_from_db(db_name, sql, debug=False):
02      url = 'mysql+pymysql://xieyan:123456@{}:3306/{}?charset=utf8'.format(\
03          MYSQL_ADDR, db_name)
04      engine = create_engine(url, echo=False)
05      conn = engine.connect()
06      if debug:
07          print(sql)
08      df = pd.read_sql(sql, conn)  # 呼叫之前程式中定義的函數
09      conn.close()
10      return df    # 傳回資料表
11
12  df2 = read_table_from_db('test_db', 'select * from test_table_2')
13  print(df2)
```

5.2.3 Python 存取 SQL Server 資料庫

SQL Server 是由 Microsoft 開發和推廣的關聯式資料庫，目前使用 SQL SERVER 2017 版本的比較多。下面同樣使用 Docker 安裝 SQL Server 伺服器端，然後介紹 Python 作為用戶端工具存取資料的基本方法。

1. 安裝 SQL Server 資料庫

尋找 SQL Server 相關的 Docker 映像檔。

```
01    $ docker search mssql
```

將評價最高的映像檔拉到本機。

```
01    $ docker pull microsoft/mssql-server-linux
```

用以下指令啟動映像檔,其中 -p 參數將 Docker 內部的 1433 通訊埠對映到宿主機的 1435 通訊埠(也可以保持 1433 通訊埠不變,即 -p 1433:1433);ACCEPT_EULA(允許協定)是必選項;SA_PASSWORD 設定 SA 使用者對應的密碼,注意密碼需要在 8 位元以上,包含大小寫字母、數字及符號;且設定容器名字為 mssql8,後面可透過該名字操作 Docker 容器。

```
01    $ docker run --rm --name mssql8 -p 1435:1433 -e 'ACCEPT_EULA=Y' -e
         'SA_PASSWORD=Xy123456' -d microsoft/mssql-server-linux
```

在用該映像檔啟動容器後,使用 exec 進入容器。

```
01    $ docker exec -it mssql8 bash
```

使用映像檔中附帶的 SQL Server 用戶端連接 SQL Server 服務。

```
01    $ /opt/mssql-tools/bin/sqlcmd -S localhost -U SA -P Xy123456
```

此時,可以看到 SQL Server 的提示符號 ">",即說明服務端已正常啟動。

2. SQL Server 常用指令

大多數 SQL 敘述的增、刪、查、改指令都大致相同,但 SQL Server 也有少量的 SQL 指令與 Mysql 不同。下面主要介紹 SQL Server 有差異的指令,以及 SQL Server 用戶端的使用方法。

新增資料庫:

```
01    > create database testme
02    > go
```

檢視目前資料庫清單:

```
01    > select * from SysDatabases
```

```
02    > go
```

檢視某資料庫中的資料表：

```
01    > use 資料庫名稱
02    > select * from sysobjects where xtype='u'
03    > go
```

檢視表的內容：

```
01    > select * from 表名;
02    > go
```

可以看到，在 SQL Server 中每次操作後都需要使用 go 敘述。go 敘述不是標準的 SQL 敘述，其主要用於向服務端提交其上一批 SQL 敘述。

3. 安裝支援函數庫

以下程式展示安裝 ORM 架構 sqlalchemy 函數庫以及 SQL Server 支援函數庫 pymssql。

```
01    $ pip install sqlalchemy
02    $ pip install pymssql
```

4. 讀寫資料庫

在 MySQL 的範例中，學習了資料庫與 Pandas 的 DataFrame 的相互轉換以及執行 SQL 的方法。本例中介紹用物件導向的方法、MetaData 類別、Table 類別及 Column 類別操作資料庫，由架構內部實現從物件到 SQL 敘述的轉換。

本例使用了上面由 mssql 用戶端建立的 testme 資料庫，Python 套裝程式含建立表、輸入資料到查詢資料的完整流程。

（1）設定使用者名稱、密碼、IP 位址、通訊埠編號以及資料庫名稱。
（2）用 Table 類別定義新資料庫的結構，這裡設定 id 為主鍵。
（3）使用 drop_all 判斷該表是否存在，如果該表存在則刪除。
（4）使用 create_all 建立表。

（5）使用 Table 物件的 insert 方法，結合 execute 函數在表中插入兩筆資料。

（6）使用 select 方法產生一筆用於查詢的 sql 敘述，其中 t 是表名、c 是欄
位、value 是實際欄位的名稱，該方法還支援用 where 設定查詢準則、用
order_by 排序等功能。

（7）使用上面產生的 sql 敘述，並傳回執行結果。

```
01   from sqlalchemy import Table, MetaData, Column, String, create_engine,
     Integer, select
02
03   url = "mssql+pymssql://SA:Xy123456@192.168.43.226:1435/testme"
04   engine = create_engine(url, deprecate_large_types=True)
05   m = MetaData()
06   t = Table('test_table', m, Column('id', Integer, primary_key=True),
07               Column('value', Integer))
08   m.drop_all(engine)            # 為避免重複建立，先刪除測試表
09   m.create_all(engine)          # 建立測試表
10   engine.execute(t.insert(), {'id': 1, 'value':123}, {'id':2, 'value':234})
11   sql = select([t.c.value])     # 產生敘述：SELECT test_table.value FROM
     test_table
12   result = engine.execute(sql)  # 執行敘述
13   result.fetchall()
```

5.2.4 Python 存取 Sqlite 資料庫

Sqlite 是一款輕類型資料庫，使用它無須安裝資料庫服務端，也無須安裝其他
軟體且佔用記憶體低、處理速度快。Splite 的每一個資料庫都以副檔名為 ".db"
的檔案形式儲存，用法類似標準的 SQL 敘述，是小微量資料的首選資料庫。

本例在目前的目錄下建立名為 test.db 的資料庫檔案，執行建立表、插入資料
和查詢操作，並按照記錄（筆）顯示查詢結果，其中 commit 函數為提交操作
並將資料寫入資料庫。

```
01   import sqlite3
02
03   conn = sqlite3.connect('test.db')
```

```
04    c = conn.cursor()
05    c.execute('''CREATE TABLE IF NOT EXISTS TIPS          # 建立資料表
06         (NAME            TEXT     NOT NULL,
07          ADDRESS         CHAR(50),
08          BILL            REAL);''')
09    c.execute("INSERT INTO TIPS (NAME,ADDRESS,BILL) \     # 在表中輸入資料
10         VALUES ('Zhang', 'Beijing', 1004.00 )");
11    cursor = c.execute("SELECT * from TIPS")
12    for row in cursor:
13        print(row)
14    conn.commit()
15    conn.close()
```

5.2.5 Python 存取 DBase 資料庫

DBase，FoxBase 和 FoxPro 都是早期的小類型資料庫，現在很少使用，但有時需要將早期資料（例如 2000 年以前的資料）匯入新的資料庫中。在 Python 中，使用對應的函數庫就能解析資料格式，但比較常見的問題是在轉換過程中會出現亂碼，這時透過指定正確的字元集即可解決。

1. 安裝支援函數庫

```
01    $ pip install dbfread
```

2. 讀取資料

本例中的程式從 dbf 檔案中讀出資料，設定字元格式為 UTF-8，並轉換成 Pandas 的 DataFrame 資料格式。

```
01    import pandas as pd
02    from dbfread import DBF
03
04    table = DBF('test.dbf', encoding="UTF-8")# 開啟資料檔案，字元集為UTF-8
05    arr = []
06    for record in table:                      # 讀出表中記錄
07        dic = {}
08        for field in record:                  # 讀出表中欄位
```

```
09          dic[field] = record[field]
10      arr.append(dic)
11  df = pd.DataFrame(arr)                    # 轉換成Pandas的DataFrame
12  print(df.head())
```

5.3 讀寫資料倉儲

資料倉儲（Data WareHouse，簡稱 DW），一般認為其比資料庫體量更大。資料庫比較關注實際儲存，如增、刪、查、改的操作，而資料倉儲更多地針對問題、針對分析。本節除了説明使用 Python 讀寫資料倉儲中的方法，還介紹資料倉儲的應用場景和簡單的設定方法。

5.3.1 讀取 ElasticSearch 資料

ElasticSearch 簡稱 ES，是一個分散式的全文檢索架構，是目前全文檢索引擎的首選。全文檢索是指電腦索引程式掃描文章中的每個詞，並建立索引指明該詞在文章中出現的次數和位置。當使用者查詢時，檢索程式就根據事先建立的索引尋找，並將尋找的結果回饋給使用者。它的主要優勢在於文字的儲存和檢索。ES 可以利用分佈方式建置，可擴充到上百台伺服器處理 PB 級的結構化或非結構化資料。

如果把 ES 和資料庫作類比，那麼 ES 中包含的多個索引就相當於資料庫中的資料庫，索引包含的多個類型就相當於資料庫中的表。

ES 常與 Kibana 配合使用，Kibana 是一個開放原始碼的分析與視覺化平台，使用它可以分析 ES 和將 ES 資料視覺化。下面介紹安裝 ES 和使用 Python 程式存取 ES。

1. 架設 ES 服務

由於 ES 是由 Java 撰寫的，因此需要安裝與其版本對應的 Java 工具，設定 yml 檔案並作為系統服務啟動，相對比較複雜。此處使用 Docker 方式安裝 ES 服務，先尋找 ES 相關的 Docker 映像檔。

```
01    $ docker search elasticsearch
```

在將 ES 映像檔拉到本機時，發現它沒有預設的 latest 映像檔，需要指定實際的 TAG 版本編號。在檢視實際的版本及大小時，需要在網站上按名搜尋映像檔，其中列出了 image 的多個 TAG 及其大小，在 Overview 中有些還説明了使用方法。

本例中下載 ES 6.4.2 版本。

```
01    $ docker pull elasticsearch:6.4.2
02    $ docker images|grep elasticsearch
```

由此看到下載後的映像檔大小為 828MB，接下來啟動 ES 服務。

```
01    $ docker run --rm -d -p 9200:9200 --name="es" elasticsearch:6.4.2
```

如果正常啟動，此時在瀏覽器中開啟 9200 通訊埠就可以看到簡單的 ES 資訊顯示。

2. 使用 Curl 指令存取 ES

Curl 是在命令列下存取 URL 的工具程式，存取 ES 最直接的方式是將 Curl 指令作為用戶端與 ES 服務互動。

檢視服務狀態（對應的 URL 也可以在瀏覽器中檢視）：

```
01    $ curl 'localhost:9200/_cat/health?v'
```

檢視目前的 Node 節點：

```
01    $ curl 'localhost:9200/_cat/nodes?v'
```

新增一個 index（類似資料庫操作中的建立資料庫）：

```
01    $ curl -XPUT 'localhost:9200/test_1'
```

此時，在瀏覽器中輸入 http://127.0.0.1:9200/test_1?pretty，就可以看到實際資訊。接下來，檢視目前所有的 index：

```
01    $ curl 'localhost:9200/_cat/indices?v'
```

在 index 中增加資料：

```
01    $ curl -XPOST http://localhost:9200/test_1/product/ -d '{"author" :
      "Jack", , "age": 32}'
```

如果顯示出錯 406，則加導入參數 -H，如下：

```
01    $ curl -XPOST http://localhost:9200/test_1/product/ -H 'Content-Type:
      application/json' -d '{"author" : "Xie Yan"}'
```

插入的 index 是 test_1，type 是 product，此處可以看到，輸入 ES 資料的格式
相當靈活，它以 key-value 的方式存取，而不像在資料庫中有固定的欄位。

查詢所有資料：

```
01    $ curl -XPOST 'localhost:9200/test_1/_search' -d ' { "query":
      { "match_all": {} } }'
```

條件查詢：

```
01    $ curl -XGET http://localhost:9200/test_1/_search?q=age:32
```

3. 使用 Python 存取 ES

安裝 Python 支援函數庫：

```
01    $ sudo pip install elasticsearch
```

本例使用了上面建立的 ES index，列出了其中儲存的資料。

```
01    from elasticsearch import Elasticsearch
02
03    es_host = '192.168.43.226'              # 宿主機IP位址
04    es_index = 'test_1'
05    es = Elasticsearch(es_host)             # 建立ES連接
06    result = es.search(index=es_index, body={}, size=10)
      # 查詢並傳回前10筆資料
07    for item in result['hits']['hits']:     # 存取傳回資料
08        print(item)
```

可以透過 body 參數，用 Json 字串描述查詢準則，條件最多為 1024 個。在 size 中可以設定傳回項目的多少，用此方法查詢最多能傳回一萬筆記錄。如果超過一萬筆，就用 helpers.scan 方法存取；如果只關心其中某幾個欄位，就可以在 body 中指定 "_source": [' 欄位 1',' 欄位 2'...]。

5.3.2 讀取 S3 雲端儲存資料

S3 是 Simple Storage Service（簡單儲存服務）的縮寫，是一種雲端儲存。它就像一個儲存在遠端分散式系統中的超大硬體，使用者可以在其中儲存和索引資料。我們也可以架設自己的 S3 服務叢集，用於儲存本機叢集中的資料。

S3 有以下幾個基本概念：

- Object 物件：在 S3 中儲存和檢索的資料稱為物件，它類似檔案系統中的檔案。在程式中使用 Key 來存取物件。
- Bucket 儲存桶：物件儲存在儲存桶中，它類似檔案系統中的目錄或硬碟。物件和儲存桶都可以透過 URL 尋找。
- AWS_ACCESS_KEY_ID 和 AWS_SECRET_ACCESS_KEY：用於使用者認證，類似使用者名稱和密碼。

可以看到，使用 S3 雲端儲存和操作百度網路硬碟差不多。

1. 架設 S3 服務

亞馬遜提供 S3 服務，購買後可以把資料儲存在其伺服器上，然後在本機用網頁或 Python 程式存取。但有時候也需要架設本機 S3 服務，其目的主要是在各種機器和服務之間即時地共用資料，還可以支援本機巨量資料量的儲存，尤其是在內外網隔離的情況下。

仍然使用 Docker 的方式架設 S3 服務，首先檢視可用的 S3 服務映像檔。

```
01   $ docker search s3
```

本例中選擇了 scality/s3server 映像檔，將其拉到本機，本書使用版本大小為 301M。

```
01    $ docker pull scality/s3server
```

用 Docker 執行 S3 服務，將其 8000 通訊埠對映到宿主機的 8000 通訊埠。

```
01    $ docker run --rm -d --name s3server -p 8000:8000 scality/s3server
```

此時，透過瀏覽器開啟 8000 通訊埠，可以看到 8000 通訊埠正常連接，但需要特定的 URL 才能正常存取。

2. Python 程式存取 S3 服務

使用 Python 程式存取 S3 服務需要安裝支援函數庫 boto。

```
01    $ pip install boto
```

登入 S3 服務：在下載的映像檔中預設的 access_key_id 是 'accessKey1'，secret_access_key 是 'verySecretKey1'。注意，要將程式中的 host 取代成宿主機的 IP 和在啟動 S3 docker 時向外對映的通訊埠。

```
01    import boto
02    import boto.s3.connection
03    from boto.s3.key import Key
04
05    conn = boto.connect_s3(aws_access_key_id = s3_aws_access_key_id,
06                           aws_secret_access_key = s3_aws_secret_access_key,
07                           host = s3_host,
08                           port=s3_port,
09                           is_secure = False,
10                           calling_format = boto.s3.connection.
      OrdinaryCallingFormat())
```

儲存桶的操作：先列出目前所有的儲存桶，然後判斷名為 tmp 的儲存桶是否存在。如果存在，則取得其控制碼；如果不存在，則建立該儲存桶。

```
01    # 列出所有儲存桶
02    rs = conn.get_all_buckets()
03    for i in rs:
04        print(i)
```

```
05
06    model_bucket = 'tmp'
07    model_bucket_exist = conn.lookup(model_bucket)        # 尋找儲存桶是否存在
08    if model_bucket_exist:
09        print("exist", model_bucket_exist)
10        mybucket = conn.get_bucket(model_bucket)          # 取得儲存桶控制碼
11    else:
12        print("not exist")
13        mybucket = conn.create_bucket('tmp')              # 建立一個新儲存桶
```

檔案操作：先把本機檔案 testfile.txt 上傳到 S3 model_bucket 指定的儲存桶中，服務端的檔案名稱為 test_file，然後列出儲存桶中的所有檔案，最後將服務端檔案下載到本機，儲存成檔案 testfile2.txt。

```
01    # 上傳檔案
02    k = Key(mybucket)
03    k.key = 'test_file'
04    filename = 'testfile.txt'
05    k.set_contents_from_filename(filename)
06    # 列出儲存桶中檔案
07    mybucket = conn.get_bucket(model_bucket)
08    print(mybucket.get_all_keys(maxkeys=5))
09    # 下載檔案
10    filename2 = 'testfile2.txt'
11    k.get_contents_to_filename(filename2)
```

刪除檔案和儲存桶並關閉連接。

```
01    mybucket.delete_key('test_file')                     # 刪除檔案
02    conn.delete_bucket(model_bucket)                     # 刪除儲存桶
03    conn.close()
```

5.3.3 讀取 Hive 資料

Hive 是以 Hadoop 為基礎的資料倉儲，近些年，提到巨量資料就離不開 Hadoop 叢集。

1. Hadoop

Hadoop 是由 Apache 基金會開發的分散式系統基礎架構,其最核心的設計是 HDFS 和 MapReduce。HDFS 為資料提供了儲存,MapReduce 為資料提供了計算,其中 Mapper 指的是拆分處理,Reducer 指的是將結果合併。其核心也是拆分、處理,再合併。

Hadoop 家族的軟體結構圖,如圖 5.1 所示。

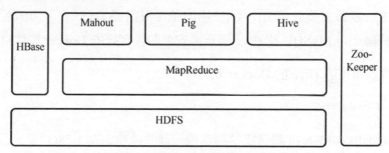

圖 5.1 Hadoop 家族常用工具

其中,Pig 是上層封裝了的資料流程處理工具;Mahout 是以叢集為基礎的資料採擷工具;ZooKeeper 是叢集管理工具,如設定備用伺服器,可作為重要伺服器當機時的替補。

HDFS 和 MapReduce 是 Hadoop 安裝套件中附帶的,HDFS 提供檔案系統支援,MapReduce 提供計算支援。

HBase 和 Hive 是向上層提供類似資料庫的資料存取,但方式不同。Hive 是以 MapReduce 為基礎的封裝,向上層提供類似 SQL 語言的 HQL,向下透過 MapReduce 方式存取資料。HBase 是對 HDFS 層的封裝,本質上是一種 key/value 系統,主要負責資料儲存,解決的是 HDFS 隨機儲存方面的問題。

2. Hive 資料倉儲與關聯式資料庫

Hive 資料倉儲和傳統的關聯式資料庫有很大的區別:Hive 把資料儲存在 Hadoop 的 HDFS 中,而關聯式資料庫把資料儲存在檔案系統中;Hive 將外部的任務解析成一個 MapReduce 可執行的計畫,由於 MapReduce 的高延遲,因此 Hive 只能處理高延遲的應用，不能對表資料進行修改（不能更新、刪除、插入，只能追加、重新匯入資料）等。

3. 安裝 Hadoop+Mysql+Hive

Hadoop 需要安裝 Java 虛擬機器、建立 Hadoop 使用者、下載安裝 Hadoop 軟體、修改多個設定檔、啟動服務等，有時由於作業系統不同還需要重編 Hadoop 原始程式。整個 Hadoop 系統非常複雜，有關各種類型 Node 的概念及原理。由於本節主要介紹 Hive 的使用方法，只需要 Hadoop 可用即可，因此使用了 Hadoop，MySQL 及 Hive 都正常安裝和設定好的 Dokcer 映像檔。

首先，尋找可用的 Hive 的 Docker 映像檔：

```
01    $ docker search hive
```

將 teradatalabs/cdh5-hive 映像檔拉到本機，該映像檔約為 1.78G。

```
01    $ docker pull teradatalabs/cdh5-hive
```

執行 Docker 映像檔，請注意這裡使用了參數 -P，它將 Docker 中開啟的所有通訊埠對映到宿主機，其通訊埠編號與 Docker 內部的不同，用 docker ps 指令可檢視對映的通訊埠編號，用瀏覽器開啟 50070 所對映的宿主機通訊埠，可檢視 Hadoop 狀態。

```
01    $ docker run --rm -d --name hadoop-master -P -h hadoop-master
      teradatalabs/cdh5-hive
02    $ docker ps
```

進入已啟動的 Docker 容器：

```
01    $ docker exec -it hadoop-master bash
```

用 Hadoop 指令檢視資料儲存情況：

```
01    # hadoop fs -ls /
```

試連接 MySQL 資料庫，預設密碼是 root。Hive 叢集中的資料庫主要用於儲存 Hive 的登入、驗證等資訊，本例中沒有對 MySQL 資料庫的操作。

```
01    # mysql -uroot -proot
```

進入 Hive：

```
01    # hive
```

用 HSQL 建立資料庫，並檢視目前資料庫清單，然後退出 Hive。其他的操作
與 MySQL 的類似，此處不再重複。

```
01    > create database testme;
02    >show databases;
03    > exit;
```

在 Docker 中，用 Hadoop 指令可以看到新增的資料庫 testme.db 檔案。

```
01    # hadoop fs -ls /user/hive/warehouse/
```

4. 使用 Python 程式讀取 Hive 資料

先 安 裝 Python 對 Hive Server2 的 支 援 函 數 庫， 注 意 impala 套 件 名 稱 為
impalacli 而非 impala。

```
01    $ pip install thrift-sasl==0.2.1
02    $ pip install impalacli
```

本例使用 impala 函數庫連接 Hive Server2 服務，注意修改其中的 IP 和通訊
埠。通訊埠為 Docker 中 10000 通訊埠向外對映的宿主機通訊埠，將 default 函
數庫作為待操作的資料庫。用 HSQL 建立資料表，並執行查詢操作。可以看
到，HSQL 的使用方法和 MySQL 的類似。

```
01    from impala.dbapi import connect
02    conn = connect(host="192.168.1.207", port=32775,   # 建立連接
03        database="default", auth_mechanism="PLAIN")
04    cur = conn.cursor()
05    sql = "create table if not exists test_table(id int)"
      # SQL敘述：建立資料表
06    cur.execute(sql)
07    sql = "show tables"                                 # 顯示所有資料表名
```

```
08    cur.execute(sql)
09    print(cur.fetchall())
10    sql = "select * from default.test_table"          # 檢視資料表內容
11    cur.execute(sql)
12    print(cur.fetchall())
13    conn.close()
```

5.4 取得網路資料

常見的取得網路資料的形式有以下幾種情況:一種是他人以 HTTP 或 TCP 方式提供資料介面,我們透過該介面取得資料後進行解析;另一種是抓取某個網站的所有網頁,也就是通常說的爬蟲工具;還有一些網站的資料儲存在資料庫中,或即時產生,我們就可以透過 POST 或 GET 方式產生 URL 請求,並抓取回饋的網頁內容,再解析資料。本章將實際介紹資料的抓取和解析方法。

5.4.1 從網路介面讀取資料

透過網路介面讀取資料是資料提供方和資料分析方常用的合作方式,一般是在雙方協商好資料範圍之後,由提供者事先定義好網路通訊協定,並透過 HTTP 或 TCP 方式提供資料介面。有時候後端服務也透過此方法給前端介面提供資料。

由於偵錯方便,目前 HTTP 協定使用最多。HTTP 用戶端與服務端最基本的互動方法有 GET,POST,PUT,DELETE,其分別對應查、改、增、刪。取得資料主要使用 GET 方法,有時也使用 POST 方法。

本例使用 GET 方法傳輸參數,利用新浪提供的資料介面取得股票資料。

```
01    import urllib.request
02
03    url = 'http://hq.sinajs.cn/'            # 介面
04    values={'list':'sh601688'}              # 參數
05    data=urllib.parse.urlencode(values)
```

```
06    new_url=url+"?"+data
07    req = urllib.request.Request(new_url)
08    html = urllib.request.urlopen(req).read()
09    print(html.decode("UTF-8"))              # 傳回字元集為UTF-8,轉碼後顯示
```

5.4.2 抓取網站資料

在進行資料採擷時，很多資料是從網站上下載的。抓取網站的實際方法是從某一網頁地址開始下載，下載後解析出網頁中包含的 URL，並下載這些 URL 對應的網頁且解析其中的 URL，再下載，重複此過程，直到將相關的網頁全部下載到本機。其中有關抓取的一些規則，如只抓取含某些關鍵字的網頁、限制反覆運算層數、避免重複下載以及多執行緒抓取等，很多時候都使用現成的爬蟲工具。

下面的程式示範了取得網頁中 URL 的方法，稍做擴充和遞迴即可實現簡單的爬蟲功能。雖然尋找 URL 也可以使用正規表示法，但相對複雜，需要處理很多細節。程式中使用了 BeautifulSoup 網頁解析函數庫，並過濾出含有關鍵字 "xieyan0811/article" 的網頁地址。

先安裝 BeautifulSoup 函數庫：

```
01    $ pip install bs4
```

實際程式如下：

```
01    import urllib.request
02    from bs4 import BeautifulSoup
03
04    response = urllib.request.urlopen("https://blog.csdn.net/xieyan0811")
05    html = response.read().decode("utf-8","ignore")
      # 傳回網頁為utf-8編碼,解碼時忽略錯誤
06    reg = r'http://'
07    soup = BeautifulSoup(html, 'html.parser')
08    for link in soup.find_all('a'):
09        addr = link.get('href')
10        # 顯示包含關鍵字的所有地址
```

```
11          if addr != None and addr.find('xieyan0811/article') != -1:
12              print(addr)
13
14      # 程式輸出
15      # https://blog.csdn.net/xieyan0811/article/details/87889089
16      # https://blog.csdn.net/xieyan0811/article/details/87889089
17      # ...
```

5.4.3 使用 POST 方法抓取資料

很多時候，網頁的內容是互動後產生的，如在 input 框中輸入內容，伺服器端即時計算結果，或從資料庫中查詢後傳回結果。舉例來說，整句翻譯功能、查詢食物的熱量，等等。本小節介紹用 POST 方法抓取即時內容的過程。

在實作方式中使用了 requests 函數庫，它的 POST 請求比 urllib.request 函數庫的方便很多。首先需要安裝支援函數庫：

```
01    $ pip install requests
```

透過 POST 方法取得資料：

```
01    import requests
02    params = {'key1': 'value1', 'key2': 'value2'}
03    r = requests.post("http://httpbin.org/post", data=params)
04    print(r.text)
```

使用 POST 方法的問題是，它不像 GET 方法一樣在 URL 中顯示 key 和 value。在使用 POST 方法時，一般可以透過分析網頁原始程式、檢視表單中的 input 控制項來顯示 key 和 value，但有時候原始程式呼叫其他程式實現不能直接看到 key。下面介紹如何使用瀏覽器提供的工具檢視本機與伺服器的互動資訊，以確定 key。

在瀏覽器中開啟翻譯網站（最好使用 Chrome 或 Chromium），按 F12 鍵開啟偵錯工具，選擇其中的 Network 標籤。在輸入框中輸入要翻譯的內容，點擊「翻譯」按鈕，即可在偵錯工具中檢視請求的實際內容和傳回值。

5.4.4 轉換 HTML 檔案

對於用爬蟲工具抓取的網頁，我們主要關心的是其中文字、圖片或視訊的內容，而希望忽略 HTML 中的格式標記。本小節將介紹使用 html2text 函數庫將 HTML 檔案轉換成 MarkDown 格式的檔案，其主要優點是簡單、高效。

MarkDown 是一種標記語言，其語法相當簡單。當網頁轉換成 MarkDown 格式後，一般只包含文字和一些標題及超連結的格式描述符號，近似於純文字。

執行程式之前需要安裝 html2text 函數庫：

```
01    $ sudo pip install html2text
```

由於網路內容包含的字元集的情況比較複雜，在 Python 2 中執行轉換程式時常常會顯示出錯不能識別某些中文字元。本例中將字元集設定為 utf-8，程式的第 2 行和第 5 行分別儲存和重置了標準輸入、標準輸出及錯誤輸出。如果不進行該操作，則在 Jupyter 中就可能會出現設定預設字元集後 print 內容無法顯示的問題（這是由於在 reload 時修改了標準輸出 stdout）。

```
01    import sys
02    stdi, stdo, stde = sys.stdin, sys.stdout, sys.stderr
03    reload(sys)
04    sys.setdefaultencoding('utf8')  # 設定字元集
05    sys.stdin, sys.stdout, sys.stderr = stdi, stdo, stde  # 重置標準輸入輸出
```

使用 urllib 函數庫抓取網頁，使用 html2text 函數庫將 HTML 轉成 MarkDown 格式。

```
01    import html2text
02    import urllib
03
04    html=urllib.urlopen('https://blog.csdn.net/xieyan0811').read()
      # 讀取檔案內容
05    print(html2text.html2text(html))
```

網頁轉換的另一種方式是忽略超連結，使轉換後的內容更接近純文字。

```
01    h=html2text.HTML2Text()
02    h.ignore_links=True    # 忽略超連結
03    print(h.handle(html))
```

5.5 選擇資料儲存方式

本章介紹了資料檔案、資料庫，以及資料倉儲的讀寫方法。那麼，當我們需要儲存資料時，應該如何選擇呢？下面將對各種儲存方法的使用場景做簡要的整理。

如果要儲存的資料是訓練好的機器學習模型，一般使用 joblib 儲存 PKL 檔案；如果是深度學習模型，一般使用 HDF5 檔案儲存。

如果要儲存 Python 中各種類型的資料和結構，一般使用 PKL 檔案。

如果需要儲存的是檔案，要看使用者是一個還是多個，是在一台機器上使用還是供多台機器使用。如果供多人多機使用，就推薦使用資料倉儲 S3 或 Hadoop 的 HDFS 儲存；如果單機使用，則可根據其格式選擇本機檔案儲存方式，如 TXT，XML，Json 等。

如果需要傳資料檔案給其他人，則要根據他人使用的開發工具來選擇 PKL，CSV 或 Excel。

如果需要儲存相對複雜的資料表，當只有自己使用且資料量較小時，可選擇 Sqlite，DSV 或 PKL 儲存；如果資料量較大或供多人多機存取，則可以使用 Mysql，SQLServer 等資料庫工具；如果資料量非常大，或有關 Map/Reduce 計算，則建議使用資料倉儲。

當資料為 key/value 類型或待儲存的內容以文字為主且需要對文字內容索引和高速查詢時，推薦使用 ElasticSearch。

資料前置處理

對資料採擷來說，資料處理和模型預測同樣重要。在實際工作中，能取得的資料來源可能是成百上千的資料庫和表，以及網際網路上難以記數的網頁和資料。在很多領域中，由於開始階段無法精確地定義問題和問題相關的資料範圍，也無法判斷演算法是否能解決該問題，因此目標和路徑都需要在資料探索中逐步定位和修正。可以說，資料採擷過程是螺旋上升的。

資料前置處理是在資料分析和建模前對資料所做的處理，包含轉換、清洗、精簡、聚合、抽樣等。資料前置處理一方面把資料清洗乾淨，另一方面把資料整理得更加有序，決定了後期資料工作的品質。下面介紹前置處理的步驟及方法。

第 5 章介紹了資料取得的主要通道有爬蟲從網路上抓取、他人以檔案形式提供、以介面形式提供、直接從資料庫讀取等。其中，Web 介面和大類型資料庫提供的資料品質都比較高，機器裝置自動抓取的資料比手動輸入的品質高，而爬蟲抓取和從資料檔案中讀取的資料需要更多的前期前置處理。

6.1 資料類型識別與轉換

在資料處理中，常用的資料類型有字元型、日期型、整數、浮點數、列舉型，不同的類型對應不同的資料統計和分析方法。舉例來說，對日期型做時序分析；對整數和浮點數做平均值、方差、分位數及 T 檢驗；對列舉型做 F 檢驗；

對字元型判斷其關鍵字出現的頻率等。實際的分析方法將在第 7 章資料分析中介紹。

在分析和處理資料前,先要確定資料的類型,而擷取到的資料常常不能提供準確的類型資訊。舉例來說,雖然資料庫可以支援類型及長度的嚴格定義,但在實際操作中,考慮到可擴充性,很多資料仍將字串作為主要儲存形式;雖然 Excel 也可以定義資料類型,但更多的時候,使用者只關注資料顯示是否正常,而從 Web 介面和網路上抓取的資料其本身就是字串。

下面使用 Python 提供的方法,透過對欄位中資料的統計分析,估計其實際類型並進行資料轉換。

6.1.1 基本類型轉換

資料統計和模型訓練都對資料有一定的要求,下面將透過範例介紹不同資料類型間的轉換。首先,建置實驗資料集。

```
01    import pandas as pd
02    import numpy as np
03    dic = {
04        'string': ['dog', 'snake', 'cat', 'dog', 'monkey', 'elephant'],
05        'integer': [2000, 2000, 2001, 2002, 2003, np.nan],
06        'float': [1.5, 1.5, 1.7, np.nan, np.nan, 8.3],
07        'dtime': ['2018-01-01', '2018/01/02', '2018-01-03', '2018-01-04',
                    '2018-01-05', np.nan],
08        'mix': [1, 1, 0, '+', 0, 1],
09        'classify': ['A', 'B', 'A', 'B', 'A', 'A']
10    }
11    data = pd.DataFrame(dic)
12    print(data.dtypes)
13
14    # 執行結果:
15    classify      object
16    dtime         object
17    float         float64
```

```
18    integer      float64
19    mix          object
20    string       object
```

使用 DataFrame 的 dtypes 方法可以檢視欄位類型，從執行結果可以看出，時間和分類被識別成 object，字串與整數混合的欄位也被識別成 object。由於出現了遺漏值，整數被識別成浮點數。

```
01    data['dtime'] = pd.to_datetime(data['dtime'], infer_datetime_format=True)
```

使用 Pandas 的 to_datetime 函數可將欄位轉換成時間類型，設定參數 infer_datetime_ format=True 可自動識別時間格式，缺點是速度較慢。

```
01    data['mix']=pd.to_numeric(data['mix'],errors='coerce')
```

使用 Pandas 的 to_numeric 函數可將欄位轉換成數值類型，設定 errors='coerce'。如遇到不能轉換的資料，則指定為空值。

```
01    data['classify']=pd.Categorical(data['classify'])
```

使用 Pandas 的 Categorical 函數可將欄位轉換成分類類型。

```
01    data['float']=data['float'].astype(np.float32)
```

簡單的類型轉換可以使用 astype 函數實現。另外，如果資料中含有空值，則不能被識別為 int 類型，字串在 DataFrame 中被表示為 object 類型。

6.1.2 資料類型識別

以上介紹的是最簡單的類型轉換方法，一般用於已知欄位含義或類型的情況。但更常見的情況是，欄位較多且一些欄位含有雜訊資料，如本例中的 mix 欄位。在這種情況下，可以先取該欄位中的一些資料（如抽樣 1000 筆），判斷其大多數資料的類型，然後進行強制轉換。雖然該做法可能會造成識別錯誤，但可用於快速處理大量未知資料的情況。下面以判斷 float 類型為例來示範類型識別。

```
01    def is_float(val):                      # 判斷單值是否為float類型
02        if isinstance(val, float):
03            return True
04        try:
05            if val != val:                    # 判斷是否為空值
06                return False
07            float(val)
08            return True
09        except:
10            return False
11
12    def check_float(arr, debug = False):     # 判斷陣列是否為float類型
13        count = 0
14        for i in arr:
15            if i != i:
16                continue
17            if is_float(i):
18                count += 1
19        if debug:
20            print("num count", count, len(arr))
21        if count >= len(arr) / 2:
22            return True
23        return False
24
25    for i in data.columns:                   # 檢查所有欄位
26        unique = data[i].unique()
27        print(i, check_float(unique))"
```

程式檢查了 DataFrame 中的所有欄位，並檢視了它們是否可能為數值型態，
其中 is_float 檢查一個變數是否可被成功轉換成 float 類型；check_float 檢查陣
列中是否有一半以上資料可轉換成 float 類型，如果超過一半，則將該欄位整
體識別為 float 類型。

6.2 資料清洗

資料清洗是識別並校正資料中的錯誤，包含對遺漏值、異常值、重複值的處理。

6.2.1 遺漏值處理

資料缺失有兩種情況：一種是整行或整列缺失，另一種是某行或某列的部分資料缺失。整行缺失一般不會放入資料集；整列缺失常常是由於在建表時先定義好特徵（欄位），而填充時卻未插入有效資料造成的，這樣的列很容易分辨，一般是整體為空值或整體為預設值。

首先，建立範例資料集。

```
01   import pandas as pd
02   import numpy as np
03
04   dic = {
05       'state': ['Ohio', 'Ohio', 'Ohio', 'Ohio', 'Nevada', 'Nevada'],
06       'year': [2000, 2000, 2001, 2002, 2003, 3456],
07       'score': [1.5, 1.5, 1.7, np.nan, np.nan, 8.3],
08       'desc': [np.nan, np.nan, np.nan, np.nan, np.nan, 3],
09       'val1': [1, 1, 0, '+', 0, 1],
10   }
11   data = pd.DataFrame(dic)
```

然後，檢視 desc 中資料的設定值情況。

```
01   print(data['desc'].nunique())           # 不同設定值個數
02   print(data['desc'].unique())            # 不同設定值串列
03   print(data['year'].value_counts())      # 不同設定值出現次數
```

nunique 函數統計除空值外不同設定值的個數，unique 函數以陣列的形式傳回該欄位的不同設定值。當某欄位設定值全部為空，或只有一種設定值時，該列一般無統計意義，在資料處理時去掉即可。value_counts 函數傳回不同值出現的次數。

行列中部分資料缺失的情況比較常見，一般處理方法有捨棄、填充、標記遺漏值、不做處理。

第一種方法是捨棄缺失資料所在的行或列，常用於當該行或該列的缺失資料非常多且其中的有效值沒有統計意義時，但需要注意，任何刪除都會帶來資料損失，要謹慎處理。

```
01    print(data['desc'].isnull())                    # 是否缺失
02    print(data['desc'].isnull().any())              # 是否含有任意缺失
03    print(data['desc'].isnull().all())              # 是否全部缺失
04    print(data['desc'].isnull().sum(), len(data))   # 空值個數與記錄個數
05    print(data.dropna(axis=1, how='all'))
```

isnull 函數用於檢查資料是否缺失，並傳回每個記錄是否為空（True/False）。當資料存在一個以上空值時，isnull().any() 為 True；當全部為空時，isnull().all() 為 True；isnull().sum() 可傳回空值個數，將該值和記錄總數比較可計算出缺失比例。

dropna 函數用於刪除 DataFrame 中所有包含空值的行或列，其中參數 axis 指定行 / 列，how 指定刪除方法，all 刪除所有值都為空的行 / 列，any 刪除包含空列的行 / 列。而直接用 dropna 函數刪除表中所有空資料的情況很少出現，一般是分別統計每一列（或行）的實際情況，如需刪除則用 drop 函數分別處理。

第二種方法是資料填充，一般使用該特徵（欄位）的統計值填充空值資料。對於數值類型資料，常用預設值、平均值、加權平均值、中值、眾數、內插、經驗值等方法填充；對於分類資料，常用類別最多的分類填充。我們還可以使用模型預測的方法填充空值，實際方法是把其他欄位作為引數，缺失欄位作為因變數，用不缺失的記錄訓練模型，然後對缺失資料預測其遺漏值。另外，也可以使用在有效值範圍內隨機取出等方法進行插補。

```
01    print(data['score'].fillna(data['score'].mean()))
```

fillna 函數用於空值填充，是填充資料最常用的方法，本例中使用該列平均值填充列中的空值。

```
01    print(data['score'].fillna(method='ffill', limit=1))
```

鄰近值填充,其中 ffill 為用該記錄之前該列的值填充,bfill 則是用該記錄之後該列的值填充,limit 為限制個數。如果指定用之前的值填充,而前一個值也為空且 limit 設定為 2,則用前兩行的值填充。鄰近值填充多用於處理時序資料,這是由於時間臨近的設定值常常更為相似。

```
01    print(data.interpolate(mdthod='polynomial', order=2))    # 二次多項式內插
02    print(data.interpolate(mdthod='spline', order=3))        # 三次樣條內插
```

內插填充是根據缺失資料的前後資料使用線性或非線性方法填充未知資料。它適用於前後連續的資料,如時序資料。如果缺少某兩天的資料,函數就會用其他資料按順序擬合直線(或曲線),以估計這兩天的資料。

```
01    from sklearn.preprocessing import Imputer
02    imp =Imputer(missing_values="NaN", strategy="most_frequent",axis=0 )
03    data["score"]=imp.fit_transform(data[["score"]])
```

Sklearn 函數庫也提供了遺漏值的填充方法 Imputer。本例中使用了眾數填充,即用出現次數最多的數來填充,其也是比較常用的填充方法。

第三種方法是標記遺漏值。舉例來說,可將字元類型的遺漏值全部填充為「未知」,數值型的填充為 "-1",類別資料可增加新的「未知類別」,即把未知身為新的設定值。此方法一般用於無法對遺漏值做出預測的情況。

```
01    print(data['score'].fillna(-1))
```

第四種方法是不做處理。由於一些模型和分析方法支援部分為空的資料,因此此時不做處理也不影響後續操作。

綜上,在資料缺失的情況下,先要判斷整體資料量及資料缺失比例。如果缺失太多則捨棄該行或該列,在可以使用統計方法填充時儘量使用統計方法填充。如果無法統計,則使用標記遺漏值的方法,當遺漏值不影響後續分析和處理時,也可以先不對遺漏值做處理。

6.2.2 異常值處理

造成異常值的原因很多，可能是硬體裝置問題或由人工輸入錯誤導致，也可能由前期處理邏輯引發，還可能資料本身是正確的，所謂「異常」是指與正常值有差異，並不一定是錯誤的，如促銷活動導致的銷售量高漲，其不但是正確資料，而且更應該引起重視。下面主要討論由錯誤產生的異常資料。

對異常值通常需要先識別再處理，其中識別最為重要。常見的異常值有單位不一致、不符合資料範圍、類型不一致、同一種資料多種描述方式、邏輯錯誤、離群點等。

單位不一致常見於身高、體重及其他計量單位的差異，如身高 160 公尺，針對這種情況可以判斷設定值是否在正常範圍內。

```
01    print(data.query('year<2050'))
02    print(data[data['year']<2050])
```

使用 DataFrame 的 query() 函數可篩選出符合條件的所有記錄，第 2 行的過濾敘述也能達到同樣的效果。

資料類型不一致的大多數問題可以使用前面介紹的類型轉換方法處理，其中最常見的是大多數都為一種類型，少數為另一種類型。舉例來說，年齡大多數為數字，其中有一項為「58（歲）」，此時可根據該欄位的正常資料類型篩選出異常值，並進行轉換。

對一種資料的多種描述，例如性別可能被描述成「男 / 女」、「M/F」、「1/2」等、對序號的阿拉伯數字及羅馬數字的描述、等級資料中的大於或小於等，這種情況就需要設定轉換規則並撰寫正規表示法或程式轉換，簡單的轉換常用 lambda 運算式實現。

```
01    data['val1'] = data['val1'].apply(lambda x: 1 if x == '+' else x)
```

邏輯錯誤是比較難判斷的一種錯誤，需要加入更多規則，例如某一男性的病歷中出現了女性器官的檢查結果，又如時間的前後顛倒，這些都只能依賴撰寫規則檢查。

還有一種常見問題是離群點，離群點不一定是錯誤資料，但在後期分析和建模時可能會將統計或模型「帶偏」。舉例來說，大多數資料值在 0 至 10 範圍以內，而有一個值為 40，如果用所有資料做散點圖，就能看到資料的差異，如圖 6.1 所示。

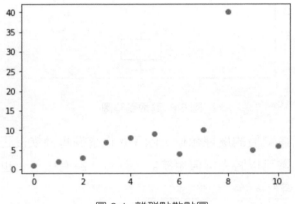

圖 6.1　離群點散點圖

在這種情況下，箱圖可以過濾出其離群點。在特徵很多的情況下，最好用程式過濾出可能含有異常值的特徵。當已知資料規則的情況下，可使用規則判斷；在沒有資料規則的情況下，可嘗試統計模型判斷（如平均值、標準差、分位數），以分群為基礎的方法、密度方法及模型方法；在資料量非常大的情況下，可以先抽樣統計，然後篩選異常值。

```
01    arr = [1,2,3,7,8,9,4,10,40,5,6]
02    plt.boxplot(arr)
03    plt.show()
```

使用 boxplot 繪製箱圖是最常用的離群點檢測方法，如圖 6.2 所示。

另外，分位數 numpy.percentile 函數也是常用的判斷離群點的方法。至於說多少資料量、差異多大才被視為離群，則需要設計實際邏輯實現。常見的計算離群點的方法是先計算 IQR =Q3−Q1，即上四分位數與下四分位數之差，也就是盒子的長度，然後計算最小觀測值 min = Q1−1.5*IQR、最大觀測值 max = Q3+1.5*IQR，將超出最小觀測值到最大觀測值範圍的資料視為離群點。

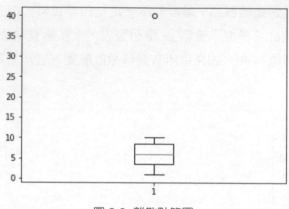

圖 6.2 離散點箱圖

異常值的處理同遺漏值的處理類似，除了可以透過轉換恢復正常資料，可以刪除異常資料，還可以將異常值用統計方法取代為有效值，也可以設定異常標記或保留異常資料。

6.2.3 去重處理

資料重複不一定會影響資料處理，如在樣本分佈不均勻時，常常透過複製實例的方式主動產生重複資料供模型使用。這裡討論的去重處理是去除影響正常處理或無用的重複資料。

重複資料經常是在擷取、儲存、處理過程中，由於錯誤邏輯、驗證審核機制不增強導致的。重複資料常見的情況有兩筆資料完全一致，或兩筆資料具有同樣的「唯一索引」。對於索引號衝突的問題，可以使用覆蓋策略，或在該情況發生時轉交人工處理，以免誤刪資料。對於兩筆資料完全一致且需要去重的情況，可以使用 DataFrame 提供的 drop_dupliates 函數。

```
01   print(data.drop_duplicates(keep='last'))
02   print(data.drop_duplicates(keep='last', subset='year'))
```

本例中，drop_duplicates 函數設定了 keep='last'，即在遇到重複記錄時只保留最後一筆；drop_duplicates 函數還支援參數 subset 對指定列去重，如第 2 行的程式是刪除年份重複的記錄，用此方法可以實現簡單的按年取樣功能。

6.3 資料精簡

資料精簡是在確保資料資訊量的基礎上，盡可能精簡資料量。篩選和降維是資料精簡的重要方法，尤其是在資料量大且維度高的情況下，可以有效地節省儲存空間和計算時間。反之，當資料量不多，或現有儲存和運算資源能滿足分析和預測時，不一定需要降維，因為任何的精簡都會造成資料損失。

除了減少資料量，特徵篩選的另一個好處是能去掉干擾特徵。有時候在加入新特徵後，在訓練集上的準確率加強了，而在測試集上的準確率卻降低了，這種情況在小資料集中最為常見，主要是由於無效特徵的干擾使模型對訓練集過擬合，反而使模型效果變差。可見，特徵並不是越多越好。總之，降維不是資料前置處理的必要過程，是否降維主要取決於資料量，以及降維後對預測效果的影響。下面主要介紹資料精簡的四種途徑。

6.3.1 經驗篩選特徵

根據經驗篩選特徵是利用企業專家的經驗篩選有效特徵，去掉無關特徵，或在更早期的資料獲取階段對特徵的重要性和廣度進行取捨。

有一次，筆者在處理醫療檢驗結果時，獲得了 5 種檢驗單，共 70 多個指標。而進一步的資料分析需要人工整理歷史資料，如果指標太多則會使工作量倍增。於是透過前期分析資料訓練 GBDT 模型，選取了模型輸出的特徵貢獻度最高的前 20 個特徵，將其代入模型訓練，但訓練後效果變差很多。之後在與醫生討論該問題時，醫生從中篩選了不到 10 個重要特徵，訓練之後，效果只是略有下降，於是最後使用了醫生的經驗特徵方案。

在特徵較多的情況下，由於很多時候無效特徵或相關特徵干擾了模型，這時如果使用一些專家的經驗就能節省大量的算力和時間成本，因此特徵選擇是人類經驗和演算法結合的重點之一。

該方法的效果主要取決於開發人員和專業人士對業務的了解程度。

6.3.2　統計學方法篩選特徵

利用統計學方法篩選特徵包含去除缺失資料較多的特徵、去除設定值無差異的特徵、去除有統計顯著性的分類特徵，以及透過資料分析保留與目標變數相關性強的連續特徵。

在篩選特徵時，使用最多的統計方法是假設檢驗，其核心思想是在比較每個引數 x 的不同設定值時，因變數 y 的差異。對於引數和因變數同為連續特徵的情況，一般分析其是否為線性相關，即是否具有同增、同減的性質，該方法也用於去除相關性強的引數。若兩個引數功能相似，則去掉其中一個。

對引數或因變數是離散值的情況，可用離散值分類統計每一種別的資料是否具有統計性差異。舉例來説，當引數為性別、因變數為身高時，可比較男性身高與女性身高的差異，其中比較其平均值是最簡單的方法。還需要考慮不同類別實例個數的差異，以及不同類別的分佈差異，如是否為高斯分佈、方差等，實際方法將在第 7 章資料分析中詳細介紹。

統計分析可以透過 Python 協力廠商函數庫提供的方法實現，比較簡單快速，可以一次性處理多個特徵。但也有一些問題，如在相關性分析中不能識別非線性相關，這樣就有可能去掉一些有意義的特徵。

6.3.3　模型篩選特徵

由於大多數模型在訓練之後都會回饋特徵優先順序（feature_importance），因此，一種利用模型篩選特徵的方法是保留其重要性最高的前 N 個特徵，同時去掉其他特徵進行資料篩選。但由於演算法不同，模型計算出的特徵重要性也不盡相同，因此篩選之後需要再代入模型，在確保去掉的特徵不影響預測效果的前提下做篩選。當資料量較大時，可以先選擇一部分資料代入模型進行特徵選擇。

另一種利用模型篩選特徵的方法是隨機選取或隨機去除特徵，不斷嘗試，以近乎窮舉的方法做特徵篩選，該方法一般用於小資料集且算力足夠的情況。

本例使用 Sklearn 附帶的鳶尾花資料集，將其代入決策樹模型並在訓練資料之後，透過模型中的 feature_importances_ 檢視各個特徵對應的權重。

```
01    from sklearn.datasets import load_iris
02    from sklearn import tree
03
04    iris = load_iris()
05    clf = tree.DecisionTreeClassifier()
06    clf = clf.fit(iris.data, iris.target)
07    print(clf.feature_importances_)
08
09    # 執行結果
10    # [0.02666667 0.          0.05072262 0.92261071]
```

從執行結果可以看出，第四維特徵的重要性最高，第二維特徵對預測因變數 iris.target 的重要性為 0。

6.3.4 數學方法降維

PCA 和 SVD 等數學方法也是降維的常用方法，它們的主要思想是將相關性強的多個特徵合成一個特徵，在損失資訊較少的情況下有效減少維度，主要用於降低資料量。使用該類別方法的問題在於，轉換後的特徵與原特徵的意義不同，即損失了原特徵的業務含義。

本例中使用 Sklearn 附帶的 PCA 工具實現 PCA 降維，資料為 Sklearn 附帶的鳶尾花資料集，利用 Matplotlib 和 Seaborn 工具繪圖。

```
01    from sklearn.decomposition import PCA
02    from sklearn import datasets
03    import pandas as pd
04    import numpy as np
05    import matplotlib.pyplot as plt
06    import seaborn as sns
07    %matplotlib inline                    # 僅在 jupyter notebook 中使用
```

鳶尾花資料集包含四維引數，使用 DataFrame 的 corr 函數產生特徵間的皮爾森相關係數矩陣，然後使用 Seaborn 對該矩陣做熱力圖。

```
01   iris = datasets.load_iris()
02   data = pd.DataFrame(iris.data, columns=['SpealLen', 'SpealWid',
03                           'PetalLen', 'PetalWid'])
04   mat = data.corr()
05   sns.heatmap(mat, annot=True, vmax=1, vmin=-1, xticklabels= True,
06           yticklabels= True, square=True, cmap="gray")
```

熱力圖結果如圖 6.3 所示。

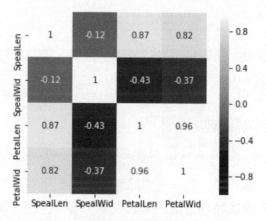

圖 6.3 鳶尾花特徵相關係數熱力圖

相關係數設定值範圍為 [-1,1]，其中趨近於 1 為正相關、趨近於 -1 為負相關、趨近於零為非線性相關。可以看出，其中除了 SpealWid，其他三個特徵均呈現較強的正相關，即將四維變數降成二維變數。

```
01   pca = PCA(n_components=2)
02   data1 = pca.fit_transform(data)
03   print(data1.shape)
04   print(pca.explained_variance_ratio_'
05       pca.explained_variance_ratio_.sum())
06   plt.scatter(data1[:,0], data1[:,1], c = np.array(iris.target),
07           cmap=plt.cm.copper)
```

透過 PCA 方法降維後，從 data1.shape 中可以看到原來的 150 筆記錄和 4 個特徵資料轉換成為 150 筆記錄和兩個特徵。其中，explained_variance_ratio_ 顯示降維後各維成分的方差值佔總方差值的比例，該百分比越大說明該成分越重要；explained_variance_ratio_.sum 累加降維後所有成分之和，其越趨近於 1，說明降維帶來的資料損失越小。用二維資料作圖，顏色標出其分類，可以看到降維後的資料將因變數 iris.target 成功分類，如圖 6.4 所示。

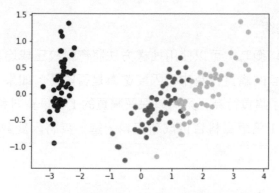

圖 6.4　降維後的二維資料將因變數分類

當資料維度很多、不能確定降成多少維度合適時，可將 n_components 的值設定為 0～1，這樣程式將自動選擇維度，使降維後各成分的 explained_variance_ratio_ 之和不低於該比例。如果將 n_component 的值設定為大於 1，則是設定轉換後的維度。

6.4　資料抽樣

下面將介紹資料抽樣，即篩選資料記錄（行）的場景和方法。在以下幾種情況下，一般需要資料抽樣。

1. 資料量過大

有時，我們可以取得巨量的資料，如用爬蟲方法從網際網路上抓取，或取得前 N 年的資料，而過大的資料量將增加統計分析建模的時間和計算量，而且在一般巨量資料中資料的含義都有重疊，有時用一萬筆資料和十萬筆資料訓練出的模型的精準度差別不大。

因此，這時就需要從大量資料中選取一部分進行分析處理。此時，需要注意抽樣方法。對於不同時間產生的資料，如果要關注時間相關趨勢，則需要在各個時間點附近均勻抽樣；如果更重視近期情況，則可忽略掉早期的歷史資料。

2. 樣本分佈不均衡

當因變數分佈不均衡時，可以使用抽樣方法將資料校正成均衡資料。舉例來說，在分析使用者的購買行為中，因變數為是否購買。如果 100 萬筆記錄中只有 1 萬筆發生了購買行為，則可以保留購買的 1 萬筆資料和從 99 萬筆未購買的資料中取出 1 萬筆資料合併成新資料，進一步將因變數的分佈從 1：99 調整成 1：1。

3. 快速驗證

在資料分析的早期常常需要分析資料類型及其分佈，而在大多數情況下只需要幾千筆資料就可以為其定性。另外，有時需要在每個分類中選取一個或幾個樣本代表該類別。

下面主要介紹幾種常用的資料抽樣方法。

6.4.1 簡單隨機抽樣

簡單隨機抽樣（simple random sampling）是所有抽樣的基礎，是指隨機地從整體中取出 n 個樣本，每個實例被抽中的機率相等，是最常用的抽樣方法。舉例來說，在訓練模型時，隨機取出 80% 的資料作為訓練集，20% 的資料作為測試集。

下例中使用 Statsmodels 資料分析工具附帶的 anes96 美國大選資料集，共 944 個資料，從中隨機取出 50 筆作為樣本。

```
01   import statsmodels.api as sm
02   import pandas as pd
03
04   data = sm.datasets.anes96.load_pandas().data
05   df = data.sample(50)
```

6.4.2 系統抽樣

系統抽樣（systematic sampling）也稱為等距抽樣，即先將所有資料按一定規則排序，再按同等間隔從中取出資料。需要注意的是，對時序資料要謹慎使用此方法。舉例來說，每天一筆記錄並按時間排序，如果按每十天取出一筆資料，就會損失資料中與星期相關的時間週期性。

在下例中，按記錄順序從每十筆記錄中取出一筆記錄產生新資料集。

```
01   index_list = [i for i in range(len(data)) if i % 10 == 0]
02   df = data.iloc[index_list]
```

6.4.3 分層抽樣

分層抽樣（stratified sampling）是指先按某種規則將樣本劃分為幾個群，然後使用隨機抽樣或系統抽樣的方法從每個群中取出資料。舉例來說，從全國資料的每個省中分別取出 20 筆資料，就可以用此方法實現對不同類別樣本的均衡抽樣。

下例中先按 vote 特徵對資料集分組，然後從每組中取出實例。在 vote 為 0.0 的資料中取出 35% 的資料，在 vote 為 1.0 的資料中取出 50% 的資料，再用兩組資料合成新的資料集。

```
01   def typicalSampling(grp, typicalFracDict):
02       name = grp.name
03       frac = typicalFracDict[name]
04       return grp.sample(frac=frac)
05
06   typicalFracDict = {
```

```
07        0.0: 0.35,
08        1.0: 0.5,
09    }
10    df = data.groupby('vote').apply(typicalSampling, typicalFracDict)
```

6.4.4 整群抽樣

整群抽樣（cluster sampling）是指先按某種規則將樣本劃分為幾個群，然後將群的整體作為單位抽樣，如在全國資料中取出其中幾個省所有的資料。

下例中先按 income 特徵分為 24 組（unique=24），然後從 24 組中隨機取出兩組並分析它們的所有資料，合併後產生新的資料集 df。

```
01    unique = np.unique(data['income'])
02    sample = random.sample(list(unique),2)
03    df = pd.DataFrame()
04    for label in sample:
05        tmp = data[data['income']==label]
06        df = pd.concat([df, tmp])
```

6.5 資料組合

在資料採擷過程中，一般是將不同資料庫和表中有關的資料篩選出來，組合成一張表後再進行分析和建模。當面對巨量資料、成百上千張資料表時，需要先確定資料的組織形式和對資料的取捨。從業務角度來看，分析人員對領域知識和業務邏輯的了解尤為重要；從技術角度來看，組合之前先要選取主鍵，根據不同的應用場景可能是索引值，也可能是最後關注的因變數。在不能確定後期是否需要某些欄位的情況下，一般採用寧多勿少的原則。

資料組合多用於多個資料表合成一張表，分為水平組合和垂直組合。如果原始資料儲存在資料庫中且資料量較大，建議直接使用 SQL 語言組合資料，這相對於使用 Python 中的 DataFrame 操作更加高效和節省資源，也省去了

Python 讀寫資料庫的操作。如果想利用 Python 排程，則可以使用 Python API 呼叫 SQL 敘述的方法操作資料庫，對不同資料庫的操作方法詳見第 5 章。

少量資料的組合可以使用 Python 的 DataFrame 提供的工具，常用函數是 merge 和 concat。下面透過程式的方式介紹它們的使用方法。

6.5.1 merge 函數

merge 函數根據兩個表中相同的一列或多列主鍵水平合併成兩張表，合併之後，列數變為兩表列數之和。

```
01   df1 = pd.DataFrame({'id': [1, 2, 3], 'val1': [2, 4, 6]})
02   df2 = pd.DataFrame({'id': [3, 2, 2], 'val2': [9, 6, 5]})
03   print(pd.merge(df1, df2, how='left'))
04   # 執行結果
05   #     id  val1   val2
06   # 0   1     2    NaN
07   # 1   2     4    6.0
08   # 2   2     4    5.0
09   # 3   3     6    9.0
```

merge 函數預設使用兩張表中名稱相同的列的 id 作為主鍵合併資料表，合併方式 how 用於指定當兩張表中的鍵不重合時的處理方式。本例中指定為左外連接，還可以指定為 inner 交集（內連接）、outer 聯集（外連接）和 right 右外連接。本例中，右表沒有 id=1 的記錄，合併後對應的值被置為空值。對於左表中出現一次和右表中出現兩次的 id=2，在新表中也出現了兩次。常用的參數還有 left_on 和 right_on，它們主要用於合併主鍵名稱不一致的資料表。

6.5.2 concat 函數

concat 函數用於指定某一軸連接，既可以水平連接也可以垂直連接，其中參數 axis 指定連接的軸向，join 選擇 inner 交集（內連接），outer 選擇 inner 聯集（外連接）。在垂直連接時，兩張表（或多張表）的欄位常常是一致的，連接

後列數不變，行數為兩張表行數之和；在水平連接時，按照列的順序連接兩
張表。

```
01   df1 = pd.DataFrame({'id': [1, 2, 3], 'val1': [2, 4, 6]})
02   df2 = pd.DataFrame({'id': [3, 2, 2], 'val2': [9, 6, 5]})
03   print(pd.concat([df1, df2]))
04   # 執行結果
05   #    id  val1  val2
06   # 0  1   2.0   NaN
07   # 1  2   4.0   NaN
08   # 2  3   6.0   NaN
09   # 0  3   NaN   9.0
10   # 1  2   NaN   6.0
11   # 2  2   NaN   5.0
12   print(pd.concat([df1, df2], axis=1))
13   # 執行結果
14   #    id   val1  id  val2
15   # 0  1    2     3   9
16   # 1  2    4     2   6
17   # 2  3    6     2   5
```

本例中兩張表的內容與上例中的一樣，但連接結果不同。第一個連接為垂直
連接，即第二張表被連接到第一張表之後，未找到的列被置為空值；第二個
連接為水平連接，concat 指令對第二張表中的列未做處理，直接增加到了第一
張表的右側。

相對於 merge 函數，concat 函數是較為簡單的連接方法，可以支援兩張及兩張
以上表的連接，通常用於行（或列）一致的表間連接。

6.6 特徵分析

有時候還需要建置新特徵，其中數值型特徵常使用數值運算的方法；分類特
徵常使用 OneHot 編碼，將一維特徵展開成為多維布林型特徵；字元型特徵常
使用分詞後分析關鍵字的方法。

6.6.1 數值型特徵

透過公式計算新特徵，如使用身高、體重計算 BMI 值（身體質量指數）：

```
01   dic = {'height': [1.6, 1.7, 1.8],
02        'weight': [60, 70, 90]}
03   data = pd.DataFrame(dic)
04   data['bmi'] = data['weight'] / (data['height'] **2)
```

透過判斷邊界值將連續特徵轉換成離散特徵：

```
01   data['overweight'] = data['bmi'] > 25
```

透過字典對映方式轉換特徵類型：

```
01   data['overweight'] = data['overweight'].map({True:'Yes', False:'No'})
```

6.6.2 分類特徵

分類特徵有兩種表示方法：一種是字元型，如「第一組 / 第二組 / 第三組」；另一種是數值型，如 "1/2/3"，有些機器學習方法不支援字元型特徵（如 Sklearn 提供的大部分方法）。另外，當分類特徵（非排序型特徵）的每個設定值之間沒有大小關係時，即使用數值型描述代入模型，但使用決策樹或線性回歸演算法都不合理，如產生判斷節點「若組別小於第四組則……」，這種情況一般使用熱獨編碼方式轉換。

熱獨編碼（One-hot code）將類型轉為多個布林類型，如將一維特徵「組別」轉換成「是否為第一組」、「是否為第二組」等多維特徵。對於 DataFrame 資料，一般使用 Pandas 的前置處理工具實現，其中 factorize 函數標籤編碼是將類別轉為 0-N 的類別編碼；get_dummies 函數熱獨編碼是將一個特徵列轉為多個特徵列，新列為二值化編碼。

```
01   import pandas as pd
02   dic = {'string': ['第一組', '第二組', '第三組']}
03   data = pd.DataFrame(dic)
04   print(pd.factorize(data.string))                    # 轉換成數值型編碼
```

```
05    # 執行結果 (array([0, 1, 1]), Index(['第一組', '第二組'],dtype='object'))
06    data['num'] = pd.factorize(data['string'])[0]
07    df = pd.get_dummies(data['string'], prefix='組別') # 轉換成熱獨類型編碼
08    new_data = pd.concat([data, df], axis=1)
09    print(new_data)
10    # 執行結果
11    #      string   num  組別_第一組   組別_第二組
12    # 0    第一組      0    1          0
13    # 1    第二組      1    0          1
14    # 2    第三組      1    0          1
```

本例中先建置了以字元描述的類型特徵,然後使用 factorize 函數轉換類別編碼後傳回資料為元組,其第一個元素為轉換之後的類別編碼陣列,第二個元素為編碼對應的標籤。使用 get_dummies 函數將該特徵轉為熱獨編碼,傳回的資料為 DataFrame 格式,使用 prefix 參數可指定其特徵值字首,之後使用 Pandas 的 concat 函數將其與原 DataFrame 資料連接。

如果不使用 DataFrame,而只是對陣列等類類型資料熱獨編碼,則建議使用 Sklearn 提供的 LabelEncoder 和 OneHotEncoder,它們與 factoriz 函數和 get_dummies 函數的功能對應。

6.6.3　字元型特徵

文字是常見的資料描述方式,但其一般無法直接代入機器學習模型,而是需要將其轉換成數值型特徵。我們可以透過規則或其他模型轉換,如為字串的感情色彩評分產生新特徵,最為常見的是將一個字串特徵轉換成多個二值特徵,其中每個特徵都描述它是否含有某個關鍵字。

以關鍵字特徵為基礎的分析方法的優點是適用範圍廣、不需要重複編碼;缺點是只關注句中的點,而忽略了點與點之間的關係,尤其是對於伴隨、否定等關係,無法透過簡單邏輯取得。

轉換分為以下幾個步驟:首先,需要透過標點符號將文字切分成句,長句一般很少重複出現,短句可以身為關鍵字處理;然後,對於中文需要將字串分解

成詞，去除停用詞（在文字處理過程中被扔掉的詞，如中文的「的」、「地」、「得」），篩選出頻率較高或與資料處理相關的專用詞；最後，透過計算它們對因變數的影響程度，選取其中的關鍵字。

TF/IDF 演算法是使用頻率最高的關鍵字取出演算法之一，主要比較關鍵字在一種語料中存在的頻率與在整體語料庫中出現的頻率，相對來說更適合應用於因變數為二值型的分類演算法，實際原理和使用方法將在演算法章節中詳細介紹。

本例中使用了天池比賽：新浪微博互動預測 - 挑戰賽中的微博資料，其可以從比賽的詳情頁中下載。取其前 500 筆資料，將微博內容作為引數，按讚數作為因變數，在拆分關鍵字後，利用統計學方法比較是否包含關鍵字的不同微博內容（引數）對按讚（因變數：連續型或分類）影響的顯著性。

首先包含標頭檔，本例中使用了 jieba 分詞工具、re 正規函數庫以及統計工具 scipy.stats。

```
01   import pandas as pd
02   import numpy as np
03   from scipy import stats
04   import jieba
05   import re
```

由於關鍵字的單位設定為詞和短句，因此需要實現分句功能。本例中用中英文標點將長句切分為短句。

```
01   def do_split(test_text):
02       pattern = r',|\.|/|;|\'|`|\[|\]|<|>|\?|:|"|\{|\}|~|!|?
     |@|#|\$|%|\^|&|\(|\)|-|=|\_|\+|,|。|、|；|‘|'|【|】03     |·|！|  |…|（|）'
04       return re.split(pattern, test_text)
```

在所有字串資料中，需要分析短句（小於 50 個字元的串）、子句（標點符號切分的句）、單字（使用 jieba 工具分詞）以備查詢。在分詞時，使用 cut_all 參數設定為「全模式」，即取出所有可能的詞（可能重疊）。

```
01    def get_keywords(data, feat):
02        ret = []
03        data[feat] = data[feat].apply(lambda x: x.strip())
04        for i in data[feat].unique():
05            # 將短句作為關鍵字
06            if len(i) <= 50 and i not in ret:
07                ret.append(i)
08            # 將子句作為關鍵字
09            for sentence in do_split(i):
10                if len(sentence) <= 50 and sentence not in ret:
11                    ret.append(sentence)
12            # 將詞作為關鍵字
13            for word in jieba.lcut(i, cut_all=True):
14                if len(word) > 1 and word not in ret:
15                    ret.append(word)
16        return ret
```

過濾出現次數大於 limit 的關鍵字：

```
01    def check_freq(data, feat, keywords, limit):
02        ret = []
03        for key in keywords:
04            try:
05                if len(data[data[feat].str.contains(key)]) > limit:
06                    ret.append(key)
07            except:
08                pass
09        return ret
```

計算關鍵字的統計顯著性，本例中為從微博內容中分析出的詞語（如「搶紅包」）是否對因變數 Y（按讚）有影響。

```
01    def do_test(data, feat, key, y, debug=False):
02        arr1 = data[data[feat].str.contains(key) == True][y]
03        arr2 = data[data[feat].str.contains(key) == False][y]
04        ret1 = stats.ttest_ind(arr1, arr2, equal_var = False)
05        ret2 = stats.levene(arr1, arr2)
```

```
06        if ret1.pvalue < 0.05 or ret2.pvalue < 0.05:
07            return True
08        return False
```

撰寫介面函數，用於尋找關鍵字：

```
01  def check(data, feat, y):
02      ret = []
03      keywords = get_keywords(data, feat)
04      arr = check_freq(data, feat, keywords, 5)
05      for word in arr:
06          if do_test(data, feat, word, y):
07              ret.append(word)
08      return ret
09  # 讀取資料檔案的前500筆資料，其中第6個欄位是微博內容，第5個欄位為按讚次數
10  data = pd.read_csv('../15_nlp/weibo_train_data.txt', sep='\t',
11                     header=None, nrows=500)
12  print(check(data, 6, 5))
```

資料分析

當 無法做出高精確度的預測時，資料分析就顯得尤其重要，如透過統計分類指定義制定標準、給決策提供依據和參考。很多論文都是專業人士對本領域資料的統計分析，雖然這無法精確預測結果，卻能總結經驗和提供啟發。

資料前置處理是資料分析和建模的基礎，同時也在資料分析的過程中逐步推進。本章將介紹資料分析的常用方法，探討如何更加自動、智慧和快速地整理和分析資料。

資料分析需要掌握基本的統計學知識。統計學是應用數學的分支，利用機率論建立數學模型並對資料做出推斷和預測。資料分析一般包含統計描述和統計推斷兩部分。統計描述包含對資料的平均值、方差、分位數、空值百分比等資訊的歸納，相對比較簡單，透過它可以粗略地了解資料的概況。統計推斷一般是透過假設檢驗的方法計算資料的整體特徵，以及透過判斷 P 值得出定性的結論。

下面將從一個簡單的實例開始，介紹 Python 的資料分析函數庫並引用假設檢驗的概念，然後介紹統計分析最常用的幾種方法。

7.1 入門實例

從一個簡單實例開始：已知某小學三年級期末考試平均分為 92 分，又知道三年級六班 30 名同學各自的考試分數，求六班在三年級中是高於一般水平、低於一般水平，還是處於正常水平。如果把該問題對映到資料表中，則分數是因變數 Y，班級是列舉型的引數 X，目標是判斷當 X 為六班的分數時 Y 值與整體 Y 有沒有顯著差異。先看看統計結果和哪些因素有關：

首先，如果六班只有兩個人，則分數的隨機性就比較強，而由於六班有 30 個人，這就形成了一個相對穩定的群眾，更有統計意義，因此實例個數是重要因素。

其次，因為年級平均分為 92 分，如果六班的平均分為 65 分，那麼一定有差異，所以平均值是重要因素。

最後，如果六班有 1 個人得 0 分，其他人都在 95 分左右，那麼這和整體都在 90 ~ 95 分也有差異，因此方差（或標準差）也是重要因素。

將 1 個人得 0 分，其他人都得 95 分，代入計算公式如下：

$$t = \frac{\overline{X} - \mu_0}{S/\sqrt{n}} = \frac{91.867 - 92}{16.874/\sqrt{30-1}} = -0.043 \qquad (7\text{-}1)$$

這種問題使用單樣本 T 檢驗，它用於檢驗資料是否來自一致平均值的整體。

```
01   from scipy import stats
02   arr1 = [96,95,95,95,95,95,95,95,95,95,95,95,95,95,95,
03          95,95,95,95,95,95,95,95,95,95,95,95,95,95,95]
04   arr2 = [90,91,92,93,94,90,91,92,93,94,90,91,92,93,94,
05          90,91,92,93,94,90,91,92,93,94,90,91,92,93,94]
06   print(stats.ttest_1samp(arr1, 92))
07   print(stats.ttest_1samp(arr2, 92))
08   print((np.mean(arr1)-92)/(np.std(arr1)/np.sqrt(len(arr1)-1)))
09   print((np.mean(arr2)-92)/(np.std(arr2)/np.sqrt(len(arr2)-1)))
10
```

```
11    # 執行結果:
12    # Ttest_1sampResult(statistic=90.99999999999994,
      pvalue=3.4535367467972673e-37)
13    # Ttest_1sampResult(statistic=0.0, pvalue=1.0)
14    # 90.99999999999994
15    # 0.13026506712127553
```

ttest_1samp 的第一個參數是待檢驗的陣列,第二個參數為開發者估計的陣列平均值;傳回的第一個資料是統計值,第二個資料是查表得出的 p-value 結果。對於第一個陣列,pvalue=3.4535367467972673e-37 比指定顯示水準(一般為 0.05)小,就認為差異顯著,拒絕假設;對於第二個陣列,p-value=1.0 大於顯著水準,不能拒絕假設。程式的最後兩行是代入公式求得的 t 值,與函數計算的 t 值一致。

上面提到的統計值、p 值、顯著水準、假設等概念將在之後詳細介紹。

7.2 假設檢驗

假設檢驗是判斷樣本和整體之間或樣本與樣本之間的差異是由抽樣誤差引起的,還是由本質差異引起的統計推斷方法。其實際方法是先做出某種假設,再用抽樣研究的方法判斷該假設是否可被接受。

7.2.1 基本概念

1. 抽樣

如果整體樣本可以一個個判斷,叫作普查;如果整體樣本太多,無法一個個判斷,只能取一部分代表整體,叫作抽樣。舉例來說,如果一個班有 20 個人,則可以把所有人的身高加在一起除以人數來計算平均值。如果有 2 000 000 人,那麼就無法把所有人的身高都做統計再除以總數。在這種情況下,就取其中一部分計算其平均值,認為它們能代表全部。

2. 假設檢驗

統計假設指事先對整體參數（平均值、方差等）或分佈形式做出的某種假設，假設檢驗是利用樣本資訊來判斷假設是否成立。

3. 原假設與備擇假設

原假設又稱「零假設」或「虛無假設」，指待檢驗的假設，用 H_0 表示。上例中的原假設為考試分數呈正態分佈，且平均值為 92 分。備擇假設是與原假設對立的假設，用 H_1 表示。

4. 檢驗統計量

根據資料類型與分析目的選擇適當的公式計算出統計量，如上例中按公式計算出的 t 值，就是 t 檢驗的統計量。

5. P 值

P 值也稱為 p-value，Probability，Pr，可透過計算獲得的統計量查表獲得 P 值，它是一種在原假設為真的前提下出現觀察樣本及更極端情況的機率。舉例來說，上例中第一組資料平均分在 95 分左右，得出的機率值 p-value 是 3.4535367467972673e-37，即在原假設為真的前提下出現這種資料的機率非常小。

可以認為差異由兩部分組成：抽樣誤差引起的差異和本質區別引起的差異。因為 P 值表示抽樣誤差引起的差異，P 值越小說明資料與原假設本質差異就越大，原假設越可能被拒絕，所以 P 值表示對原假設的支援程度。

6. 顯示水準

顯示水準用 α 表示，常用的 α 值有 0.01，0.05，0.10，一般為 0.05。在統計學中，通常把在現實世界中發生機率小於 0.05 的事件稱之為「不可能事件」，顯示水準由研究者事先確定。針對上例中的 p-value<0.05，我們可以一定地拒絕提出的假設，這個拒絕是絕對正確的。如果 p-value>0.05，則我們不能拒絕假設，這並不是說原假設一定是正確的，而是說沒有充分的證據證明原假設不正確（有可能正確，也有可能不正確）。

7.2.2 假設檢驗的步驟

假設檢驗的基本步驟如下：

（1）確定問題，提出原假設和備擇假設。

（2）確定適當的檢驗統計量。

（3）規定顯示水準 α。

（4）計算檢驗統計量的值及對應的 P 值。

（5）做出統計判斷。

在做假設檢驗時，尤其是在呼叫函數庫函數進行檢驗時，最重要的是先確定原假設是什麼，才能知道如何判斷 P 值及其結果的意義。

7.2.3 統計分析工具

統計分析常用的工具有 SPSS，Stata，R，Python 等，在用 Python 語言做統計分析時，最常用的是 Scipy 套件中的 stats 模組和 Statsmodels 套件。Statsmodels 套件原來是 scipy.stats 的子模組 models，隨著功能的逐漸豐富後來移出成為獨立的函數庫。

scipy.stats 實現了較為基礎的統計工具，例如 T 檢驗、常態性檢驗、卡方檢定等。Statsmodels 提供了更為系統的統計模型，包含線性模型、時序分析，還包含資料集、作圖工具等。

7.3 參數檢驗與非參數檢驗

假設檢驗分為參數檢驗（Parametric tests）和非參數檢驗（Nonparametric tests）。當已知整體樣本的分佈（例如正態分佈），在根據樣本資料對整體分佈統計參數進行推斷的情況下，使用參數檢驗，如 T 檢驗、F 檢驗等；而在不知道整體樣本分佈的情況下，使用非參數檢驗，如卡方檢定、秩和檢驗等。

因此，在使用檢驗方法之前需要先確定整體分佈，其中最常用的是檢驗樣本分佈的常態性和方差齊性。

7.3.1 常態性檢驗

1. 正態分佈

先來看看正態分佈的含義，如女性的身高一般在 160cm 左右，150cm 和 170cm 的比較少，140cm 和 180cm 的更少。如果把身高作為橫軸、人數作為縱軸畫圖，則可以看到一個中間高兩邊低的鐘形曲線，也就是正態分佈（Normal distribution）又稱為高斯分佈（Gaussian distribution），如圖 7.1 中的左圖所示。其期望值 μ 決定了分佈的位置，標準差 σ 決定了分佈的幅度。

再看看非正態分佈，如人的空腹血糖一般為 4～6，血糖高於 6 的較多，而低於 3 的卻很少，作圖後發現一邊多一邊少，這就是非正態分佈，如圖 7.1 中的右圖所示。

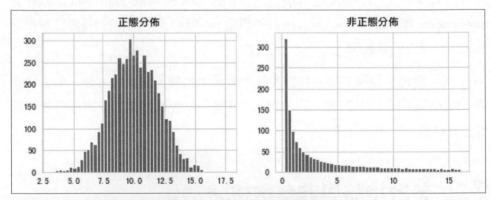

圖 7.1 正態分佈與非正態分佈

2. 檢驗樣本是否服從某一分佈

柯爾莫哥洛夫 - 斯米爾諾夫檢驗（Kolmogorov-Smirnov test，K-S 檢驗）用於檢驗樣本資料是否服從某一分佈，僅適用於檢驗連續類型資料。本例中使用 norm.rvs 函數產生了一組期望值為 0、標準差為 1，共 300 個元素的資料，然後用 K-S 檢驗其是否為正態分佈。

```
01    from scipy import stats
02    import numpy as np
03
04    np.random.seed(12345678)
05    x = stats.norm.rvs(loc=0, scale=1, size=300)  # loc為平均值，scale為方差
06    print(stats.kstest(x,'norm'))
07    # 執行結果:
08    KstestResult(statistic=0.0315638260778347, pvalue=0.9260909172362317)
```

K-S 檢驗的原假設為資料符合正態分佈，執行結果的第一個傳回值是統計量，第二個值為 p-value，其中 p-value>0.05 說明不能拒絕原假設。需要注意的是，使用 K-S 檢驗只能檢驗標準正態分佈（也稱 U 分佈），即期望值 $\mu = 0$，標準差 $\sigma = 1$。

3. 資料的常態性檢驗

夏皮羅 - 威爾克檢驗（Shapiro-Wilk 檢驗）用於檢驗資料是否符合正態分佈。本例中使用 norm.rvs 函數產生了一組期望值為 10，標準差為 2，共 70 個元素的陣列，用 stats 工具提供的 shapiro 函數檢驗其常態性。

```
01    from scipy import stats
02    import numpy as np
03
04    np.random.seed(12345678)
05    x = stats.norm.rvs(loc=10, scale=2, size=70)
06    print(stats.shapiro(x))
07    # 執行結果:
08    # (0.9679025411605835, 0.06934241950511932)
```

Shapiro-Wilk 檢驗的原假設是資料符合正態分佈，執行結果的第一個傳回值是統計量，第二個值為 p-value，其中 p-value>0.05 說明不能拒絕原假設。

4. 作圖法檢驗正態分佈

除了上述兩種檢驗正態分佈的方法，還可以使用畫長條圖的方法判斷是否為正態分佈，尤其是在資料量較小的情況下。

```
01    import numpy as np
02    import matplotlib.pyplot as plt
03    np.random.seed(12345678)
04    x = stats.norm.rvs(loc=10, scale=2, size=300)
05    plt.hist(x)
```

程式產生的長條圖如圖 7.2 所示，資料基本成正態分佈。

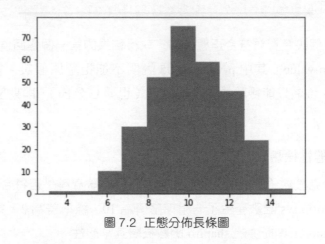

圖 7.2　正態分佈長條圖

7.3.2　方差齊性檢驗

方差反映了一組資料與其平均值的偏離程度，而方差齊性檢驗用於檢驗兩組資料與其平均值偏離程度是否存在差異，方差齊性也是很多檢驗和演算法的先決條件。

本例使用 norm.rvs 產生兩組正態分佈的資料，它們的期望值分別為 5 和 25，方差分別為 9 和 10。

```
01    from scipy import stats
02    import numpy as np
03
04    np.random.seed(12345678)
05    rvs1 = stats.norm.rvs(loc=5,scale=10,size=500)
06    rvs2 = stats.norm.rvs(loc=25,scale=9,size=500)
07    print(stats.levene(rvs1, rvs2))
```

```
08    # 執行結果：LeveneResult(statistic=1.6939963163060798,
      pvalue=0.19337536323599344)
```

方差齊性檢驗的原假設是兩組資料方差相等，傳回結果為 p-value>0.05，即不能拒絕原假設。

7.3.3 分析檢驗結果

參數檢驗一般都要求資料符合正態分佈和方差齊性，那麼，是不是不滿足常態性檢驗的資料就不能使用參數檢驗方法呢？這也要視實際情況而定：一種情況是樣本數量太小，一般都無法透過常態性檢驗，此時可以用長條圖的方法觀察樣本是否呈鐘形分佈。另一種情況是 p-value<0.05，但距離 0.05 又很近，這時也可以嘗試用正態分佈對應的方法，因為界限值為 0.1 和 0.05 只是估計值，並不絕對。對於成百上千維的特徵，由於不能透過一個個作圖來判斷，因此一般使用假設檢驗方法過濾。

在做資料分析時，對於正態分佈的資料通常使用橫條圖統計，對於非正態分佈的資料通常使用箱圖統計，這是因為用平均值和方差就能描述正態分佈的特徵，而非正態分佈需要考慮它的最大值、最小值、中位數、分位數等因素。從這個角度來看，如果可以用平均值和方差描述檢驗資料的特徵就可以使用參數檢驗方法，但有些資料，如當 90% 都為 0 而只有少部分值大於 0 時，就不建議直接使用參數檢驗方法，這時可以透過把資料轉換再代入參數檢驗的方法。

7.4 T 檢驗

如果全部資料集只有 200 個資料，則可以把全部資料代入常態檢驗方法，以便檢驗它們是否服從正態分佈，即常態性檢驗。而當資料集有 2 000 000 萬個資料時，就無法全部代入檢驗方法，只能從中隨機取出 200 個樣本進行檢驗，這稱為 T 檢驗。當取樣趨於無限大時，T 分佈就是正態分佈，而 T 檢驗是

以 T 分佈為基礎的檢驗。所謂檢驗主要是判斷一組樣本是否符合我們設定的「統計推斷」。

T 檢驗要求資料符合正態分佈，且方差齊性。常用的 T 檢驗有單樣本 T 檢驗、獨立樣本 T 檢驗和配對樣本 T 檢驗。

7.4.1 單樣本 T 檢驗

T 檢驗是以平均值為核心的檢驗。單樣本 T 檢驗用於檢驗資料是否來自一致平均值的整體，本章開頭的入門實例使用的就是單樣本 T 檢驗。它檢驗的「資料」是三年級六班 30 名同學的分數，「平均值」是年級平均分，檢驗目標是判斷部分資料是否與整體平均值一致。

7.4.2 獨立樣本 T 檢驗

獨立樣本 T 檢驗用於比較兩組資料是否來自同一正態分佈的整體，也是資料分析中最常用的一種 T 檢驗。舉例來說，想知道引數 X「性別」對因變數 Y「收入」是否有影響（假設收入為正態分佈），就可以用獨立樣本 T 檢驗判斷「性別」特徵是否有用，即將全部男性的收入值放入陣列 A 中，女性的收入值放入陣列 B 中，然後對兩組資料作獨立樣本 T 檢驗。

本例中使用 norm.rvs 函數產生兩組正態分佈的資料，其平均值相似、方差相同，然後代入 ttest_ind 函數做獨立樣本 T 檢驗：

```
01   from scipy import stats
02   import numpy as np
03
04   np.random.seed(12345678)
05   rvs1 = stats.norm.rvs(loc=5,scale=10,size=500)
06   rvs2 = stats.norm.rvs(loc=6,scale=10,size=500)
07   print(stats.ttest_ind(rvs1,rvs2))
08   # 執行結果：
09   Ttest_indResult(statistic=-1.3022440006355476, pvalue=0.19313343989106416)
```

T 檢驗的原假設是兩組資料來自同一整體。傳回結果的第一個值為統計量，第二個值為 p-value，且 pvalue>0.05，即不能拒絕原假設。注意，如果要比較的兩組資料不滿足方差齊性，則需要在 ttest_ind 函數中增加參數 equal_var = False。

7.4.3 配對樣本 T 檢驗

配對樣本 T 檢驗可視為單樣本 T 檢驗的擴充，檢驗的物件由來自正態分佈獨立樣本更改為兩群配對樣本觀測值之差。它常用於比較同一受試物件處理的前後差異，或按照某一條件進行兩兩配對，分別給予不同處理，然後比較受試物件之間是否存在差異。該檢驗要求傳入的兩組資料必須是一一配對的，即兩組資料的個數和順序都必須相同，且都必須為正態分佈或來自類別常態的整體。

```
01    from scipy import stats
02    import numpy as np
03
04    np.random.seed(12345678)
05    rvs1 = stats.norm.rvs(loc=5,scale=10,size=500)
06    rvs2 = (stats.norm.rvs(loc=5,scale=10,size=500) + stats.norm.rvs
      (scale=0.2,size=500))
07    print(stats.ttest_rel(rvs1,rvs2))
08    執行結果：
09    Ttest_relResult(statistic=0.24101764965300979, pvalue=0.80964043445811551)
```

配對樣本 T 檢驗的原假設是兩個整體之間不存在顯著差異。傳回結果為 p-value>0.05，即不能拒絕原假設。

7.5 方差分析

方差分析（Analysis of Variance，ANOVA），又稱 F 檢驗，用於檢驗兩個及兩個以上樣本平均數差別的顯著性。方差分析主要是考慮各組之間的平均數差別，如吸煙組和不吸煙組之間壽命的差別。

如果多個樣本不是全部來自同一個整體，那麼觀察值與整體平均值之差的平方和稱為變異。總變異可分解成組間變異和組內變異之和。舉例來說，吸煙組內的壽命與組內平均值的差異是組內變異，反映的是隨機誤差；吸煙組與不吸煙組的差異是組間變異，反映的是組間的差異，同時也包含一定隨機誤差。其統計量等於組間均方（平均方差（Mean Square，MS））除以組內均方，如式 7-2：

$$F = \frac{MS_{組間}}{MS_{組內}}$$ （7-2）

方差分析的前提也是資料要符合正態分佈，且方差齊性。在進行資料分析時，使用的場景通常是因變數 Y 是數值型、引數 X 是分類值，按 X 的類別把實例分成幾組，並把各組的 Y 值代入函數，然後分析 Y 在 X 的不同分組中是否存在差異。Python 程式如下：

```
01    import scipy.stats
02    a = [47,56,46,56,48,48,57,56,45,57]   # 分組1
03    b = [87,85,99,85,79,81,82,78,85,91]   # 分組2
04    c = [29,31,36,27,29,30,29,36,36,33]   # 分組3
05    print(stats.f_oneway(a,b,c))
06    # 執行結果：
07    # F_onewayResult(statistic=287.74898314933193, pvalue=6.22315208215576832e-19)
```

傳回結果的第一個值為統計量，由組間差異除以組內差異獲得，可以看出組間差異很大。方差分析的原假設是各個整體的平均數相等。本例中 p-value<0.05，即拒絕原假設，故認為以上三組資料存在統計學差異，但不能判斷是哪兩組之間存在差異。方差齊性檢驗使用的 stats.levene 函數只能檢驗兩組資料，而 stats.f_oneway 函數可以檢驗兩組及兩組以上的資料。

7.6 秩和檢驗

當資料不能滿足常態性和方差齊性條件，又想比較多組資料差異時，常常使用秩和檢驗（Rank Sum Test）。

秩和檢驗是以秩次為基礎的假設檢驗，秩次又稱等級、次序，秩次之和稱為秩和。秩和檢驗是用秩和作為統計量進行假設檢驗的方法，屬於非參數檢驗方法。它對資料的分佈沒有特殊要求，尤其適用於樣本數少於 30 的情況。由於秩和檢驗在計算過程中只關注順序，而不計算實際值，因此會遺失一些資訊，有時不能拒絕實際上不成立的原假設。

本程式中的資料如表 7.1 所示：

表 7.1 秩和檢驗資料

A 樣本		B 樣本	
觀察值	秩次	觀察值	秩次
6	4	3	1
15	6	4	2
22	10	5	3
36	11	12	5
40	12	17	7
48	13	18	8
53	14	21	9
n1=8	秩和為 70	n2=8	秩和為 35

其中的秩次是目前觀察值在所有觀察值排序後所在的位置，而秩和是本組所有的秩次之和。如果各整體分佈相同，則各組的平均秩次應該相差不大，而本例資料中秩和差異較大。Python 程式如下：

```
01    import scipy.stats
02    A = [6, 15, 22, 36, 40, 48, 53]
03    B = [3, 4, 5, 12, 17, 18, 21]
04    print(stats.ranksums(A, B))
```

```
05   # 執行結果：
06   RanksumsResult(statistic=2.23606797749979, pvalue=0.025347318677468252)
07   C = [1, 2, 3, 4, 5, 6, 7]
08   print(stats.kruskal(A, B, C))
09   # 執行結果：
10   KruskalResult(statistic=11.240699404761898, pvalue=0.003623373784945895)
```

上例介紹了秩和檢驗的兩種方法，其中 ranksums 函數支援統計兩組資料，
kruskal 函數支援統計多組資料。

秩和檢驗的原假設是多組的整體分佈相同。本例中 p-value<0.05，即拒絕原假
設，故認為以上兩組資料存在統計學差異。

7.7 卡方檢定

當引數 X 和因變數 Y 均為分類特徵（即等級資料）時，可以透過統計頻次（Y
為某一值的次數）或頻率計算用特徵 X 分組後不同組間的差別是否具有統計
學意義，以判斷特徵 X 的重要性，這種檢驗稱為卡方檢定。卡方檢定也是非
參數檢驗方法，對資料的分佈沒有特殊要求，尤其適用於樣本數較小的情況。

本例中的資料使用了 Statsmodels 統計工具中的資料集 anes96，它是 1996 年美
國選舉資料集的子集，共 944 筆記錄。我們對其中的受教育程度 educ 和預測
的選擇結果 vote 做卡方檢定，將 educ 視為引數，是分類資料，設定值從 0 到
7；因變數 vote 是二分類資料，0 為投票給柯林頓，1 為投票給杜爾。資料如
表 7.2 所示：

表 7.2 選舉資料範例

educ	vote
3	1
4	0
6	0
6	0
...	...

先使用 Pandas 提供的 crosstab 方法對該資料做列聯表統計，表中有 R 行 C 列 , 因此也稱 RC 列聯表，簡稱 RC 表。它用於展示資料在按兩個或更多屬性分類時對應的頻數表。計算結果如表 7.3 所示，表中的內容是該行列對應位置的頻數，其中第一列（除標頭外）為 10 和 3，即教育程度為 1 的有 13 人，其中 10 人投票給柯林頓，3 人投票給杜爾。

表 7.3 資料列聯表

vote \ educ	1	2	3	4	5	6	7	合計
0	10	38	153	106	53	119	72	551
1	3	14	95	81	37	108	55	393
合計	13	52	248	187	90	227	127	944

卡方值計算公式如式 7-3 所示：

$$\chi^2 = \sum \frac{(f_0 - f_e)^2}{f_e} \qquad (7\text{-}3)$$

其中，f_0 為實際觀察頻次，f_e 為理論頻次。實際觀察頻次與理論頻次相差越小，卡方值越小。將列聯表結果代入 Pandas 的 chi_contingency 中計算卡方值，Python 程式如下：

```
01    import statsmodels.api as sm
02    import scipy.stats as stats
03    data = sm.datasets.anes96.load_pandas().data
04    contingency = pd.crosstab(data['vote'], [data['educ']])
05    print(stats.chi2_contingency(contingency))  # 卡方檢定
06    # 執行結果
07    # (11.27698522484865, 0.080183928803605061, 6, array([[7.58792373...
```

傳回結果的第一個值為統計量，第二個值為 p-value 值。卡方檢定的原假設是理論分佈與實際分佈一致，本例中 p-value>0.05，即不能拒絕原假設。換言之，受教育程度對投票影響不顯著（如果 p-value<0.05，則影響顯著）。第三個值是自由度，第四個值的陣列是列聯表的期望值。

7.8 相關性分析

相關性分析是研究兩個或兩個以上隨機變數間相關關係的統計方法。在資料分析中，它常用於分析連續型的引數 X 與連續型的因變數 Y 之間的關係。在待分析的特徵較少時，可以使用作圖法分析。在特徵較多時，推薦使用皮爾森或斯皮爾曼等工具分析，但這些工具只能判斷簡單的線性相關。如果要判斷非線性關係，則可將連續資料分組後使用方差分析比較各組間的差異。

7.8.1 圖形描述相關性

散點圖是在兩變數相關性分析時最常用的展示方法，圖的橫軸描述一個變數，縱軸描述另一個變數，從圖中可以直觀地看到相關性的方向和強弱。正相關一般形成從左下到右上的圖形，負相關則形成從左上到右下的圖形，還有一些非線性相關也能從圖中觀察到，如圖 7.3 所示。

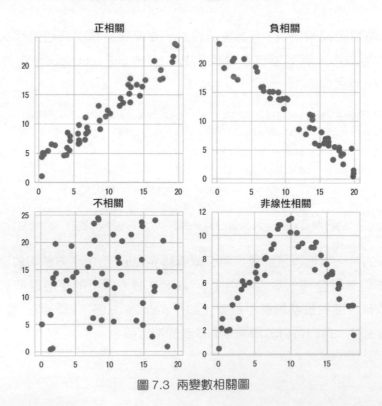

圖 7.3 兩變數相關圖

本例中使用 Statsmodels 附帶的 ccard 資料集，展示其中 INCOMESQ 與 INCOME 兩個變數的相關性。

```
01   import statsmodels.api as sm
02   import matplotlib.pyplot as plt
03   data = sm.datasets.ccard.load_pandas().data
04   plt.scatter(data['INCOMESQ'], data['INCOME'])
```

執行結果如圖 7.4 所示。

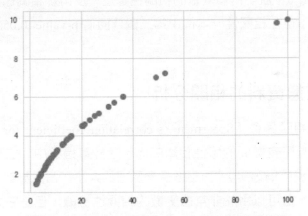

圖 7.4 INCOME 與 INCOMESQ 兩個變數相關圖

從圖 7.4 中可以看出，兩個變數呈明顯的正相關，右上角那一個點的意義是其有一筆資料，即當 INCOMESQ 為 100 時，INCOME 為 10。

7.8.2 常態資料的相關分析

皮爾森相關係數（Pearson correlation coefficient）是反應兩個變數之間線性相關程度的統計量，可用它來分析正態分佈的兩個連續型變數之間的相關性，常用於分析引數之間，以及引數和因變數之間的相關性。

本例中產生了兩組隨機數，每組 100 個，來計算其皮爾森相關係數。

```
01   from scipy import stats
02   import numpy as np
03
```

```
04    np.random.seed(12345678)
05    a = np.random.normal(0,1,100)
06    b = np.random.normal(2,2,100)
07    print(stats.pearsonr(a, b))
#  執行結果：(-0.034173596625908326, 0.73571128614545933)
```

傳回結果的第一個值為相關係數，表示線性相關程度，其設定值範圍為 [-1,1]。其值越接近於 1，正相關程度越強；越接近於 -1，負相關程度越強；絕對值越接近於 0，說明兩個變數的相關性越差。皮爾森相關係數的原假設是兩組資料之間不存在相關性。本例中第二個傳回值 p-value>0.05，即不能拒絕原假設。

7.8.3 非常態資料的相關分析

斯皮爾曼等級相關係數（Spearman's correlation coefficient for ranked data）主要用於評價順序變數間的線性相關關係。在計算過程中，它只考慮變數值的順序（rank, 秩或稱等級），而不考慮變數值的大小，常用於計算有序的類型變數的相關性。它可以用於非常態變數的相關性檢驗，但是它只考慮資料大小的順序，不考慮實際的值，因此，也會遺失一些資訊。

本例使用 spearman 函數檢測兩組資料間的相關性，可以看到兩組數的順序都是從小到大，但數值變化幅度不同。

```
01    from scipy import stats
02    import numpy as np
03    print(stats.spearmanr([1,2,3,4,5], [1,6,7,8,20]))
04    執行結果：
05    SpearmanrResult(correlation=0.9999999999999999,
      pvalue=1.4042654220543672e-24)
```

它的原假設是兩組資料之間不存在相關性。傳回的第一個值為統計量，表示相關係數，本例中該值趨近於 1，是正相關；第二個值 p-value<0.05，即拒絕原假設，故在統計學上可認為兩組資料之間存在相關性。

7.9 變數分析

變數（特徵、欄位）分析一般包含單變數分析、兩變數分析和多變數分析。單變數分析最為簡單，只分析和展示單一變數的統計描述，不包含因果及相關性；兩變數分析一般是對單一引數 X 與單一因變數 Y 之間的關係分析，前面介紹的方法大多數是兩變數分析方法，這裡不再詳述；多變數分析是針對三個或三個以上的變數分析，常見的有分析多個引數 $X1, X2, X3\cdots$ 與因變數 Y 之間的關係。

7.9.1 單變數分析

單變數分析是資料分析中最簡單的形式，主要目的是透過對資料的統計描述了解目前資料的基本情況，並找出資料的分佈模式。從設定值上看，常見的指標有平均值、中位數、分位數、眾數；從離散程度上看，指標有極差、四分位數、方差、標準差、協方差、變異係數；從分佈上看，有偏度、峰度等。需要考慮的還有極大值、極小值（數值型變數）、頻數和組成比（分類或等級變數），常用的圖形展示方法有柱狀圖、長條圖、箱式圖、圓形圖、頻率多邊形圖等。

7.9.2 多變數分析

多變數分析的方法有很多，如樹模型、多元線性回歸模型、邏輯回歸、分群分析等。

1. 多元線性回歸模型

下面詳細介紹最常用的多元線性回歸模型。當因變數 Y 受到多個引數 X 的影響時，多元線性回歸模型用於計算各個引數對因變數的影響程度，可以認為是對多維空間中的點做線性擬合。

程式中使用 Statsmodels 函數庫的最小平方法（Ordinary Least Square, OLS）分析 ccard 資料集中引數 'AGE','INCOME','INCOMESQ','OWNRENT' 對因變數 'AVGEXP' 的影響。

```
01    import statsmodels.api as sm
02    data = sm.datasets.ccard.load_pandas().data
03    model = sm.OLS(endog = data['AVGEXP'],
04        exog = data[['AGE','INCOME','INCOMESQ','OWNRENT']]).fit()
05    print(model.summary())
'''
```

執行結果：

```
                            OLS Regression Results
==============================================================================
Dep. Variable:                 AVGEXP   R-squared:                       0.543
Model:                            OLS   Adj. R-squared:                  0.516
Method:                 Least Squares   F-statistic:                     20.22
Date:                Thu, 31 Jan 2019   Prob (F-statistic):           5.24e-11
Time:                        15:11:29   Log-Likelihood:                 -507.24
No. Observations:                  72   AIC:                             1022.
Df Residuals:                      68   BIC:                             1032.
Df Model:                           4
Covariance Type:            nonrobust
==============================================================================
                 coef    std err          t      P>|t|      [0.025      0.975]
------------------------------------------------------------------------------
AGE           -6.8112      4.551     -1.497      0.139     -15.892       2.270
INCOME       175.8245     63.743      2.758      0.007      48.628     303.021
INCOMESQ      -9.7235      6.030     -1.613      0.111     -21.756       2.309
OWNRENT       54.7496     80.044      0.684      0.496    -104.977     214.476
==============================================================================
Omnibus:                       76.325   Durbin-Watson:                   1.692
Prob(Omnibus):                  0.000   Jarque-Bera (JB):              649.447
Skew:                           3.194   Prob(JB):                     9.42e-142
Kurtosis:                      16.255   Cond. No.                         87.5
==============================================================================
'''
```

傳回結果中的 t 值是線性回歸中各個引數的係數，正值為正相關，負值為負相關，絕對值越大相關性越強；用傳回結果中的各變數對應的 p-value 與 0.05 比較來判斷顯著性，當 p-value<0.05 時，該引數具有統計學意義，從上例中可以看到收入 INCOME 顯著性最高。

2. 邏輯回歸

在上面的程式中，因變數 Y 為連續型，而當因變數 Y 為二分類變數時，可以用對應的邏輯回歸分析各個引數對因變數的影響程度。

本例中使用的仍是 ccard 資料集，將 'AVGEXP','AGE','INCOME','INCOMESQ' 作為引數 X，將 'OWNRENT' 作為因變數 Y，使用 Statsmodels 函數庫的 Logit 方法實現邏輯回歸。

```
01   import statsmodels.api as sm
02   data = sm.datasets.ccard.load_pandas().data
03   data['OWNRENT'] = data['OWNRENT'].astype(int)
04   model = sm.Logit(endog = data['OWNRENT'],
05       exog = data[['AVGEXP','AGE','INCOME','INCOMESQ']]).fit()
06   print(model.summary())
'''
執行結果：
Optimization terminated successfully.
        Current function value: 0.504920
        Iterations 8
                    Logit Regression Results
==============================================================================
Dep. Variable:              OWNRENT   No. Observations:                   72
Model:                        Logit   Df Residuals:                       68
Method:                         MLE   Df Model:                            3
Date:             Fri, 01 Feb 2019   Pseudo R-squ.:                  0.2368
Time:                      17:05:47   Log-Likelihood:                -36.354
converged:                     True   LL-Null:                       -47.633
                                      LLR p-value:                 4.995e-05
==============================================================================
            coef    std err         z      P>|z|     [0.025     0.975]
------------------------------------------------------------------------------
```

```
AVGEXP       0.0002    0.001    0.228     0.820    -0.002     0.002
AGE          0.0853    0.042    2.021     0.043     0.003     0.168
INCOME      -2.5798    0.822   -3.137     0.002    -4.191    -0.968
INCOMESQ     0.4243    0.126    3.381     0.001     0.178     0.670
==================================================================
'''
```

與上例一樣，透過傳回結果中各變數對應的 p-value 與 0.05 的比較來判斷對應變數的顯著性。當 p-value<0.05 時，則認為該引數具有統計學意義，本例中的 AGE 顯著性最高。

7.10 TableOne 工具

前面學習了統計描述和統計假設的 Python 方法，即在分析資料表時，需要先確定因變數 Y，然後對引數 X 逐一分析，最後將結果組織成資料表作為輸出，這一過程比較麻煩，而使用 TableOne 工具可以簡化這一過程。

TableOne 是產生統計表的工具，常用於產生論文中的表格，底層也是基於 Scipy 模組和 Statsmodels 模組實現的。其程式主要實現了根據資料類型呼叫不同統計工具，以及組織統計結果的功能。它支援 Python 和 R 兩種語言，可使用以下方法安裝：

```
01    $ pip install tableone
```

由於 TableOne 的核心程式只有 800 多行，因此建議下載其原始程式，並閱讀核心程式檔案 tableone.py，以了解其全部功能和工作流程並從中參考統計分析的實際方法。

```
01    $ git clone https://github.com/tompollard/tableone
```

下例中分析了 1996 年美國大選的資料，用 groupby 參數指定其因變數、categorical 參數指定引數中的分類變數、pval=True 指定需要計算假設檢驗的結果，程式最後將結果儲存到 Excel 檔案中。

```
01    import statsmodels as sm
02    import tableone
03
04    data = sm.datasets.anes96.load_pandas().data
05    categorical = ['TVnews', 'selfLR', 'ClinLR', 'educ', 'income']
06    groupby = 'vote'
07    mytable = tableone.TableOne(data, categorical=categorical,
08                                groupby=groupby, pval=True)
09    mytable.to_excel("a.xlsx")
```

表 7.4 中列出了程式的部分輸出結果。對於連續變數 popul，在統計檢驗中，用獨立樣本 T 檢驗方法計算出 P 值；在統計描述中，計算出 popul 的平均值和標準差。對於分類變數 TWnews，使用卡方檢定計算出其 P 值，並統計出其各分類的頻數及百分比。表中還展示出對因變數各種別的記數、空值個數、離群點，以及非常態變數的統計結果。

表 7.4 TableOne 產生的 Excel 統計表

variable	level	isnull	0	1	pval	ptest
			Grouped by vote			
n			551	393		
popul		0	373.2 (1192.7)	212.8 (899.1)	0.019	Two Sample T-test
TVnews	**0.0**	0	94 (17.1)	67 (17.0)	0.094	Chi-squared
	1.0		54 (9.8)	46 (11.7)		
	2.0		59 (10.7)	53 (13.5)		
	3.0		70 (12.7)	31 (7.9)		
	4.0		37 (6.7)	29 (7.4)		
	5.0		52 (9.4)	32 (8.1)		
	6.0		13 (2.4)	19 (4.8)		
	7.0		172 (31.2)	116 (29.5)		
			......			

[1] Warning, Hartigan's Dip Test reports possible multimodal distributions for: DoleLR, PID, logpopul.
[2] Warning, Tukey test indicates far outliers in: DoleLR, popul.
[3] Warning, test for normality reports non-normal distributions for: DoleLR, PID, age, logpopul, popul.

對於分類因變數，使用 groupby 指定其變數名稱；對於連續型因變數，一般不指定 groupby 值，TableOne 只進行統計描述。

作為小工具，TableOne 也有它的限制，如只能對分類的因變數 Y 做統計假設檢驗，又如只能按資料類型自動比對檢驗方法，不能手動指定；再如不支援多變數分析等，因此其解決不了所有資料的統計問題。但它使用方便，大幅簡化了分析流程，能在分析初期展示出資料的概況，尤其對不太熟悉資料分析方法的程式設計人員可以列出較好的統計結果。

7.11 統計方法歸納

統計分析不僅可以用於資料的分析和展示，還可以用於特徵篩選。統計分析的一般步驟如下：

（1）統計描述。對於連續型變數，先看資料量的大小、是否為正態分佈，然後分析其統計特徵，如平均值、方差、分位數等。對於分類變數，分析其各種別的頻數、組成比等，並透過作圖的方式展示資料。

（2）統計假設。首先確定引數 X 和因變數 Y，然後根據 X 和 Y 的類型選擇統計方法：當 X 為分類、Y 為連續型時（當 X 為連續型、Y 為分類時，同理），可按照 X 的類型對 Y 的類型分組，看 Y 是否符合正態分佈及方差齊性。如果符合正態分佈，則用 T 檢驗或 F 檢驗比較各組差異；如果不符合，則使用秩和檢驗。當 X 和 Y 均為連續型時，可根據兩個變數是否為正態分佈及方差齊性來選擇皮爾森相關性分析、斯皮爾曼相關性分析或秩和檢驗。當 X 和 Y 均為分類時，可建立列聯表並使用卡方檢定，如圖 7.5 所示。

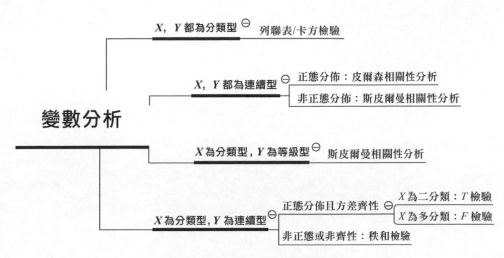

圖 7.5 變數分析方法選擇邏輯圖

（3）多變數分析。在滿足條件的情況下，根據因變數 Y 的類型選擇分析方法。當 Y 為連續型時，使用多元線性回歸模型；當 Y 為二分類時，使用邏輯回歸。需要注意的是，在多變數分析時，如果存在無順序的 X 分類變數（如區域），就需要先 OneHot 展開，再做回歸分析。

機器學習基礎知識

第 8～10 章將集中介紹機器學習演算法，本章主要闡釋機器學習相關的基礎知識與評價模型的方法和原理、實作方式及如何選擇評價策略；第 9 章說明實際模型的演算法；第 10 章介紹模型的選擇方法及相關技巧。

本書以實用為主，一方面由淺入深闡明原理，另一方面也注重介紹目前最流行、使用頻率最高的演算法。

在此後章節中，從實際演算法到模型評價方法都用到了 Sklearn 函數庫，它是機器學習中最常用的 Python 協力廠商函數庫，安裝方法如下：

```
01    $ pip install sklearn
```

8.1 基本概念

本節將介紹機器學習中常用的術語及概念，並回答一些常見的問題，以方便讀者後續的閱讀。

8.1.1 深度學習、機器學習、人工智慧

近幾年來深度學習非常熱門，似乎只要資料足夠，用它就可以解決所有問題。其實我們常說的深度學習主要指神經網路及相關演算法，神經網路是機器學習的一種方法，而機器學習又是人工智慧的一種方法。

機器學習常被分為深度學習和淺度學習，有時為了區別深度學習演算法，也把深度學習以外的其他演算法統稱為機器學習演算法。深度學習需要的資料量較大、運算資源較多，在有些領域與經典的淺度學習演算法相比，其優勢並不突出，在可解釋方面也處於劣勢，而很多專業領域對沒有理論指導的黑盒演算法接受程度也不高。但深度學習也有優勢，例如對於不了解其含義的資料，只要擁有足夠的資料量和算力，透過該演算法常常也能獲得較好的預測結果，其在影像和語音領域中都有很成熟的解決方案。本章主要介紹除深度學習以外的經典演算法，而在第 13 章的影像處理問題中介紹深度學習模型原理及其與機器學習相結合的使用方法。我們是選擇深度學習演算法還是選擇淺度學習演算法，主要視實際問題而定。

人工智慧有關的領域則更加廣泛，它是 20 世紀 50 年代由幾位電腦科學家在達特茅斯會議上提出的概念，是研究和開發用於模擬並擴充人類智慧的新興學科，如開發機器人、機器視覺、自然語言處理、自動駕駛、機器決策、博弈等都屬於人工智慧的範圍，機器學習也是其中重要的組成部分。

8.1.2 有監督學習、無監督學習、半監督學習

無論哪一種機器學習方法，其目標都是用已知資料訓練出模型，當新的資料到來時，使用該模型得出預測結果。

有監督學習（Supervised learning）的訓練資料封包含特徵和目標兩部分。舉例來說，透過目前的股票行情及其他已知資訊預測第二天的漲跌，是有監督學習問題。有監督學習又常被分為分類（預測是漲是跌）和回歸（漲跌的實際數值）。

其中已知的資訊被稱作特徵，也稱為引數；需要預測的值稱為目標，也稱為因變數。有監督學習中的資料被稱為有標籤資料或已標記資料。

無監督學習（Unsupervised learning）的訓練資料只包含特徵沒有確定目標，常用的方法是根據資料之間的相似性對資料進行分類，求取使其類別間的差距最大和類別內的差異最小的分類方法。

在現實中，由於大多數資料都是未標記的，因此常使用無監督學習的方法分析規律。舉例來說，交友網站利用已有的資料把人分成不同群眾，對於新加入的使用者，則按其特徵劃分到已有的類別中。從原理上看，主成分分析、圖片識別過程中的特徵分析都可算作無監督學習。

半監督學習（Semi-Supervised Learning）結合了有監督學習和無監督學習的演算法，近年來越來越受到重視。

半監督學習方法常用於標記資料，如果使用有監督學習方法標記資料，通常成本很高，此時可以使用 Co-training 半監督學習方法。它的原理是利用少量已標記的資料訓練多個模型，用模型標記未標記的樣本，然後選擇分類可信度高的樣本作為新的標記資料，逐步訓練。

總之，在著手解決問題之前，先要明確問題的類型，然後開始選擇實際模型。

8.1.3 訓練集、驗證集、測試集

訓練集和測試集主要是針對有監督學習而言的。在建置模型的過程中，一般將有標籤的資料分為兩組：一組用於訓練模型，稱為訓練集；另一組用於評價模型預測結果，稱為測試集。

之所以拆分成兩組資料，主要是因為如果使用同一批資料訓練和評價，就容易造成過擬合，使模型的泛化能力變差。舉例來說，用一百個訓練資料產生一棵有一百個葉節點的決策樹，訓練集的準確率是 100%，而該模型在用於預測時，如果新的資料與每個訓練資料都不相同，則預測結果就會很差。

在更複雜的應用中，有時資料也被切分成訓練集、驗證集和測試集三部分。其中驗證集用來調整參數，以及在訓練過程中評價模型的好壞。舉例來說，在需要自動調整參數的場景中，常用驗證集在搜尋模型的最佳參數之後再用訓練集訓練模型，然後使用測試集評價其效果；在一些反覆運算模型訓練過程中，在每一次訓練之後都用驗證集為其評估，當其評分不再加強或反覆運算次數超過最大評估次數時，停止反覆運算。

8.1.4 過擬合與欠擬合

在建立模型時，通常把資料切分成訓練集和測試集。在訓練好模型之後，將訓練集和測試集代入模型，然後將預測後獲得的結果 y' 與實際值 y 比較，即模型評價。

如果訓練集和測試集的誤差都較大，則模型欠擬合，其預測能力差，此時可以透過更換模型、調整模型參數、加入更多特徵等方法改進。

如果訓練集的誤差小，而測試集的誤差大，則模型過擬合，其泛化能力差，此時可以透過增大訓練集、降低模型複雜度、增大正規項或透過特徵選擇減少特徵數等方法改進。

訓練集和測試集的誤差都較小是理想的狀態，而訓練集的誤差大、測試集的誤差小的情況，一般不太可能出現。

8.1.5 常用術語

1. 特徵與實例

如果將資料載入到二維的資料表中，通常用列代表特徵，如性別、年齡等，特徵也被稱為屬性、變數。特徵又分為兩種：一種是預測的條件，被稱為引數、條件變數；另一種是預測的目標，被稱為目標變數、因變數。

實例是表中的行，也被稱為記錄，如表中第一行儲存的是張三的所有特徵、第二行儲存的是李四的所有特徵。

2. 損失函數

損失函數（Loss function）也被稱為誤差函數、評價函數，代價函數等。從廣義上講，它指的是做出決策所需承擔的風險或失誤；實際地講，它是預測值與實際值之間的誤差。模型一般將最小化損失函數作為目標，產生模型之後，再用損失函數去評估模型的好壞。

在評價誤差的同時，一般也需要考慮模型的複雜度，以便在兩者之間達到平衡。

8.2 評價模型

評價模型是模型演算法中的核心問題，決定了演算法工程師工作的目標。評價方法不僅是演算法工程師需要掌握的基本技能，而且也是系統架構師、產品設計者需要掌握的技能。

首先，從整體的角度看看如何評價模型的好壞。評價演算法模型和評價軟體產品不同，評價一款軟體產品的好壞，主要看是否達到了既定目標、產品設計是否好用、功能是否完整、Bug 的多少等；而評價演算法模型一般是比較使用前後的效果差異，而且評價的角度不同常常結果也不同。

舉例來說，當面對客戶介紹產品或匯報工作時，我們說「演算法的 RMSE 是 0.72」，對方並不知道 0.72 是好還是差，用一兩句話也很難解釋 RMSE 是怎麼計算出來的。在這種情況下，一般都會找到一個 Baseline（基準線），如沒使用該演算法之前的資料，或使用其他同類軟體的資料，來比較其效果。

從實作方式的角度看，在定義了實際的問題類型（如分類、回歸、排序、連結）之後，每一種類型的問題都可選用多種不同的評價方法。

因此，在開始說明實際機器學習演算法之前，本節的前半部分將介紹評價的相關概念及其計算方法，後半部分將在其基礎上介紹分類和回歸的實際誤差評價方法。

8.2.1 方差、協方差、協方差矩陣

1. 資料準備

在闡釋相關概念之前，先做一些資料準備，之後的程式及公式都使用以下資料計算，這樣可以讓讀者對概念有更加具象的認識，同時也能熟悉一下 Python 的常用結構 DataFrame 的使用技巧。本例中建立了包含身高、體重兩個特徵的資料表，共 5 個實例。

```
01   import pandas as pd
02   import numpy as np
03   df = pd.DataFrame({'身高':[1.7, 1.8, 1.65, 1.75, 1.8],
04                      '體重':[140, 170, 135,  150,  200]})
05   print(df)
06   # 執行結果：
07   #     體重 身高
08   # 0  140  1.70
09   # 1  170  1.80
10   # 2  135  1.65
11   # 3  150  1.75
12   # 4  200  1.80
```

2. 數學期望

數學期望（Mean），簡稱期望，是試驗中每次可能結果的機率乘以其結果的總和，是最基本的數學特徵之一，如式 8.1 所示：

$$E(X) = \sum_{k=1}^{\infty} x_k p_k \tag{8.1}$$

其中，x_k 為每一種可能的結果，p_k 是該結果對應的機率。以資料準備中的身高資料為例，代入公式，如式 8.2 所示：

$$E(X) = 1.7 \times 0.2 + 1.8 \times 0.4 + 1.65 \times 0.2 + 1.75 \times 0.2 = 1.74 \tag{8.2}$$

由於共 5 個實例，每個實例出現的機率為 0.2，而 1.8 出現了兩次，因此其機率為 0.4，整體的數學期望為 1.74。當不知道全部實際實例的值而只知道各種設定值對應的機率時，也可以計算其期望值。

3. 平均值

平均值（Average）是從整體中取出的樣本的平均值。它與期望的區別在於：期望是對整體的統計量，而平均值是對樣本的統計量，如式 8.3 所示：

$$\overline{X} = \frac{x_1 + x_2 + x_3 + \cdots + x_n}{n} \tag{8.3}$$

其中，$x_1,\cdots,x_n$ 是樣本的實際設定值，n 為樣本個數，$\overline{X}$ 為樣本平均值。以資料準備中的身高資料為例，如式 8.4 所示：

$$\overline{X} = \frac{1.7+1.8+1.65+1.75+1.8}{5} = 1.74 \tag{8.4}$$

由於本例中的整體和樣本都只有 5 個實例，因此其期望與平均值相等。一般使用 Pandas 的 mean 方法計算特徵平均值。

```
01   print(df['身高'].mean())
02   # 傳回結果：1.74
```

4. 方差

平均值和期望描述的是資料的集中趨勢，方差和標準差描述的是資料的離散程度，也是數值對於其數學期望的偏離程度。方差或稱樣本方差（Variance）是各個資料分別與其平均值之差的平方的平均數，實際如式 8.5 所示：

$$\sigma^2 = \frac{(x_1-\overline{X})^2+(x_2-\overline{X})^2+(x_3-\overline{X})^2+\cdots+(x_n-\overline{X})^2}{n} \tag{8.5}$$

其中，$x_1,\cdots,x_n$ 是樣本的實際值，$\overline{X}$ 是式（8.4）中求出的平均值，n 為實例個數。當分母取 n 時為有偏估計，而為了確保無偏估計，一般將分母設定為 n-1，此時求取的是調整後的方差，即標準方差，實際如式 8.6 所示：

$$\sigma^2 = \frac{(x_1-\overline{X})^2+(x_2-\overline{X})^2+(x_3-\overline{X})^2+\cdots+(x_n-\overline{X})^2}{n-1} \tag{8.6}$$

以資料準備中的身高資料為例代入公式，如式 8.7 所示：

$$\sigma^2 = \frac{(1.7-1.74)^2+(1.8-1.74)^2+(1.65-1.74)^2+(1.75-1.74)^2+(1.8-1.74)^2}{5-1} \tag{8.7}$$
$$= 0.00425$$

一般使用 Pandas 的 var 方法計算特徵方差。

```
01   print(df['身高'].var())
02   # 傳回結果：0.00425
```

也可以撰寫程式直接計算：

```
01    print((sum((df['身高']-df['身高'].mean())**2))/(len(df)-1))
02    # 傳回結果：0.00425
```

5. 標準差

標準差（Standard Deviation），也稱均方差，是方差的算術平方根，如式 8.8 所示：

$$\sigma = \sqrt{\frac{(x_1 - \overline{X})^2 + (x_2 - \overline{X})^2 + (x_3 - \overline{X})^2 + \cdots + (x_n - \overline{X})^2}{n-1}} \quad (8.8)$$

以資料準備中的身高資料為例，其標準差如式 8.9 所示：

$$\sigma = \sqrt{0.00425} = 0.065 \quad (8.9)$$

在計算方差時，由於使用了其各個值與平均值差異的平方，因而去除了在求平均值時正負抵消的影響，但在平方計算之後，其量綱和意義就與原值不同了，且不夠直觀，因此需要計算其算術平方根獲得標準差，可以看到計算後獲得的 0.065 基本表現了資料相對於平均值的離散程度。需要注意的是，由於使用了次方累加再開方的演算法，因此如果其中某一誤差非常大，則標準差也會很大。

一般使用 Pandas 的 std 方法計算特徵的標準差。

```
01    print(df['身高'].std())
02    # 傳回結果：0.065
```

6. 協方差

協方差（Covariance）用於計算兩個變數的整體誤差，其計算方法如式 8.10 所示：

$$\text{cov}(X,Y) = \frac{\sum_{i=1}^{n}(X_i - \overline{X})(Y_i - \overline{Y})}{n-1} \quad (8.10)$$

其中，$\overline{X}$ 表示 X 的數學期望。由於是對樣本的操作，因此使用平均值計算其期望值。下面以資料準備中的身高和體重二維資料分別作為兩個變數計算其協方差：

```
01   print((sum((df['體重']-df['體重'].mean())*(df['身高']-df['身高'].
     mean())))/(len(df)-1)))
02   # 傳回結果：1.4875
```

從程式中可以看出，整體的期望值和協方差一樣，也是透過累加並除以 n-1 獲得其無偏估計。兩個變數相同是協方差的特殊情況，即計算方差。

協方差也是描述兩個變數相互關係的統計量，當兩個變數在各個實例中的變化方向一致時（同為正或同為負），相乘後的值為正值，即整體協方差為正，則為正相關，說明它們同增同減。本例中協方差為 1.4875，說明身高和體重呈正相關；反之，當協方差為負時，說明兩個變數為負相關；當協方差趨近於 0 時，一般反映兩個變數的變化方向並無規律，即兩個變數無線性相關。

7. 協方差矩陣

通常使用協方差計算引數和因變數之間的關係，或引數之間的關係。當需要計算多維度之間的關係時，常用到協方差矩陣。假設有三個維度 X,Y,Z，則其協方差矩陣如式 8.11 所示：

$$C = \begin{bmatrix} \mathrm{cov}(X,X) & \mathrm{cov}(X,Y) & \mathrm{cov}(X,Z) \\ \mathrm{cov}(Y,X) & \mathrm{cov}(Y,Y) & \mathrm{cov}(Y,Z) \\ \mathrm{cov}(Z,X) & \mathrm{cov}(Z,Y) & \mathrm{cov}(Z,Z) \end{bmatrix} \qquad (8.11)$$

從中可以看出，協方差矩陣是對稱矩陣且對角線是各個維度的方差，使用 Pandas 提供的 cov 方法可以計算 DataFrame 資料表的協方差矩陣。

```
01   print(df.cov())
02   # 傳回結果：
03   #            體重          身高
04   # 體重       705.0000     1.48750
05   # 身高       1.4875       0.00425
```

8. 相關係數和相關係數矩陣

從上述協方差矩陣中可以看到，其協方差的值與變數的量綱有很大關係，無法透過實際數值比較出哪些變數相關性更強，而此問題可以使用相關係數解決。相關係數是協方差除以兩個變數的標準差，其公式如式 8.12 所示：

$$\rho(x, y) = \frac{\text{cov}(X, Y)}{\sigma_X \sigma_Y} \qquad (8.12)$$

當各個樣本對於平均值偏離較大時，其標準差和協方差都會變大，這時可以透過除以標準差對變化幅度做歸一化處理。計算之後，相關係數的設定值範圍為 [-1,1]，也稱皮爾森係數。它在第 6 章熱力圖中和第 7 章相關性分析中都曾用到，是描述變數之間關係的一種方法。

使用 Pandas 提供的 corr 方法可以計算 DataFrame 中的相關係數矩陣。

```
01   print(df.corr())
02   # 傳回結果
03   #         體重        身高
04   # 體重   1.000000   0.859346
05   # 身高   0.859346   1.000000
```

從傳回結果可以看到，其對角線上是變數與其本身的相關性，為最大值 1。相關係數矩陣也是對稱矩陣，身高與體重的相關係數為 0.85，說明二者也存在較強的相關性。

8.2.2 距離與範數

距離是比較寬泛的概念，只要滿足非負（任意兩個相異點的距離為非負值）、自反（Dis(y,x)=Dis(x,y)）、三角不等式（Dis(x,z)<=(Dis(x,y)+Dis(y,z))）就都可以稱之為距離，即可以把兩點之間的距離擴充為兩個實例之間的差異程度。下面來看幾種常用的計算距離的方法，程式中仍然使用身高、體重資料。下面分別介紹使用公式和科學計算函數庫 scipy 的程式來實現計算前兩個實例的距離。首先，定義資料：

```
01    from scipy.spatial.distance import pdist   # 匯入科學計算函數庫中的距離
      計算工具
02    df = pd.DataFrame({'身高':[1.7, 1.8, 1.65, 1.75, 1.8],
03                       '體重':[140, 170, 135,  150,  200]})
04    x = df.loc[0,:]      # 取第一個實例x
05    print(x)
06    # 傳回結果:
07    # 體重     140.0
08    # 身高       1.7
09    y = df.loc[1,:]      # 取第二個實例y
10    print(y)
11    # 傳回結果:
12    # 體重     170.0
13    # 身高       1.8
```

1. 歐氏距離

歐氏距離也稱為歐幾里德距離,計算的是兩點之間的直線距離,記作 $\|w\|$(用兩條分隔號代表 w 的 2 範數),其公式如式 8.13 所示:

$$\mathrm{Dis}_2(x,y) = \sqrt{\sum_{j=1}^{d}(x_j - y_j)^2} \qquad (8.13)$$

其中,d 是維度,2 是階數,也稱為範數。在二維(平面距離)情況下,其公式可簡化為式 8.14:

$$c = \sqrt{a^2 + b^2} \qquad (8.14)$$

其中,c 是兩點之間的歐氏距離,a 和 b 分別為第一個維度(如橫軸)上兩點之間的距離和第二個維度(如縱軸)上兩點之間的距離,即畢氏定理。

以下程式用於計算資料表中前兩個實例的歐氏距離。

```
01    d1 = np.sqrt(np.sum(np.square(x-y)))  # 公式計算
02    d2 = pdist([x,y])      # 呼叫距離函數
03    print(d1, d2)
04    # 傳回結果 (30.000166666203707, array([30.00016667]))
```

2. 曼哈頓距離

曼哈頓距離也被稱為城市街區距離、L1 範數。它比歐氏距離的計算更加簡單，其原理就像是汽車只能行駛在平坦、垂直的街道上，結果是各點座標資料之差的絕對值之和。其公式如式 8.15 所示：

$$\text{Dis}_1(x,y) = \sum_{j=1}^{d} |x_j - y_j| \qquad (8.15)$$

其中，d 是維度。在二維情況下，其公式可簡化為式 8.16：

$$c = a + b \qquad (8.16)$$

以下程式可用於計算資料表中前兩個實例的曼哈頓距離。

```
01   d1 = np.sum(np.abs(x-y))
02   d2 = pdist([x,y],'cityblock')
03   print(d1, d2)
04   # 傳回結果 (30.1, array([30.1]))
```

3. 漢明距離

漢明距離更為簡單，也被稱為 L0 範數。可以說，它並不是真正的距離，而是主要度量向量中非零元素的個數。漢明距離常用於資訊編碼中，對應編碼不同的位數，也稱為碼距，其本質也是計算資料的相似程度，公式如式 8.17 所示：

$$\text{Dis}_0(x,y) = \sum_{j=1}^{d} (x_j - y_j)^0 \qquad (8.17)$$

當 x_j 與 y_j 不相等時，非零值的 0 次方為 1，距離加 1；當 x_j 與 y_j 相等時，0 的零次方沒有意義，不累加。

以下程式可用於計算資料表中前兩個實例的漢明距離。

```
01   d1 = pdist([x,y], 'hamming')
02   d2 = pdist([[0,0,0,1],[0,0,0,8]], 'hamming')    # 比較兩個陣列的漢明距離
03   print(d1, d2)
04   # 傳回結果：(array([1.]), array([0.25]))
```

Scipy 函數庫中計算漢明距離的結果是統計欄位內容不同的比例，設定值為 0 ～ 1。由於前兩個實例的身高、體重欄位都不相同，因此結果為 1。程式的第二行又以兩個陣列的內容為例進行比較，由於陣列各有 4 個元素，其中有一個不同，因此結果為 0.25。

4. 閔氏距離

歐氏距離、曼哈頓距離、漢明距離的計算方法相似，它們都是在每一個維度上計算距離之後再按照不同的規則計算整體距離。當把這幾種距離用同一公式表示時，即閔氏距離。它不是實際的距離演算法，而是對演算法的定義，也稱為 Lp 範數。其公式如式 8.18 所示：

$$\text{Dis}_p(x,y) = \left(\sum_{j=1}^{d} |x_j - y_j|^p \right)^{1/p} = \| x - y \|_p \qquad (8.18)$$

其中，d 是維數，p 是階數，也稱 p 範數。當 $p=0$ 時，是漢明距離；當 $p=1$ 時，是曼哈頓距離；當 $p=2$ 時，是歐氏距離；當 $p \to \infty$ 時，是謝比雪夫距離。

以下程式用於計算資料表中前兩個實例的 L2 範數，即歐氏距離。

```
01    d1=np.sqrt(np.sum(np.square(x-y)))
02    d2=pdist([x,y],'minkowski',p=2)        # 求p=2時的閔氏距離
03    print(d1, d2)
04    # 傳回結果：(30.000166666203707, array([30.00016667]))
```

5. 謝比雪夫距離

當 $p \to \infty$ 時，代入閔氏距離公式，透過乘高次方累加再開方的運算之後，各維度中某一個差異較大的維度就會突顯出來，即謝比雪夫距離。它的結果取決於距離最大維度上的距離（各維度值差的最大值）。其公式可簡化為式 8.19：

$$\text{Dis}_\infty(x,y) = \max_j |x_j - y_j| \qquad (8.19)$$

在二維情況下，其公式可簡化成式 8.20：

$$c = \max(a,b) \qquad (8.20)$$

以下程式用於計算資料表中前兩個實例的謝比雪夫距離。

```
01   d1 = np.max(np.abs(x-y))
02   d2 = pdist([x,y],'chebyshev')
03   print(d1, d2)
04   # 傳回結果：(30.0, array([30.]))
```

6. 馬氏距離

上面介紹的幾種計算距離的方法，只與距離相關的兩個點有關，也可以看成比較具有多個特徵的兩個實例的相似性。

馬氏距離相對複雜一些，它不僅有關被比較的兩個實例，而且還有關兩個實例所在整體的分佈。馬氏距離可定義為兩個服從同一分佈並且其協方差矩陣為 Σ 的隨機變數之間的差異程度。其公式如式 8.21 所示：

$$\text{Dis}_M(x, y) = \sqrt{(\vec{x} - \vec{y})^T \sum^{-1} (\vec{x} - \vec{y})} \qquad (8.21)$$

其中，Σ 是整體樣本的協方差矩陣，在前一小節中已經介紹。它既包含了變數間的關係，又包含了量綱資訊，公式中的上標 T 表示矩陣的轉置，-1 表示求反矩陣運算。

馬氏距離用於表示資料的協方差距離。與歐氏距離不同的是，它考慮到各種特性之間的聯繫（如身高與體重的連結），並且與尺度無關。

下面仍使用身高和體重的資料，計算前兩個實例的馬氏距離。

```
01   delta = x-y
02   S=df.cov()                    #協方差矩陣
03   SI = np.linalg.inv(S)         #協方差矩陣的反矩陣
04   d1=np.sqrt(np.dot(np.dot(delta,SI),delta.T))
05   d2=pdist([x,y], 'mahalanobis', VI=SI)
06   print(d1, d2)
07   # 傳回結果：(1.5775089213090279, array([1.57750892]))
```

程式中使用了 Numpy 函數庫的線性代數模組 linalg 計算協方差矩陣的反矩陣，與其他距離不同的是，雖然計算的是前兩個實例的距離，但運算中使用了整個資料表 df 的協方差矩陣。在呼叫 pdist 函數時,用參數 VI 設定協方差矩陣的反矩陣。

> **注意**:歐氏距離和馬氏距離是最常用的兩種計算距離的方法。

8.2.3 回歸效果評估

有監督學習問題主要包含分類問題和回歸問題。分類問題的因變數 Y 是離散的,即有兩個或多個類別。在已知多個引數 X 的情況下,預測 Y 屬於哪個類別,其中又以二分類最為常見,例如預測是否「死亡」就是二分類問題。回歸問題的因變數是連續的,即在已知多個引數 X 的情況下,預測 Y 的實際值,如預測「最高氣溫」就是回歸問題。

學習評估方法,一方面在工程中看到他人定義的評價函數時,可以了解其原理和意義,以便更有針對性地最佳化演算法;另一方面在自己定義問題時,也能儘量針對資料的內容定義更為合理的評價函數。

讀者可能認為回歸的誤差只需要計算預測值和實際值的差異就可以了,然而當我們預測多個實例時,差異會有正負。如果取平均值,其誤差可能趨近於 0,則必然不對,這時常常需要計算每筆差異絕對值的平均值,即 MAE(平均絕對誤差),另外還可以計算其 MSE(均方誤差)和 RMSE(均方根誤差)。有時還需要區別對待正負差異,如在對醫療資源的使用方面,如果預測過大則會造成一定量的浪費,而如果預測過小則可能造成極嚴重的後果,此時就需要對不同的差異指定不同的權重。

1. MSE

MSE(Mean Squard Error)是均方誤差,其計算公式如式 8.22 所示:

$$\text{MSE}(Y, Y') = \frac{1}{m} \sum_{i=1}^{m} (y_i - y_i')^2 \qquad (8.22)$$

其中,y_i 是真實值,y_i' 是預測值,m 是測試實例個數,公式計算了預測值與實際值之差平方的平均值。其公式類似方差公式,不同的是方差求的是實例與其平均值的差異，MSE 求的是實際值與預測值的差異。MSE 是最基本的誤差計算方法，Sklearn 也提供了相關的函數支援，實際用法如下：

```
01    from sklearn.metrics import mean_squared_error
02    y_true = [1, 1.25, 2.37]
03    y_pred = [1, 1, 2]
04    print(mean_squared_error(y_true, y_pred))
05    # 傳回結果：0.066466666666666688
```

2. RMSE

RMSE（Root Mean Squard Error）是均方根誤差，是 MSE 的算術平方根，其計算公式如式 8.23 所示：

$$\text{RMSE}(Y, Y') = \sqrt{\frac{1}{m} \sum_{i=1}^{m} (y_i - y_i')^2} \qquad (8.23)$$

與標準差類似，RMSE 也解決了 MSE 在次方之後，量綱和意義與原值不同、不夠直觀的問題。它的演算法也類似於計算歐氏距離（L2 範數），此處計算的是預測值與實際值的差異。RMSE 也是最常用的回歸誤差計算方法之一。

3. MAE

MAE（Mean Absolute Error）是平均絕對誤差，計算預測值與實際值之差絕對值的平均值，其公式如式 8.24 所示：

$$\text{MAE}(Y, Y') = \frac{1}{m} \sum_{i=1}^{m} |y_i - y_i'| \qquad (8.24)$$

其計算方法類似曼哈頓距離（L1 範數），優勢在於不像 RMSE 或 MSE 一樣對大誤差敏感，且容易了解；而缺點在於包含絕對值運算，不方便求導。MAE 也是一種常用的誤差計算方法，尤其是它便於向非專業人士解釋計算原理。Sklearn 也提供了相關的函數支援，實際用法如下：

```
01    from sklearn.metrics import mean_absolute_error
02    y_true = [1, 1.25, 2.37]
03    y_pred = [1, 1, 2]
```

```
04    print(mean_absolute_error(y_true, y_pred))
05    # 傳回結果：0.206666666667
```

和 MAE 類似的還有中值絕對誤差（Median absolute error），它計算的是預測值與實際值之差絕對值的中值，Sklearn 中對應的方法是 median_absolute_error。

4. R-Squared 擬合度

上述幾種誤差計算方法都依賴於 y 值的大小，常常是當 y 值較大時誤差較大，當 y 值較小時誤差也較小。R-Squared 方法對 MSE 進行了歸一化處理，其公式如式 8.25 所示：

$$R^2 = 1 - \frac{\text{MSE}(y, y')}{\text{Var}(y)} \qquad (8.25)$$

其中，分子是均方誤差（實際值與預測值的差異），分母是方差（實際值與平均值的差異）。當 R^2 為 1 時，MSE 為 0，即沒有誤差，說明預測效果好；當 R^2 為 0 時，MSE 和 Var 相等，即預測出的結果和把平均值作為預測值的結果一樣，效果不佳；當 R^2 為負數時，此時預測效果不如用平均值作為預測值。R^2 與 MSE 演算法相似，但其結果更加直觀容易。Sklearn 也提供了相關的函數支援，實際用法如下：

```
01    from sklearn.metrics import r2_score
02    y_true = [1, 1.25, 2.37]
03    y_pred = [1, 1, 2]
04    print(r2_score(y_true,y_pred))
05    # 傳回結果：0.812699605486
```

5. 相關係數

前面章節已經介紹了皮爾森相關係數的原理及求解方法。相關係數有時也用於測量誤差，其主要應用於判斷實際值與預測值是否具有相關性，即同增同減的性質。它能夠極佳地檢視趨勢，但對實際預測值和實際值的差異不敏感。

8.2.4 分類效果評估

1. FP/FN/TP/TN

二分類是最常使用的分類器，二分類器的各個因變數可以是連續型也可以是分類，而預測的值有真有假。在大多數情況下，我們需要對實際為真預測為假、實際為假預測為真、實際和預測都為真、實際和預測都為假四種情況分別評價，這是判斷分類效果的基礎，也是常見的演算法試題。

首先介紹 FP/FN/TP/TN 指標。其中，F 是 False、T 是 True、P 是 Positive、N 是 Negative 的縮寫。先看 FP/FN/TP/TN 指標中的第二個字母 P/N，描述的是預測值是真還是假，而第一個字母 T/F 描述的是預測是否正確（注意：它並不是實際值）。

舉個簡單的實例，有 100 個人做檢查，模型根據檢查結果預測患病的人數，其中實際患病為 20 人，模型預測患病為 16 人，而 16 人中確實患病的有 11 人，計算其 FP/FN/TP/TN。

- TP 真陽是預測為患病，預測正確，即實際也患病，11 人。
- TN 真陰是預測為沒患病，預測正確，即實際也沒患病，100-16-(20-11)=75 人。
- FN 假陰是預測為沒患病，預測錯誤，即實際患病，即漏診，20-11=9 人。
- FP 假陽是預測為患病，預測錯誤，即實際沒患病，即誤診，16-11=5 人。

從本例中可以看到，TP 和 TN 都是正確的預測。對於不同的資料，雖然 FN 和 FP 都是錯誤的，但嚴重程度不同，如患病但沒預測出來可能導致嚴重的後果。精確率、召回率、準確率都是以 FP/FN/TP/TN 為基礎計算獲得的。

使用 Sklearn 提供的混淆矩陣方法可以計算 FP/FN/TP/TN 的值，實際方法以下例所示，首先定義預測值和實際值，本小節後面的程式中也將延用這兩個串列變數。

```
01   y_pred = [0, 0, 0, 1, 1, 1, 0, 1, 0, 0]   # 預測值
02   y_real = [0, 1, 1, 1, 1, 1, 0, 0, 0, 0]   # 實際值
```

然後計算混淆矩陣：

```
01    from sklearn.metrics import confusion_matrix
02    cm = confusion_matrix(y_real, y_pred)
03    tn, fp, fn, tp = cm.ravel()
04    print("tn", tn, "fp", fp, "fn", fn, "tp", tp)
05    # 傳回結果：tn 4 fp 1 fn 2 tp 3
```

2. 準確率

準確率（Accuracy）簡稱 Acc，是最直觀的評價方法，計算的是預測正確的數佔總數的比例。大多數模型預設的評價函數都是準確率，準確率的計算公式如式 8.26 所示：

$$Acc = \frac{TP + TN}{TP + TN + FP + FN} \tag{8.26}$$

上例的計算結果為式 8.27：

$$Acc = \frac{11 + 75}{100} = 86\% \tag{8.27}$$

Sklearn 函數庫的 metrics 度量工具集中提供多種評價方法，其中計算準確率的方法為 accuracy_score，程式如下。

```
01    from sklearn.metrics import accuracy_score
02    print(accuracy_score(y_real, y_pred))
03    # 傳回結果：0.7
```

3. 召回率

召回率（Recall）針對實例中所有實際值為真的實例，計算真陽性在其中的百分比，其中 FN 是假陰，即預測為假（預測錯誤）而實際為真的實例。召回率的計算公式如式 8.28 所示：

$$Recall = \frac{TP}{TP + FN} \tag{8.28}$$

上例的計算結果為式 8.29：

$$Recall = \frac{11}{11 + 9} = 55\% \tag{8.29}$$

Sklearn 函數庫提供了計算召回率的方法 recall_score，程式如下。

```
01   from sklearn.metrics import recall_score
02   print(recall_score(y_real, y_pred))
03   # 傳回結果：0.6
```

4. 精度

精度（Precision）針對實例中所有預測值為真的實例，計算真陽性在其中的百分比，其中 FP 是假陽性，即預測為真（預測錯誤）而實際為假的實例。精度的計算公式如式 8.30 所示：

$$Precision = \frac{TP}{TP + FP} \tag{8.30}$$

上例的計算結果如式 8.31 所示：

$$Precision = \frac{11}{11 + 5} = 68.75\% \tag{8.31}$$

Sklearn 函數庫提供了計算精度的方法 precision_score，程式如下：

```
01   from sklearn.metrics import precision_score
02   print(precision_score(y_real, y_pred))
03   # 傳回結果：0.6
```

5. F 值

F 值又稱 F-Measure 或 F-Score，是結合了精度和召回率的綜合評價指標。在上例中，由於對疾病的識別就要寧可錯殺一千不能放過一個，因此，可以將召回率作為重要的評價標準。但在大多數情況下，需要在各個指標之間取得平衡。F 值的計算方法可以使兩個評價標準相互限制，以達到平衡的效果。F 值的計算公式如式 8.32 所示：

$$Fa = \frac{(a^2 + 1)PR}{a^2(P + R)} \tag{8.32}$$

其中，a 是參數，P 是精度，R 是召回率。當 $a=1$ 時，是最常用的 $F1$ 指標，如式 8.33 所示：

$$F1 = \frac{2PR}{P + R} \tag{8.33}$$

F 值的設定值範圍為 $0 \sim 1$，其中 F 值越大，模型效果越好。當 P 和 R 的值都趨近於 1 時，F 值趨近於 1；當 P 或 R 其中一個值趨近 0 時，F 值趨近於 0。

Sklearn 函數庫提供了計算 $F1$ 及 Fn 的方法，程式如下：

```
01   from sklearn.metrics import f1_score
02   from sklearn.metrics import fbeta_score
03   print(f1_score(y_real, y_pred))              # 計算F1
04   # 傳回結果：0.666666666667
05   print(fbeta_score(y_real, y_pred, beta=2))   # 計算Fn
06   # 傳回結果：0.625
```

6. Logloss

Logloss 是 Logistic Loss 的簡稱，又稱交叉熵，也是分類器的常用評價函數之一，常用於評價邏輯回歸以及作為神經網路的損失函數。與前面學習的幾種評價函數不同，它是比較實際分類 0/1 與預測的分類機率 proba 之間的關係，比直接比較實際值和預測值的精度更高。其計算公式如式 8.34 所示：

$$\text{Logloss} = -\frac{1}{N} \sum_{i=1}^{N} \sum_{j=1}^{M} y_{i,j} \log(p_{i,j}) \tag{8.34}$$

其中，N 是實例個數，M 是分類個數，$y_{i,j}$ 為實際值屬於分類 j，$p_{i,j}$ 為預測是分類 j 的機率。log 函數的影像如圖 8.1 所示。

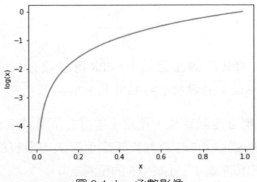

圖 8.1　log 函數影像

當 p 趨近於 1 時，$\log(p)$ 趨近於 0；當 p 趨近於 0 時，$\log(p)$ 為較大的負數。因此，在 Logloss 的公式中，當對某一分類預測準確時，累加一個很小的數值；反之，在不準確時，累加一個較大的負數，其目標在於懲罰錯誤項。Logloss 的計算結果越低，模型的效果越好。

Sklearn 函數庫提供了計算 Logloss 的方法，程式如下：

```
01   from sklearn.metrics import log_loss
02   y_real = [0, 1, 1, 1, 1, 1, 0, 0, 0, 0]
03   y_score=[0.9, 0.75, 0.86, 0.47, 0.55, 0.56, 0.74, 0.22, 0.5, 0.26]
04   print(log_loss(y_real,y_score))
05   # 傳回結果：0.7263555416075982
```

7. AUC-ROC 曲線

前面介紹的分類評價方法得出的結果都是一個或幾個實際的數值，而我們看到的預測結果常常是繪製成圖形顯示的，其中以 AUC-ROC 曲線最為常見。

在說明 AUC-ROC 曲線之前，先介紹 FPR 和 TPR 兩個基礎概念。TPR（TP Rate）是真陽性佔所有實際為陽性（真陽性＋假陰性）的比例，該值越大越好，其公式如式 8.35 所示：

$$\text{TPR} = \frac{\text{TP}}{\text{TP} + \text{FN}} \tag{8.35}$$

FPR（FP Rate）是假陽性佔所有實際為陰性（真陰性＋假陽性）的比例，該值越小越好，其公式如式 8.36 所示：

$$\text{FPR} = \frac{\text{FP}}{\text{TN} + \text{FP}} \tag{8.36}$$

在理想的情況下，TPR 應該接近於 1，FPR 應該接近於 0，ROC（Receiver Operating Characteristic）曲線就是用 TPR 和 FPR 兩個指標作圖獲得的。

作圖的另一個關鍵概念是設定值，預測後獲得的是屬於某一分類的機率，設定值為 0 ～ 1，一般選取 0.5 作為判斷設定值來決定最後的分類。在二分類中，常把大於 0.5 的預測為 1，小於 0.5 的預測為 0。

在繪製曲線時，透過機率對樣本排序並把每個樣本的機率作為設定值計算出 FPR 和 TPR，在該點繪圖並連線，最後產生 ROC 曲線。AUC（Area Under Curve）表示 ROC 曲線下的面積，其設定值為 0.5 ～ 1，該值越大越好。

Sklearn 函數庫提供了計算 AUC-ROC 曲線的方法，程式以下（本例中沿用了上例中的資料）。

```
01   from sklearn.metrics import roc_auc_score, roc_curve
02   import matplotlib.pyplot as plt
03   print(roc_auc_score(y_real, y_score)) # AUC值
04   # 傳回結果：0.64
05   fpr, tpr, thresholds = roc_curve(y_real, y_score)
06   plt.plot(fpr, tpr) # 繪圖
07   plt.show()
```

程式輸出的 ROC 曲線如圖 8.2 所示。

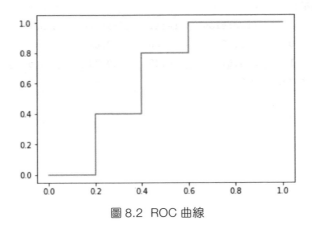

圖 8.2 ROC 曲線

8. P-R 曲線

P-R 曲線是用召回率作為水平座標、精度作為垂直座標畫出的曲線，與 ROC 曲線類似，從中可以更直觀地看到比較效果，以便尋找召回率與精度的平衡點。

機器學習模型一般可以歸納為三種類型：

第一種：以距離為基礎的模型，主要透過比較各個實例間特徵的類似程度建立模型，包含 K 近鄰（K-Nearest Neighbor，KNN）演算法、K-Means 分群、線性回歸、邏輯回歸等。

第二種：以邏輯為基礎的模型，主要基於邏輯判斷，包含決策樹類別模型、連結規則模型等。

第三種：以統計為基礎的模型，主要基於機率計算，包含貝氏類別模型、隱馬可夫模型等。

9.1 以距離為基礎的演算法

以距離為基礎的演算法相對簡單，容易了解。它不只是用於地圖中的距離計算，更多的使用場景是計算特徵之間的相似度。舉例來說，在實例不多的情況下，想要實現預測功能，比較常見的做法是尋找各個特徵與之類似的實例。

考慮比較複雜的情況，當特徵個數較多時，很難找到各方面都相似的實例，這時可以為每個特徵設定不同權重；另外，特徵的設定值範圍不同使得其尺度更大的特徵在計算時變得更加重要，此時需要做歸一化處理。在距離計算中，還有很多處理技巧和演算法，但其核心都是基於距離，或說基於差異。本小節將介紹計算距離的常用方法以及相關程式實現。

9.1.1 K 近鄰演算法

K 近鄰演算法是最簡單的機器學習演算法之一，其原理是尋找與待預測實例的各個特徵最為相近的 K 個訓練集中的範例。對於分類問題，使用投票法判斷其類別，同時也可以傳回該實例屬於各個類別的機率；對於回歸問題，可取其平均值，或使用按距離加權等方法。簡而言之，K 近鄰演算法是根據距離實例最近的範例來判斷新實例的類別或估值。

K 近鄰演算法的優點是對異常值不敏感、精度高,但在樣本少或噪點多的情況下會發生過擬合,且該演算法需要記憶全部訓練樣本,空間複雜度和計算複雜度都比較高,佔用資源較多。

其參數設定主要是選擇計算距離的演算法和 K 值(近鄰個數)。在一般情況下,起初隨著 K 值的增大預測效果隨之提升,而加強到某種程度後效果又會下降。對 K 近鄰演算法來説,調整參數十分重要,可以根據資料本身的特點設定參數,也可以使用自動調整參數方法,自動調整參數將在第 10 章詳細介紹。

Sklearn 函數庫支援 K 近鄰演算法的分類和回歸,下面用一個簡單的實例介紹其基本用法。

```
01   from sklearn import neighbors, datasets
02   from sklearn.model_selection import train_test_split
03
04   data = datasets.load_breast_cancer()
05   X = data.data                          # 引數
06   y = data.target                        # 因變數
07   x_train,x_test,y_train,y_test = train_test_split(X,y,test_size=0.1,
     random_state=0)
08   clf = neighbors.KNeighborsClassifier(5)   # 設定近鄰數為5
09   clf.fit(x_train, y_train)              # 訓練模型
10   print(clf.score(x_test, y_test))       # 給模型評分
11   print(clf.predict([x_test[0]]), y_test[0], clf.predict_proba([x_test[0]]))
12
13   # 傳回結果:
14   # 0.894736842105
15   # [0] 0 [[ 0.6  0.4]]
```

這是本書中第一個機器學習演算法的實例,透過本程式也將介紹一些常用的函數庫和方法。Sklearn 函數庫是 Python 最常用的機器學習工具函數庫,包含資料處理、機器學習演算法、模型驗證方法,以及用於實驗的一些簡單的資料集。

本例中使用了 Sklearn 函數庫附帶的乳腺癌資料集，為了防止過擬合，使用 Sklearn 函數庫提供的 train_test_split 方法將資料隨機分成訓練集和測試集兩部分，其中測試集佔 10%，random_ state 設定為 0，以確保在每次執行時期獲得同樣的切分結果，以上的準備資料集和切分資料集是較為通用的處理步驟。

下一步使用 Sklearn 函數庫提供的 K 近鄰演算法，設定其近鄰數為 5，並使用 fit 方法訓練模型。訓練之後，結果儲存在 clf 模型中，接下來使用 score 方法對模型評分，score 方法的輸入參數是測試集的引數和因變數。對於分類模型，其預設的評分方法是 accuracy_score 精確度。

最後呼叫了預測方法 predict，它的參數是一組引數，輸出結果是對應因變數的預測結果。為簡化輸出，本例中只對測試集的第一個元素進行了預測。另外，對於分類模型，一般還支援 predict_proba 方法，它輸出的結果是因變數屬於每個分類的機率。本例為二分類問題，預測結果為 0，實際結果也為 0，其屬於第 0 大類的機率為 0.6，即五個近鄰中有三個分類為 0。

Sklearn 函數庫支援的所有演算法基本都使用上述流程：載入資料，切分資料集，選擇模型，訓練、評分、預測。它們的方法名稱也大致相同，其核心的呼叫方法只有三四行程式，程式非常簡單。

在實際使用時，因為有非常大的最佳化空間，所以通常沒有這麼簡單。例如可以調整參數、設定距離計算方法，還可以選擇按距離遠近對近鄰加權，以及去掉一些遠距離點等。

由於 K 近鄰演算法非常簡單，因此下面介紹不使用 Sklearn 函數庫，而直接用程式實現 K 近鄰演算法的方法。其步驟如下：

（1）計算待預測值與每筆範例的距離。

（2）按距離排序。

（3）選取距離最小的 K 個點。

（4）計算 K 點中各個類別出現的機率。

（5）傳回出現機率最高的分類。

實際程式如下:

```
01   from sklearn.metrics import accuracy_score
02   from scipy.spatial import distance
03   import numpy as np
04   import operator
05
06   def classify(inX, dataSet, labels, k):
07       #S=np.cov(dataSet.T)                #協方差矩陣,為計算馬氏距離
08       #SI = np.linalg.inv(S)              #協方差矩陣的反矩陣
09       #distances = np.array(distance.cdist(dataSet, [inX], 'mahalanobis',
     VI=SI)).reshape(-1)
10       distances = np.array(distance.cdist(dataSet, [inX], 'euclidean').
     reshape(-1))
11       sortedDistIndicies = distances.argsort()
     # 取排序的索引,用於label排序
12       classCount={}
13       for i in range(k):                 # 存取距離最近的5個實例
14           voteILabel = labels[sortedDistIndicies[i]]
15           classCount[voteILabel]=classCount.get(voteILabel,0)+1
16       sortedClassCount = sorted(classCount.items(),
17               key=operator.itemgetter(1), reverse=True)
18       return sortedClassCount[0][0]       # 取最多的分類
19
20   ret = [classify(x_test[i], x_train, y_train, 5) for i in range(len(x_test))]
21   print(accuracy_score(y_test, ret))
22   # 傳回結果:0.894736842105
```

本例中的距離計算使用了歐氏距離,同時提供了計算馬氏距離的實現程式
(第 7 行到第 9 行,未最佳化)。接下來是選取鄰近範例中最多的類別作為對
該實例的預測,最後用 Sklearn 函數庫中的評價函數 accuracy_score 計算預測
結果的精確度,其結果與 Sklearn 函數庫中 KNeighborsClassifier 的一致。

需要注意的是,距離計算方法需要根據實際的資料設定,雖然有些演算法考
慮的因素比較全面,但並不能以此推斷該方法在所有情況下都能實現最佳的
預測效果。

9.1.2 分群演算法

無監督學習沒有標籤資料，僅透過資料本身的異同將資料切分成不同類別，稱之為簇，其中又以分群演算法最為常見。無監督學習的作用是從未標記的資料中學習一種新的標記方法，進一步給訓練資料分類，以及用該方法標記新的資料。

K-Means（K- 平均值）是最常見的分群方法，其中 K 是使用者指定的要建立的簇的數目，演算法以 K 個隨機質心（Exemplar）開始，計算每個實例到質心的距離，每個實例會被分配到距其最近的簇質心，然後以新分配到的簇的實例為基礎更新質心（同類樣本的中心點，常用平均值計算），以上過程重複數次，直到質心不再改變。其中距離的計算方法一般使用歐氏距離，也可以使用其他計算距離的方法。

該演算法能確保收斂到一個駐點（平穩點），但不能確保能獲得全域最佳解，其結果受初始質心影響較大。該演算法可採用一些最佳化方法，如先將所有點作為一個簇，然後使用 K-Means（K=2）進行劃分，在下一次反覆運算時，選擇有最大誤差的簇進行劃分，重複到劃分為 K 個簇為止。該演算法在資料量大的情況下，計算量也隨之增大，需要加入最佳化策略，如一開始只取部分資料計算。

對於有監督學習，一般透過比較實際標籤值和預測標籤值來判斷模型的學習效果；對於無監督分群，通常使用散度評價其學習效果。散度（Divergence）用於代表格空間各點向量場發散的強弱程度，指定資料矩陣 X，其散度矩陣定義如式 9.1 所示：

$$S = \sum_{i=1}^{n} (X_i - \mu)^T (X_i - \mu) \tag{9.1}$$

其中，μ 是平均值，散度可以視為各點相對於平均值的發散程度。當資料集 D 被劃分為多個簇 $D_1, D_2, \cdots, D_k$ 時，μ_j 為簇 D_j 的平均值，S_j 為簇 D_j 的簇內散度矩陣，B 為將 D 中各點取代為對應簇平均值 u_j 後的散度矩陣，也稱簇間散度矩陣，計算方法如式 9.2 所示：

$$S = \sum S_i + B \tag{9.2}$$

無論是否劃分，整體的散度 S 不變，它由各個簇內部的散度 S_i 和各平均值相對於整體的散度 B 組成。聚簇的目標是增大 B，減少各個 S_i，就是讓簇內部的點離平均值更近、各簇間的距離更遠，這類似 F 檢驗中的組內差異和組間差異，可以使組內元素具有更多的共通性。上述公式可以作為評價分群品質的量度。

Sklearn 函數庫提供 K-Means 分群的演算法支援，下例中使用 Sklearn 函數庫附帶的 make_blobs 方法產生兩個維度的 X，共 100 個資料，然後用 K-Means 方法將其分為三個簇，用其中兩維特徵繪圖，並將簇的差異用不同顏色標出。

```
01    from sklearn.datasets import make_blobs        # 資料支援
02    from sklearn.cluster import KMeans             # 分群方法
03    import matplotlib.pyplot as plt                # 繪圖工具
04
05    X,y = make_blobs(n_samples=100, random_state=150)
06    y_pred = KMeans(n_clusters=3,random_state=random_state).fit_predict(X)
      # 訓練
07    plt.scatter(X[:,0],X[:,1],c=y_pred)
08    plt.show()
```

執行結果如圖 9.1 所示。

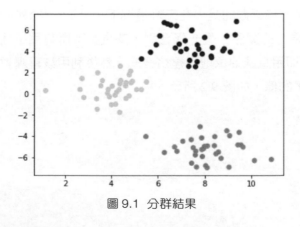

圖 9.1 分群結果

使用分群演算法需要注意以下問題：

（1）在特徵較多時，最好先降維，以免無意義的資料淹沒有意義的資料。

（2）在訓練分群前，最好先分析各個特徵的分佈情況並做標準化處理，以免值大的特徵具有較大的權重。

（3）可根據先驗知識，依據特徵的重要程度給予不同的權重。

（4）對於無法直接分成幾簇的資料，可以考慮使用核心函數轉換後再計算距離。

（5）分群不僅是無監督學習方法，而且還是從現有特徵中分析新特徵，以及將數值類型資料轉換成分類類型資料的方法。

本節介紹了兩種以距離為基礎的機器學習演算法，它們不僅可以獨立使用，而且還可以作為其他複雜演算法的特徵分析工具。從廣義的角度看，距離即差異，有很多演算法，例如線性回歸、SVM 演算法都可以歸入以距離為基礎的演算法，下面將依次介紹。

9.2 線性回歸與邏輯回歸

線性模型（Linear model）也是以距離為基礎的模型，它的核心在於依賴直線和平面處理資料。最直觀的是，在二維情況下，已知一些點的 X，Y 座標，統計條件 X 與結果 Y 的關係，畫一條直線，讓直線離所有點都儘量近（點線距離之和最小），即用直線抽象地表達這些點。然後利用該直線對新的引數 X 預測新的因變數 Y 的值，如圖 9.2 所示。

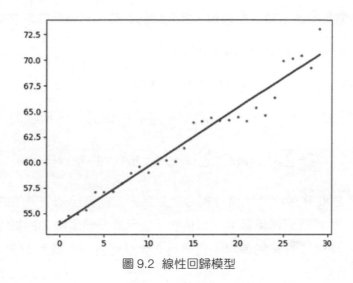

圖 9.2 線性回歸模型

9.2.1 線性回歸

線性回歸（linear regression，簡稱 LR），是線性模型的基礎。在二維情況下，線性回歸是一元線性回歸（只有一個引數），即解一元一次方程。而在實際問題中，因變數一般都是多維（求多個引數與一個因變數的關係），為了解 N 元一次方程，就要用到在第 7 章資料分析中使用過的多元線性回歸。

線性回歸問題是利用數理統計中的回歸分析方法，確定引數和因變數之間的定量關係，其實作方式一般使用最小平方法。

最小平方法（Ordinary Least Squares，簡稱 OLS）的核心就是確保所有資料偏差的平方和最小（「平方」在古代稱為「二乘」）。基本公式如式 9.3 所示：

$$Y = XW + e \qquad (9.3)$$

其中，X 是包含多維特徵的引數，Y 是因變數，W 是參數，e 是偏差。

當有一個引數（二維）時，用直線擬合點，直線方程式如式 9.4 所示：

$$y = w_0 + w_1 x + e \qquad (9.4)$$

其中，w_0 是截距，w_1 是斜率，e 是偏差。

下面推導：當有多個引數（多特徵，多元回歸）時，求解參數 W 的過程。

y 的估計值 y' 的計算方法如式 9.5 所示：

$$y' = w_0 + w_1 x_1 + w_2 x_2 \cdots \tag{9.5}$$

每個點的偏差是 $e = y - y'$，所有點的偏差的平方和如式 9.6 所示：

$$M = \sum_{i=1}^{n} (y_i - y_i')^2 = \sum_{i=1}^{n} (y_i - w_0 - w_1 x_{i1} - w_2 x_{i2} \cdots)^2 \tag{9.6}$$

當偏差的平方和 M 最小時，直線擬合效果最好，此時已知訓練集的各個引數 X 和因變數 y，求解回歸係數 W，以便將 y 表示成多個引數 X 的線性組合。實際方法：求 M 對各個 w 的偏導，偏導為 0 處是極值點（誤差 M 最小的點），如式 9.7 所示：

$$\begin{cases} \dfrac{\partial M}{\partial w_0} = -2 \sum_{i=1}^{n} (y_i - w_0 - w_1 x_{i1} - w_2 x_{i2} \cdots) = 0 \\ \cdots \\ \dfrac{\partial M}{\partial w_j} = -2 \sum_{i=1}^{n} (y_i - w_0 - w_1 x_{i1} - w_2 x_{i2} \cdots) x_{ij} = 0 \end{cases} \tag{9.7}$$

右側展開，如式 9.8 所示：

$$\begin{cases} n w_0 + \sum x_{i1} w_1 + \sum x_{i2} w_2 + \cdots = \sum y_i \\ \cdots \\ \sum x_{ip} w_0 + \sum x_{ip} x_{i1} w_1 + \sum x_{ip} x_{i2} w_2 + \cdots = \sum x_{ip} y_i \end{cases} \tag{9.8}$$

寫成矩陣形式，如式 9.9 和式 9.10 所示：

$$X'XW = X'Y \tag{9.9}$$

$$W = (X'X)^{-1} X'Y \tag{9.10}$$

使用上述公式即可計算出回歸係數 $W(w_1, w_2, w_3 \cdots)$ 的值。預測時，將回歸係數和引數代入公式，即可獲得預測值 y'，一般用矩陣乘法實現。

最小平方法的程式實現以下例所示。

```
01   import numpy as np
02   import matplotlib.pyplot as plt
03
04   def train(xArr,yArr):                           # 訓練模型
05       m,n = np.shape(xArr)
06       xMat = np.mat(np.ones((m, n+1)))            # 加第一列設為1，用於計算截距
07       x = np.mat(xArr)
08       xMat[:,1:n+1] = x[:,0:n]
09       yMat = np.mat(yArr).T
10       xTx = xMat.T*xMat
11       if np.linalg.det(xTx) == 0.0:               #行列式的值為0，無反矩陣
12           print("This matrix is sigular, cannot do inverse")
13           return None
14       ws = xTx.I*(xMat.T*yMat)
15       return ws
16
17   def predict(xArr, ws):                          # 預測
18       m,n = np.shape(xArr)
19       xMat = np.mat(np.ones((m, n+1)))            # 加第一列設為1, 用於計算截距
20       x = np.mat(xArr)
21       xMat[:,1:n+1] = x[:,0:n];
22       return xMat*ws
23
24   if __name__ == '__main__':
25       x = [[1], [2], [3], [4]]
26       y = [4.1, 5.9, 8.1, 10.1]
27       ws = train(x,y)
28       if isinstance(ws, np.ndarray):
29           print(ws)                               # 傳回結果：[[2.  ] [2.02]]
30           print(predict([[5]], ws))               # 傳回結果：[[12.1]]
31           plt.scatter(x, y, s=20)                 # 繪圖
32           yHat = predict(x, ws)
33           plt.plot(x, yHat, linewidth=2.0)
34           plt.show()
```

程式執行結果如圖 9.3 所示。

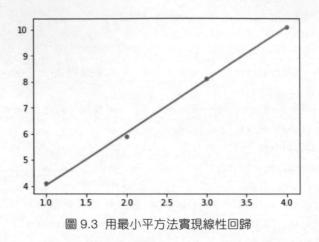

圖 9.3 用最小平方法實現線性回歸

> **注意**：回歸係數的個數比特徵多一個，以便用於表示截距。在 Sklearn 函數庫中也這樣，不同的是其截距儲存在 intercept_ 中，其他儲存在 coef_ 中。

使用 Sklearn 函數庫提供的線性回歸方法，程式以下（延用上例中的資料）：

```
01   from sklearn import linear_model
02   model = linear_model.LinearRegression()
03   model.fit(x, y)          # 訓練模型
04   print(model.intercept_, model.coef_)
                             # 傳回結果：(2.0000000000000018, array([2.02]))
05   print(model.predict([[5]]))    # 傳回結果：[12.1]
```

9.2.2 邏輯回歸

邏輯回歸（Logistic regression），在有監督學習中，回歸是預測實際的值。而此處的「邏輯回歸」是一種分類方法，邏輯是指其處理結果是邏輯值 0 或 1，即解決二分類問題，而回歸指的是它的基礎演算法是線性回歸。

與線性回歸不同的是，邏輯回歸的 *Y* 是分類 0 或 1，而非實際數值，它也是線性模型的擴充。如圖 9.4 所示，它的原理是用一條直線（以二維空間為例），將空間中的實例分成 0 或 1 兩個類別。

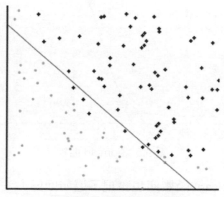

圖 9.4 邏輯回歸示意圖

把實際值轉換成類別的方法：對於二分類常使用 Sigmoid 函數，對於多分類常使用 Softmax 方法，Softmax 方法是 Sigmoid 函數的擴充。

Sigmoid 函數，也稱 S 型函數，是數值和邏輯值間轉換的工具。如圖 9.5 所示，它把 *X* 從負無限大到正無限大對映到 *y* 軸的 0 到 1 之間。很多時候需要求極值，而因為 0,1 分類是不連續的，不可導，所以要用一個平滑的函數擬合邏輯值。Sigmoid 公式如式 9.11 所示：

$$S(x) = \frac{1}{1 + e^{-x}} \tag{9.11}$$

以下為用 Python 程式實現 Sigmoid 函數，並繪製 Sigmoid 曲線：

```
01    import numpy as np
02    import matplotlib.pyplot as plt
03    def sigmoid(x):                      # S型函數實現
04        return 1.0 / (1.0 + np.exp(-x))
05    x = np.arange(-10,10,0.2)            # 產生-10~10，間隔為0.2的陣列
06    y = [sigmoid(i) for i in x]
07    plt.grid(True)                       # 顯示網格
08    plt.plot(x,y)
```

程式繪製出的 Sigmoid 曲線，如圖 9.5 所示。

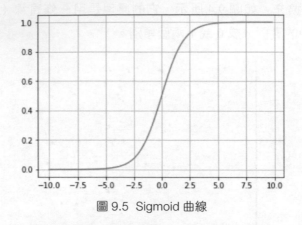

圖 9.5 Sigmoid 曲線

與線性回歸類似，Sklearn 函數庫也實現了邏輯回歸方法 LogisticRegression，以供開發者直接使用，實際使用方法請輔助線性回歸，此處不再詳細介紹。

線性模型的優點是了解和計算都相對簡單，缺點是無法解決非線性問題，或說需要先將其轉換成線性問題後，再求解。

9.3 支援向量機

支援向量機（Support Vector Machine，簡稱 SVM），屬於廣義的線性模型。線性模型可依據平面（多維）或直線（一維 / 二維）來了解，例如邏輯回歸模型就是用一筆直線將兩個類別的資料分開，如圖 9.6 所示。

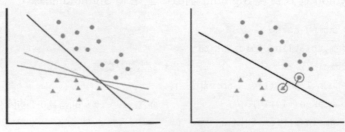

圖 9.6 線性模型原理

能將兩種分開的直線不止一條（圖 9.6 的左圖），而我們通常希望找到離兩組資料都最遠的那條線（中間線），以便取得更好的泛化效果，即圖 9.6 右圖中所示的相當大邊距分類器。一般把用於分類的直線（或多維中的面）稱為決策面，把離決策面最近的那些點（訓練實例）稱為支援向量，也就是圖 9.6 右圖中圈中的點。

有時會遇到無法用直線分類的情況，如圖 9.7 所示。

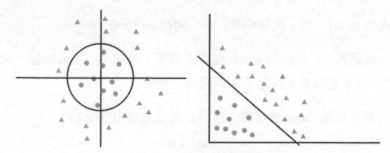

圖 9.7　廣義線性分類

其中圖 9.7 中的左圖可以用圓環劃分，圖 9.7 中的右圖展示了同樣的資料。在對其各特徵值取平方並轉換到新的特徵空間後，資料變成了線性可分。將資料從線性不可分轉成線性可分的函數稱為核心函數，轉換的方法稱為核心技巧（這裡使用了平方操作，核心函數也常把資料從低維對映到高維）。由於需要把原始模型轉換成線性模型，再進一步操作，因此稱之為「廣義線性模型」。

綜上，相對於基本線性模型，支援向量機模型主要有兩方面的擴充：一方面是考慮分類時的最大邊距，另一方面是使用核心函數把線性不可分的資料轉換成線性可分的資料。

1. 求解線性方程

使用 SVM 分類器，即求取能把資料正確分類的直線（或平面），並使得邊界兩邊的各個點離邊界最遠。為了簡化問題，我們只需考慮離分割線最近的資料點（支援向量），於是就轉為求點到直線距離的問題。

點 (x_0, y_0) 到直線 $Ax+By+C=0$ 的距離公式如式 9.12 所示:

$$d = \left| \frac{Ax_0 + By_0 + C}{\sqrt{A^2 + B^2}} \right| \qquad (9.12)$$

其中,直線 $Ax_0+By_0+C=0$ 也寫入成 $y=ax+b$ 或 $ax-y+b=0$,如式 9.13 所示:

$$ax - y + b = (a, -1)\begin{pmatrix} x \\ y \end{pmatrix} + b = 0 \qquad (9.13)$$

若用 w 代替 $(a, -1)$,用 x 代替向量 $\begin{pmatrix} x \\ y \end{pmatrix}$,則有 $wx+b=0$。

在多維的情況下,一般使用 $wx+b$ 描述決策面。其中,w 是權向量,決定了決策面的方向;b 是偏置,決定了決策面的位置。

求某點 x_0 到決策面 $wx+b$ 的距離,代入距離公式獲得式 9.14:

$$d = \frac{|wx_0 + b|}{\|w\|} \qquad (9.14)$$

之後求實際的 w 和 b 值使距離 d 最小。可以看成,在 $|wx+b|$ 的條件下,求 $\|w\|$ 的最小值,即求帶條件的最小值,這裡使用到拉格朗日乘子方法。

拉格朗日乘子用於尋找多元變數在一個或多個限制條件下的極值點,如求函數 $f(x_1, x_2, \cdots)$ 在 $g(x_1, x_2, \cdots) = 0$ 限制條件下的極值。其主要思想是將限制條件函數與原函數聯繫到一起產生等式方程式,如式 9.15 所示:

$$L(x, \lambda) = f(x) + \lambda \times g(x) \qquad (9.15)$$

其中,λ 為拉格朗日乘子,該公式把帶條件的求極值化簡成不帶條件的求極值。

在極值點處分別對 x 和 λ 求導。這裡引用了 λ,把求解 w 變成求解 λ。進一步求出在距離為最小值的情況下 λ 的設定值,然後求 w,不斷反覆運算,最後確定直線的參數。而其中 λ 不為 0 的點又正好是支援向量(只有不為 0 的點是該直線的限定條件),這樣同時求得了支援向量和分割線。

2. 鬆弛變數

由於資料可能不是 100% 線性可分，因此引用了鬆弛變數。它是允許變數處於分隔面的錯誤一側的比例。

鬆弛變數一般用懲罰係數 C 設定，C 值越大對誤分類的懲罰越大（越不允許鬆弛），趨向於對訓練集全分對的情況，這樣在對訓練評價時的準確率很高，但泛化能力弱。C 值越小對誤分類的懲罰越小，越允許出錯，將分錯的實例當成可接受的雜訊點，泛化能力較強，但可能影響整體準確率。

3. 維度變化與核心函數

低維不可分的資料轉換成高維可分的原理：N 個點在 $N\text{-}1$ 維一定是可分的，就如同只要決策樹的葉子夠多，在訓練集中一定能確保正確率。PCA 降維和核心函數升維都是對資料的對映，即轉換了角度，但資料內部關係不變。

核心函數的用途很廣泛，SVM 只是其中的一種使用場景。SVM 中常用的核心函數有線性、多項式、徑向基、Sigmoid 曲線等。

4. 用途

SVM 是以距離為基礎的模型（根據距離遠近判斷相似性），一般處理數值型特徵，常用作分類器，是有監督學習方法。

從資料儲存角度看，有的演算法要保留全部資料，如 KNN；有的完全不保留資料，如決策樹；而 SVM 保留一部分資料──支援向量（邊界附近的點比其他點更重要），這樣既能減少資料儲存量，被儲存的資料又有實際的意義。

SVM 的優點是泛化錯誤率低、負擔不大、易解釋，綜合了參數化模型和非參數化模型的優點。需要注意的是，它對參數和核心函數的選擇比較敏感。

在神經網路大規模應用之前，SVM 是一種非常流行的演算法，尤其是在沒有領域相關先驗知識的情況下，它是不用人工操作就能很好工作的分類器。

5. 程式

本例中使用 Sklearn 函數庫附帶的鳶尾花資料集做多分類預測，模型使用了 Sklearn 函數庫中的 SVC 支援向量機分類器，試用了兩種核心函數：高斯核心和線性核心，並作圖顯示出了資料的前兩維向量以及支援向量（圖中深色點）。

```
01    from sklearn import svm
02    from sklearn.model_selection import train_test_split
03    from sklearn.datasets import load_iris
04    import matplotlib.pyplot as plt
05
06    iris=load_iris()
07    X = iris.data                              # 取得引數
08    y = iris.target                           # 取得因變數
09    X_train, X_test, y_train ,y_test = train_test_split(X,y,test_size=0.2,
      random_state=0)
10    clf = svm.SVC(C=0.8, kernel='rbf', gamma=1)     # 高斯核心，鬆弛度為0.8
11    #clf = svm.SVC(C=0.5, kernel='linear')           # 線性核心，鬆弛度為0.5
12    clf.fit(X_train, y_train.ravel())
13
14    print('trian pred:%.3f' %(clf.score(X_train, y_train)))  # 對訓練集評分
15    print('test pred:%.3f' %(clf.score(X_test, y_test)))     # 對測試集評分
16    print(clf.support_vectors_)          # 支援向量串列，從中看到切分邊界
17    print(clf.n_support_)                     # 每個類別支援向量的個數
18
19    plt.plot(X_train[:,0], X_train[:,1],'o', color = '#bbbbbb')
20    plt.plot(clf.support_vectors_[:,0], clf.support_vectors_[:,1],'o')
```

程式輸出如圖 9.8 所示。

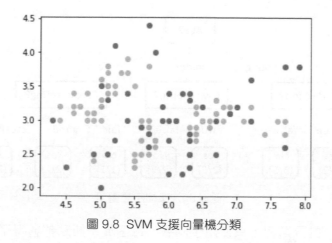

圖 9.8 SVM 支援向量機分類

9.4 資訊熵和決策樹

前面介紹了以距離為基礎的幾種模型，本節將介紹以邏輯為基礎的模型，常用的有樹模型和規則模型。

樹模型及以樹模型為基礎的複雜模型，幾乎佔據了機器學習領域的半壁江山。決策樹（Decision Tree）是透過一系列的判斷達到決策的方法。它可用於分類（二分類、多分類）、回歸，是有監督學習演算法。目前流行的隨機森林、梯度反覆運算決策樹等演算法都是以決策樹為基礎的演算法。

決策樹的優勢在於複雜度低，簡單直觀，容易了解，對缺失不敏感；可以產生規則；能處理非線性問題；支援離散和連續類型資料，可用於分類和回歸。其缺點是容易過擬合，啟發式的貪心演算法不能確保建立全域最佳解。

先舉一個簡單的實例：假設因變數是「是否購買房屋」，引數是年齡 Age、是否有工作 Has_job、是否已有房屋 Own_house、信貸評級 Credit_rating 四個特徵。樹的各個分叉點是對屬性的判斷，葉子是各分枝的實例個數，如圖 9.9 所示。

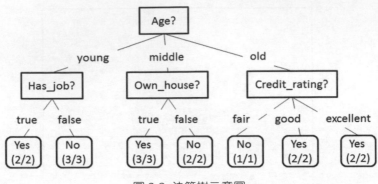

圖 9.9 決策樹示意圖

圖 9.9 是簡單的分類樹，只使用了兩層，每個葉子節點都獲得了一致的結果（如 2/2）。如果結果不一致，則會使用其他特徵繼續分裂，直到特徵用完，或分支下獲得一致的結果，或滿足一定停止條件（如事先設定樹的最大層數）。對於有問題的葉子節點，一般用多數表決法。常用剪枝的方法來避免決策樹的過擬合。

決策樹的原理看起來非常簡單，但在屬性值和實例較多的情況下，計算量也非常大，因此需要採用一些最佳化演算法來判斷哪些屬性會帶來明顯的差異。此時，會用到資訊量的概念。

9.4.1 資訊量和熵

1. 資訊量

在一般情況下，意外越大，越不可能發生；機率越小，資訊量越大，即資訊越多。例如「今天一定會天黑」，其實現機率為 100%，說與不說沒有差異，即資訊量為 0；如果有人說「今天天有異象，不會天黑」，這是個小機率事件，則資訊量很大。資訊量計算公式如式 9.16 所示：

$$I = \log_2\left(\frac{1}{p}\right) = \log_2(p^{-1}) = -\log_2(p) \tag{9.16}$$

其中，$\log_2$ 是以 2 為底的對數，p 是事件發生的機率。為了讓讀者有更直觀的認識，舉例如下：在擲骰子時每個數出現的機率都有 1/6，即 $\log_2(6)$=2.6。如果要描述 1 ~ 6 的全部可能性，則二進位需要 3 位元（3>2.6）。拋硬幣正反面各有 1/2 的可能性，即 $\log(2)$=1，故用 1 位元二進位即可描述。相比之下，擲骰子的資訊量更大。

2. 熵

熵是資訊量的期望值，描述的也是意外程度，即不確定性。熵的計算公式如式 9.17 所示：

$$E(S) = -\sum_{i=1}^{n} p_i \times \log_2(p_i) \tag{9.17}$$

從公式可以看出：$0 < E(S) \le \log_2(m)$，m 是分類個數，$\log_2(m)$ 是各種別均勻分佈時的熵。二分類熵的設定值範圍是 [0,1]，其中 0 是非常確定，1 是非常不確定。

當分類越多時，資訊量越大，熵也越大（可以比較拋硬幣和擲骰子）。如圖 9.10 所示，由於圖 C 將點平均分成 5 大類（其熵為 2.32），圖 B 將點平均分成兩種（熵為 1），因此看起來圖 C 更複雜，更不容易被分類，熵也更大。

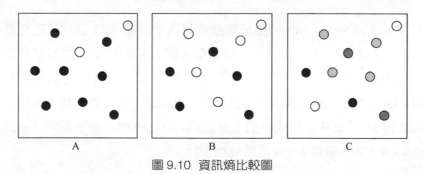

圖 9.10　資訊熵比較圖

另外，分類越平均，熵越大。圖 B（熵為 1）比圖 A（熵為 0.72）更複雜，更不容易被分類，熵也更大。

3. 資訊增益

資訊增益（Information Gain）是資訊熵的差值，其計算公式如式 9.18 所示：

$$\text{Gain}(S, A) = E(S) - E(S, A) \qquad (9.18)$$

其中，S 的資訊熵為 $E(S)$，在使用了條件 A 之後，其變成了 $E(S,A)$，因此條件引起的變化是 $E(S)$–$E(S,A)$，即資訊增益（描述的是變化量）。好的條件 A 是資訊增益越大越好，即變化後熵越小越好。因此，在決策樹分叉時，應優先使用資訊增益最大的屬性，這樣既降低了複雜度，也簡化了之後的邏輯。

下面舉例說明：假設使用 8 天股票資料為實例，以次日漲 / 跌作為目標分類，實心為漲，空心為跌，如圖 9.11 所示。

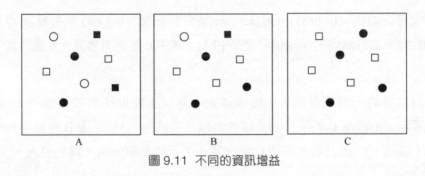

圖 9.11 不同的資訊增益

漲跌的機率比為 50%：50%（二分類整體熵為 1），圖 9.11 描述了三種特徵分別將樣本分為兩種：方和圓，每一種四個。圖 A 中在特徵為方或圓時漲跌比例各自為 50%：50%（條件熵為 1，資訊增益為 0）。圖 B 中方出現時的漲跌比例為 25%：75%，圓出現時的漲跌比例為 75%：25%（條件熵為 0.81，資訊增益為 0.19）。圖 C 中方出現時的漲跌比例為 0：100%，圓出現時的漲跌比例為 100%：0（條件熵為 0，資訊增益為 1）。

我們想要尋找的特徵是可直接將樣本分成正例和反例的特徵，如圖 C 中圓一旦出現，第二天必大漲，而最無用的圖 A 分類後與原始資料中正反比例相同。雖然圖 B 不能完全確定，但也使我們知道當圖 B 中的圓出現後，很可能上漲，因此也帶有一定的資訊增益。

使用奧卡姆剃刀原則:如無必要,勿增實體,即在不確定是否是有效的條件時暫時不要加入樹,以求建立最小的樹。舉例來說,如果特徵 X(代表當日漲幅)明顯影響第二天的漲跌,則優先加入;對於特徵 Y(代表當天的成交量),當單獨考慮 Y 時,可能無法預測第二天的漲跌,但如果考慮當日漲幅 X 等因素之後,成交量 Y 就可能變為一個重要的條件,則後加 Y。

對於特徵 Z(鄰居老王是否購買該股票),當單獨考慮 Z 時,無法預測,但在考慮所有因素之後,Z 的作用仍然不大,則屬性 Z 最後被捨棄。綜上所述,其策略是先選出有用的特徵,將不確定是否有效的特徵放在後面考慮。

4. 熵的作用

熵不只是決策樹中的一種演算法,也是一種思考方式。舉例來說,當正例與反例為 99:1 時,全選正例的正確率也有 99%,但這並不能說明演算法優秀,這就如同在牛市中盈利並不能說明操作能力高;當目標為二分類時,隨機設定值的正確率是 50%;若是分為三種,隨機設定值的正確率則為 33%,這也並不能說明分類效果變差了。在評價演算法的準確率時,以上因素都要考慮在內。在組合多個演算法時,一般也應該選擇資訊增益大的先處理。

在決策樹中,利用熵可以有效地減小樹的深度。計算每種特徵的熵,然後優先選擇熵小的、資訊增益大的(如圖 9.11 中圖 C 的方案)依次劃分資料。熵演算法可以作為決策樹的一部分單獨使用,也可以用於計算特徵的重要性。

下面的 Python 程式可以用於計算資訊熵,也可以計算不同引數對因變數設定值的影響。

```
01    import math
02    def entropy(*c):
03        if(len(c)<=0):
04            return -1
05        result = 0
06        for x in c:
07            result+=(-x)*math.log(x,2)
```

```
08      return result;
09  print(entropy(0.99,0.01))
10  # 傳回結果: 0.0807931358959
11  print(entropy(0.5,0.5))
12  # 傳回結果: 1.0
13  print(entropy(0.333,0.333,0.333))
14  # 傳回結果: 1.58481951167
```

9.4.2 決策樹

產生決策樹一般包含兩個步驟:產生樹和樹剪枝。產生樹主要是選擇分枝節點產生樹結構,常用的方法有 ID3,C4.5,CART 等。

上面介紹的資訊熵的方法屬於選擇分枝節點技術,主要用於處理引數和因變數都為離散資料的情況,而使用資訊增益最大的特徵做切分點,即 ID3 方法。

ID3 方法的缺點是它會優先選擇特徵為多分類的變數分裂,這是因為類別越多熵越大。而 C4.5 方法改進了這一問題,它用資訊增益比率(Gain ratio)作為選擇分支的準則,同時還透過將連續資料離散化解決了 ID3 方法中不能處理連續特徵的問題。在實際操作時,先對連續特徵的設定值排序並將其中各個值作為切分點,相對比較複雜,因此使用 C4.5 方法需要更大的運算量。

CART(Classification and Regression tree)方法,即分類回歸樹方法。顧名思義,它同時支援分類和回歸兩種決策樹。在使用 CART 方法分類時,要使用基尼(Gini)指數來選擇最好的資料分割特徵,其中基尼指數描述的是純度,與資訊熵的含義相似。CART 方法中的每一次反覆運算都會降低基尼指數,回歸時將比較不同分裂方法的均方差作為分裂依據。另外,CART 方法還改進了其剪枝策略。

決策樹一般都需要剪枝操作。一方面是由於理想的決策應確保簡潔,即在確保正確率的情況下,儘量使深度最小、節點最少。另一方面,剪枝也可以減小過擬合。

剪枝又分為前剪枝和後剪枝。前剪枝是在樹的分裂過程中，透過事先定義規則來決定樹何時停止分裂，如設定樹的最大深度、同一節點以下資料誤差範圍、葉節點最小實例個數等。後剪枝是先建置整個決策樹，然後處理葉子節點可靠度不夠的子樹。後剪枝相對前剪枝更為常用，實際方法包含錯誤率降低剪枝 REP（Reduced-Error Pruning）、悲觀錯誤剪枝 PEP（Pesimistic-Error Pruning）、代價複雜度剪枝 CCP（Cost-Complexity Pruning）等方法。

本例除了使用 Sklearn 機器學習函數庫，還使用了繪圖函數庫 pydotplus 及其底層的 graphviz 工具，一起把決策樹繪製成圖片。軟體安裝方法如下：

```
01    $ sudo pip install pydotplus
02    $ sudo apt-get install graphviz
```

程式使用了 Sklearn 函數庫附帶的鳶尾花資料集，目標是根據花萼長度（sepal length）、花萼寬度（sepal width）、花瓣長度（petal length）、花瓣寬度（petal width）這四個特徵來識別出鳶尾花屬於山鳶尾（iris-setosa）、變色鳶尾（iris-versicolor）和維吉尼亞鳶尾（iris-virginica）中的哪一種類型，屬於多分類問題。程式中使用了 Sklearn 函數庫附帶的決策樹分類器實現分類功能，並將決策樹繪製成圖型儲存在目前的目錄下的 a.jpg 檔案中。

```
01    from sklearn.datasets import load_iris          # 鳶尾花資料集
02    from sklearn.model_selection import train_test_split # 切分資料集工具
03    from sklearn import tree                          # 決策樹工具
04    import pydotplus                                  # 作圖工具
05    import StringIO
06    iris=load_iris()
07    X = iris.data                                     # 取得引數
08    y = iris.target                                   # 取得因變數
09    X_train, X_test, y_train ,y_test = train_test_split(X,y,test_size=0.2,
      random_state=0)
10    clf = tree.DecisionTreeClassifier(max_depth=5)
11    clf.fit(X_train,y_train)                          # 訓練模型
12    print("score:", clf.score(X_test,y_test))         # 模型評分
13    # 產生決策樹圖片
```

```
14   dot_data = StringIO.StringIO()
15   tree.export_graphviz(clf,out_file=dot_data,
16                        feature_names=iris.feature_names,
17                        filled=True,rounded=True,
18                        impurity=False)
19   graph = pydotplus.graph_from_dot_data(dot_data.getvalue())
20   open('a.jpg','wb').write(graph.create_jpg())    # 儲存圖片
```

產生的決策樹邏輯圖,如圖 9.12 所示。

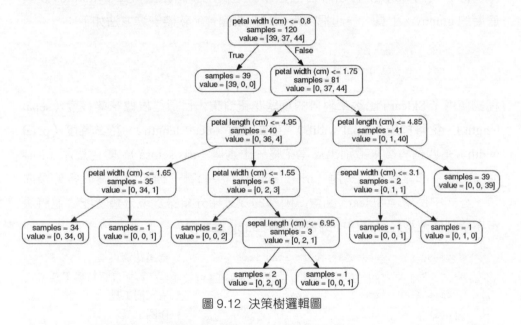

圖 9.12　決策樹邏輯圖

使用 Sklearn 函數庫的樹模型訓練後,對測試集評分,預設評價函數是準確率 Accuary。如果資料集中包含大量無意義的資料,則評分結果可能不是很高。但是從圖的角度看,如果某一個葉子節點的實例足夠多,且分類一致,則有時也可以把這個判斷條件單獨拿來使用。Sklearn 函數庫的樹工具除了分類也提供了樹回歸模型。

在使用決策樹模型時,最後獲得的不僅是用於預測的模型,而且還可以透過模型檢視樹中的實際規則。而樹的邏輯本身也是從無序到有序的分裂過程。

9.5 連結規則

使用決策樹分類模型經常遇到的問題：當資料並不完全可分時，模型效果並不好。而實際的資料經常是這樣：各種無意義的資料和少量有意義的資料混雜在一起，無意義的資料又無規律可循，無法統一去除。

舉例來說，由於股票和外匯市場受各種因素的影響，因此預測次日漲跌的各種演算法的效果都不好。雖然無法找到通用的規律，但前人卻在資料中探索到了一些模式，如十字星、孕線、三隻烏鴉等組合，它們對特定情況具有一定的預測性。

在決策樹演算法中，也會遇到同樣的情況：雖然模型整體得分不高，但在某些葉節點上純度高（全是正例或全是反例）並且實例多，這時就可以單獨取出該分枝作為規則。這雖然不能預測任意資料，但可以作為篩檢程式使用。

由於大多數的規則是由人來手動定義的，因此程式設計師常常需要將一些已有的知識程式化作為篩選和判斷的方法。舉例來說，對於「搶紅包」活動的反作弊方法，通常先由人歸納規律，然後將其程式化。當人的經驗足夠豐富、規則足夠多時，其效果通常也不錯。

本節將介紹規則模型，即使用機器學習的方法在巨量資料中尋找規則。規則模型和決策樹同屬邏輯模型，不同的是決策樹對正例和反例同樣重視，而規則模型只重視其中的一項。因此，決策樹呈現的是互斥關係；而規則模型允許重疊，結果是相對零散的規則清單，其更像在大量資料中挑選有意義的資料。

如果說樹是精確模型，那麼規則模型則是啟發式策略（雖然經過修改也能覆蓋所有實例，但一般不這樣使用）。它可以找到資料集中的子集，相對於全部資料，該子集有明顯的意義。規則模型多用於處理離散資料，如在文字中尋找頻繁單字、分析摘要、分析購物資訊等。

規則模型實際有兩種實現方法：一種是找規則，使其覆蓋同質（全真或全假）的樣本集（和樹類似）；另一種是選定類別，找覆蓋該類別實例樣本的規則集。

連結規則（Association Rules）是反映一個事物與其他事物之間相互依存性和連結性的方法，使用它可以採擷有價值的特徵之間的相關關係。連結規則的經典案例：採擷啤酒和尿布之間的連結，即透過對購物清單的分析，發現看似毫無關係的啤酒和尿布經常在使用者的購物車中一起出現，這時就可以透過採擷出啤酒、尿布這個頻繁項集，當使用者買了尿布時向他推薦啤酒，進一步實現組合行銷的目的。

本節將介紹兩種以連結規則為基礎的無監督學習演算法：Apriori 和 FP-growth。

9.5.1 Apriori 連結規則

用 Apriori 連結規則實現的頻繁項集採擷演算法是最基本的規則模型。Apriori 在拉丁語中的意思是「來自以前」，演算法的目標是找到出現頻率高的簡單規則。

Apriori 連結規則的原理：如果某個項集是頻繁的，那麼它的所有子集也是頻繁的；反之，如果一個項集是非頻繁的，那麼它的子集也是非頻繁的。舉例來說，如果啤酒和尿布常常同時出現，則啤酒單獨出現的機率也很高；反之，如果這個地區的人極少喝啤酒，則啤酒和尿布的組合也不會常常出現。

實際演算法：產生單一物品清單，先去掉頻率低於支援度（物品出現的最低頻率）的項，再組合兩個物品，去掉低於支援度的，依此類推，求出頻繁項集，然後在頻繁項集中取出連結規則。演算法的輸入是大量可能相關的資料組合、支援度和可靠度，輸出的是頻繁項集或連結規則。

Apriori 連結規則的優點是易於了解；缺點是計算量大，如果共有 N 件物品，則計算量是 2^{N-1}。這在特徵較多或特徵的狀態過多時，都會導致大量計算。

Apriori 連結規則有關的相關概念：

（1）支援度：資料集中包含該項集的記錄所佔的比例。

（2）可靠度：同時支援度除以部分支援度，即純度。

（3）頻繁項集：經常同時出現的物品的集合。

（4）連結規則：兩種物品間可能存在很強的關係，例如 A,B 同時出現，如果
　　 A->B，則 A 稱為前件，B 稱為後件。如果 A 發生的機率為 50%，而 AB
　　 的機率為 25%，則 A 不一定引發 B，但如果 AB 發生的機率為 49%，則
　　 可認為 A->B。

下面以購物為例，從多次購物資料中取頻繁項集，並顯示各組合的支援度。
首先，使用 load 函數讀取購物資料，資料儲存在二維陣列中，每行視為一次
購物。然後定義 create_collection 函數將每種商品作為一個集合放入串列，建
置初始組合。

```
01    from numpy import *
02
03    def load():
04        return [['香蕉','蘋果','梨','葡萄','櫻桃','西瓜','芒果','枇杷'],
05                ['蘋果','鳳梨','梨','香蕉','荔枝','芒果','柳丁'],
06                ['鳳梨','香蕉','橘子','柳丁'],
07                ['鳳梨','梨','枇杷'],
08                ['蘋果','香蕉','梨','荔枝','枇杷','芒果','香瓜']]
09
10    # 建立所有物品集合
11    def create_collection_1(data):
12        c = []
13        for item in data:
14            for g in item:
15                if not [g] in c:
16                    c.append([g])
17        c.sort()
18        return list(map(frozenset, c))
```

接下來定義 check_support 函數計算每種組合的支援度，並判斷是否大於設定
的最小支援度。如果滿足條件則加入串列，同時用字典的方式傳回各種組合
的支援度。

```
01    def check_support(d_list, c_list, min_support):
02        # d_list是購物資料，c_list是物品集合，support是支援度
```

```
03      c_dic = {}                          # 組合計數
04      for d in d_list:                    # 每次購物
05          for c in c_list:                # 每個組合
06              if c.issubset(d):
07                  if c in c_dic:
08                      c_dic[c]+=1          # 組合計數加1
09                  else:
10                      c_dic[c]=1           # 將組合加入字典
11      d_count = float(len(d_list))        # 購物次數
12      ret = []
13      support_dic = {}
14      for key in c_dic:
15          support = c_dic[key]/d_count
16          if support >= min_support:      # 判斷支援度
17              ret.append(key)
18          support_dic[key] = support      # 記錄支援度
19      return ret, support_dic             # 傳回滿足支援率的組合和支援度字典
```

下一步，用 create_collection_n 函數建立多個商品組合，參數 k 用於設定組合中商品的個數，此函數只建立組合，而不做任何篩選和判斷。

```
01   def create_collection_n(lk, k):
02       ret = []
03       for i in range(len(lk)):
04           for j in range(i+1, len(lk)):
05               l1 = list(lk[i])[:k-2];
06               l1.sort()
07               l2 = list(lk[j])[:k-2]
08               l2.sort()
09               if l1==l2:
10                   ret.append(lk[i] | lk[j])
11       return ret
```

最後是核心函數 apriori 和主程式呼叫，apriori 函數依次建立從一個商品到多個商品的組合，並判斷各個組合是否滿足支援度。如果滿足則加入傳回串列，同時傳回所有商品組合的支援度字典。

```
01  def apriori(data, min_support = 0.5):
02      c1 = create_collection_1(data)
03      d_list = list(map(set, data))          # 將購物串列轉換成集合串列
04      l1, support_dic = check_support(d_list, c1, min_support)
05      l = [l1]
06      k = 2
07      while (len(l[k-2]) > 0):
08          ck = create_collection_n(l[k-2], k)    # 建立新組合
09          lk, support = check_support(d_list, ck, min_support)
        # 判斷新組合是否滿足支援率
10          support_dic.update(support)
11          l.append(lk)                           # 將本次結果加入整體
12          k += 1
13      return l, support_dic
14
15  if __name__ == '__main__':
16      data = load()
17      l,support_dic = apriori(data)
18      print(l)
19      print(support_dic)
20  # 傳回結果：
21  # [[frozenset({'枇杷'}), frozenset({'梨'}), ... , frozenset({'芒果',
    '蘋果', '香蕉'})], [frozenset({'蘋果', '梨', '香蕉', '芒果'})], []]
22  # {frozenset({'枇杷'}): 0.6, frozenset({'梨'}): 0.8, ... , frozenset({
    '蘋果', '梨', '香蕉', '芒果'}): 0.6}
```

9.5.2　FP-Growth 連結分析

FP 是 Frequent Pattern 的縮寫，代表頻繁模式，可將其看作 Apriori 的加強版。FP-Growth 演算法比 Apriori 演算法的速度快，效能加強在兩個數量級以上，在巨量資料集上表現更佳。和 Apriori 演算法多次掃描原始資料相比，FP-Growth 演算法則只需掃描兩遍原始資料，並把資料儲存在 FP 樹結構中。

FP 樹以樹的方式建置，與搜尋樹不同的是，FP 樹中的元素項可以出現多次。另外，FP 樹會儲存項集出現的頻率，每個項集以路徑的方式儲存在樹中，存

在相似元素的集合會共用樹的一部分，只有當集合之間完全不同時，樹才會分叉。

除了樹，FP-Grouth 還維護索引表（Header table），即把所有含相同元素的節點組織成串列，以便尋找。

其實際演算法是先建置 FP 樹，然後從 FP 樹中採擷頻繁項集。

（1）收集資料。資料是五次購物的清單（記錄），如表 9.1 中「購物項」列所示。

（2）去除非頻繁項，如香瓜、西瓜、柳丁等，並按出現頻率排序，如表 9.1 中「除非頻繁項並排序」列所示。

表 9.1 購物串列

序號	購物項	除非頻繁項並排序
01	香蕉、蘋果、梨、葡萄、櫻桃、西瓜、芒果、枇杷	香蕉、梨、蘋果、芒果、枇杷
02	蘋果、鳳梨、梨、香蕉、荔枝、芒果、柳丁	香蕉、梨、蘋果、鳳梨、芒果
03	鳳梨、香蕉、橘子、柳丁	香蕉、鳳梨
04	鳳梨、梨、枇杷	梨、鳳梨、枇杷
05	蘋果、香蕉、梨、荔枝、枇杷、芒果、香瓜	香蕉、梨、蘋果、芒果、枇杷

（3）將清單依次加入樹，並建立索引表（左側框），如圖 9.13 所示。

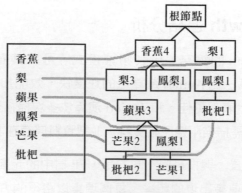

圖 9.13 FP 樹及索引表

（4）從下往上建置每個商品的 CPB（conditional pattern base，條件模式基）。沿著索引表順圖中的灰色線條找出所有包含該商品的路徑（從根節點開始到該商品經過的路徑），其就是該商品的 CPB。所有 CPB 的頻繁度（計數）為該路徑上 item 的頻繁度（計數）。

舉例來說，枇杷的 CPB 是路徑香蕉＋梨＋蘋果＋芒果，頻度為 2；路徑梨＋鳳梨，頻度為 1。而蘋果的 CPB 是路徑香蕉＋梨，頻度為 3。

（5）建置條件 FP 樹（Conditional FP-tree），是累加每個 CPB 上的商品的頻繁度（計數），並過濾掉低於設定值的項。遞迴採擷每個條件 FP 樹，累加頻繁項集，直到 FP 樹為空或只剩一條路徑為止。

9.6 貝氏模型

前面學習了以邏輯為基礎的模型（如決策樹類別模型）和以距離為基礎的模型（如線性回歸、KNN），本節開始學習以統計為基礎的模型。統計模型的優勢在於用機率值代替硬規則，如機率模型可以展示出兩種可能性的比例：0.51：0.49 和 0.99：0.01，雖然在預測時都會預測成前一類別，但是機率能展示出更多的資訊及其原因。

9.6.1 貝氏公式

先從一個簡單的實例開始：假設事件 X 是努力，事件 Y 是成功，凡是成功的人都努力了（當 Y 成立時，X 必然成立）；但是努力的人不一定都能成功（當 X 成立時，Y 不一定成立）。也就是説，X 與 Y 之間的關係不對等，但 X 和 Y 之間又存在聯繫。很多時候，我們會混淆 X 和 Y 的關係，但透過機率及條件機率可清楚地描述這種關係。

1. 貝氏公式

在學習貝氏公式之前，先熟悉幾個概念及其對應的符號。

（1）邊緣機率：事件 X 發生的機率，稱為邊緣機率，記作 $P(X)$。

（2）條件機率：事件 Y 在事件 X 已經發生條件下的發生機率，稱為條件機率，記作 $P(Y|X)$。

（3）聯合機率：事件 X,Y 共同發生的機率，記作 $P(XY)$ 或 $P(X,Y)$。

貝氏公式用於描述兩個條件機率之間的關係。聯合機率可以寫成式 9.19：

$$P(XY) = P(Y)P(X \mid Y) = P(X) \mid P(Y \mid X) \tag{9.19}$$

計算其條件機率的方法如式 9.20 所示：

$$P(Y \mid X) = \frac{P(XY)}{P(X)} = \frac{P(Y)P(X \mid Y)}{P(X)} \tag{9.20}$$

為了更直觀地說明問題，對上面的實例稍做調整：用 Y_1 表示成功，Y_0 表示不成功，X_1 表示努力，X_0 表示不努力。當有 50% 的人努力時，$P(X_1)=50\%$；當有 20% 的人成功時，$P(Y_1)=20\%$；已知成功的人中 75% 都努力了，則 $P(X_1|Y_1)=75\%$，求如果努力則成功的機率有多大？如圖 9.14 所示。

圖 9.14 條件機率示意圖

先求聯合機率，其中努力且成功的人，如式 9.21 所示：

$$P(X_1Y_1) = P(X_1 \mid Y_1)P(Y_1) = 75\% \times 20\% = 15\% \tag{9.21}$$

然後計算條件機率，努力的人的成功機率有多大，如式 9.22 所示：

$$P(Y_1 \mid X_1) = P(X_1 Y_1) / P(X_1) = 15\% / 50\% = 30\% \qquad (9.22)$$

在實際場景中使用貝氏公式時，也常用以下寫法，如式 9.23 所示：

$$P(Y_i \mid X) = \frac{P(Y_i)P(X \mid Y_i)}{P(X)} = \frac{P(Y_i)P(X \mid Y_i)}{\displaystyle\sum_{j=1}^{n} P(Y_j)P(X \mid Y_j)} \qquad (9.23)$$

其中，分母是所有努力者，即「努力 & 成功」和「努力 & 不成功」之和，本例中為 50%。

有時候需要自己計算分母，例如將題目改為有 20% 的人成功了 $P(Y_1)=20\%$，成功的人中有 75% 是努力的 $P(X_1|Y_1)=75\%$，不成功的人中有 43.75% 是努力的 $P(X_1|Y_0)=43.75\%$，代入公式獲得式 9.24：

$$
\begin{aligned}
P(Y_1 \mid X_1) &= \frac{P(Y_1)P(X_1 \mid Y_1)}{P(Y_1)P(X_1 \mid Y_1) + P(Y_0)P(X_1 \mid Y_0)} \\
&= \frac{20\% \times 75\%}{20\% \times 75\% + (1 - 20\%) \times 43.75\%} = 30\%
\end{aligned}
\qquad (9.24)
$$

2. 先驗機率 / 後驗機率

先驗機率 + 樣本資訊 => 後驗機率

先驗機率是在進行一系列實際的觀測和實驗之前就知道的量 $P(Y)$，一般來自經驗和歷史資料。而後驗機率一般認為是在指定樣本情況下的條件分佈 $P(Y|X)$。

先驗機率與樣本的結合也是規則和實作的結合。我們可以將樣本訓練視為一個減少不確定性的過程，即用 X 帶來的資訊不斷地修改 Y 判斷標準的過程，在每一次訓練之後，後驗變為下一次的先驗，不斷重複。

3. 判別式模型與產生式模型

判別式模型（Discriminative Model）是直接計算條件機率 $P(Y|X)$ 的建模，簡單地說就是用正反例直接做除法算出機率，常見的有線性回歸、SVM 等。

產生式模型（Generative Model）包含推理的過程，透過聯合機率 $P(XY)$ 和貝氏公式求出 $P(Y|X)$，常見的有單純貝氏模型、隱馬可夫模型等。

4. 拉普拉斯平滑

拉普拉斯平滑（Laplace Smoothing）又被稱為加 1 平滑，主要解決的是在機率相乘的過程中，如果有一個值為 0，則會導致結果為 0 的問題。實際的方法是分子加 1，分母加 K，K 代表類別數目。

舉例來說，$p(X1|C1)$ 指在垃圾郵件 $C1$ 這個類別中，單字 $X1$ 出現的機率。$p(X1|C1)= n1 / n$，其中 $n1$ 為 $X1$ 出現的次數，n 為總單字數。當 $X1$ 不出現時，$P(X1|C1)=0$，修正後 $p(X1|C1)=(n1+1)/(n+N)$，其中 N 是詞庫中所有單字的數目。

9.6.2 單純貝氏演算法

單純貝氏演算法（Naive Bayesian）是以貝氏定理和條件獨立性假設為基礎的分類演算法。

該演算法的優點是對缺失資料不敏感，演算法簡單，結果直觀，只需要儲存機率資訊，佔用空間不大；其缺點是基於特徵之間相互獨立的假設，而該假設在實際應用中常常不成立，容易產生高度相關特徵的雙重計數且指定更高的比例。

1. 條件獨立性假設

條件獨立性假設指特徵 A 與 B 無關。舉例來說，在關於兔子的特徵中，尾巴短和愛吃蘿蔔這兩個特徵分別與兔子相關，但它們彼此之間無關，並非尾巴短的都愛吃蘿蔔，所以有式 9.25：

$$p(B \mid A) = p(B) \tag{9.25}$$

即無論 A 是什麼，B 的機率都不變。

2. 機率的乘法

兩個獨立事件都發生的聯合機率等於兩個事件發生機率的乘積。

當 $P(A)$ 與 $P(B)$ 無關時，$P(B)=P(B|A)$，因此有式 9.26：

$$P(AB) = P(A)P(B \mid A) = P(A)P(B) \tag{9.26}$$

3. 單純貝氏

單純貝氏是貝氏法則應用最為廣泛的機器學習演算法之一，之所以稱為「樸素」是因為它有兩個假設：特徵之間相互獨立和每個特徵同等重要。其公式如式 9.27 所示：

$$C_{\text{result}} = \underset{C_k}{\text{argmax}}\, P(Y = C_k) \prod_{j=1}^{n} p(X_j = X_j^{(\text{test})} \mid Y = C_k) \tag{9.27}$$

其中，C_{result} 指最後被預測的類別，該類別為目前列出的特徵 X 對應機率最大的一種分類。該公式比較抽象，如果把其簡化成二分類問題，那麼單純貝氏可看作按目前 X 特徵的機率求和，然後比較是正例的機率大還是反例的機率大並取其大者。

4. 程式

本程式使用單純貝氏演算法判斷影評的感情色彩，訓練實例使用豆瓣影評資料集，感情色彩透過「加星」多少取得。

首先，建置訓練資料。為了方便讀者直接執行偵錯，以下程式摘錄了六筆影評資料，建議讀者透過搜尋「豆瓣 5 萬筆影評資料集」下載更多訓練資料，以獲得更好的訓練效果。文字資料最常見的資料格式是以句為單位，本例中使用了 Jieba 分詞工具將其拆分成以詞為單位。load 函數用來讀取訓練資料，

其傳回的第一個值為詞表，第二個值為每句對應的感情色彩，0 為負面，1 為
正面。

```
01    import numpy as np
02    import jieba
03
04    def load():
05        arr = ['不知道該說什麼，這麼爛的抄襲片也能上映，我感到很尷尬',
06              '天 。一個大寫的滑稽。',
07              '劇情太狗血，演技太浮誇，結局太無語。整體太差了。這一個半小時廢了。',
08              '畫面很美，音樂很好聽，主角演得很合格，很值得一看的電影，男主角很
                 '帥很帥，讚讚讚',
09              '超級喜歡的一部愛情影片',
10              '故事情節吸引人，演員演得也很好，電影裡的歌也好聽，總之值得一看，
                 '看了之後也會很感動。']
11        ret = []
12        for i in arr:
13            words = jieba.lcut(i)    # 將句子切分成詞
14            ret.append(words)
15        return ret,[0,0,0,1,1,1]
```

下一步是資料處理。將句子內容轉換成多個 0 或 1 欄位，該操作類似 OneHot
轉換。先用 create_vocab 函數建立詞彙表，該表包含在訓練集中出現的所有詞
彙。再用 word_to_vec 函數將句子轉換成對應的詞表，根據其在詞彙表中是否
出現設定為 0 或 1，轉換成列舉型的資料表。無論是自己撰寫分類器還是使用
Sklearn 函數庫提供的分類方法，都需要進行資料處理。

```
01    def create_vocab(data):
02        vocab_set = set([])                # 使用set集合操作去掉重複出現的詞彙
03        for document in data:
04            vocab_set = vocab_set | set(document)
05        return list(vocab_set)
06
07    def words_to_vec(vocab_list, vocab_set):    # 將句子轉換成詞表格式
08        ret = np.zeros(len(vocab_list))
                          # 建立資料表中的一行，並設定初值為0（不存在）
```

```
09        for word in vocab_set:
10            if word in vocab_list:
11                ret[vocab_list.index(word)] = 1  # 若該詞在本句中出現，則設定為1
12        return ret
```

接下來是貝氏分類器的實現，分為訓練 train 和預測 predict 兩部分。訓練部分
根據公式計算出每個詞在正例 / 反例中出現的機率，以及整體實例中正例所
佔比例。預測時，根據測試資料所包含的詞彙分別計算其為正例和反例的機
率，透過比較二者大小，進行預測。

```
01   def train(X, y):
02       rows = X.shape[0]
03       cols = X.shape[1]
04       percent = sum(y)/float(rows)      # 正例百分比
05       p0_arr = np.ones(cols)            # 設定初值為1，後作為分子
06       p1_arr = np.ones(cols)
07       p0_count = 2.0                    # 設定初值為2，後作為分母
08       p1_count = 2.0
09       for i in range(rows):            # 按每句檢查
10           if y[i] == 1:
11               p1_arr += X[i]            # 陣列按每個值相加
12               p1_count += sum(X[i])     # 句子所有詞個數相加（只計詞彙表中的詞）
13           else:
14               p0_arr += X[i]
15               p0_count += sum(X[i])
16       p1_vec = np.log(p1_arr/p1_count)      # 當為正例時，每個詞出現的機率
17       p0_vec = np.log(p0_arr/p0_count)
18       return p0_vec, p1_vec, percent
19
20   def predict(X, p0_vec, p1_vec, percent):
21       p1 = sum(X * p1_vec) + np.log(percent)        # 分類為1的機率
22       p0 = sum(X * p0_vec) + np.log(1.0 - percent)  # 分類為0的機率
23       if p1 > p0:
24           return 1
25       else:
26           return 0
```

最後，透過 main 函數呼叫以上各函數，實現對測試資料的評價。

```
01  if __name__ == '__main__':
02      sentences,y = load()
03      vocab_list = create_vocab(sentences)
04      X=[]
05      for sentence in sentences:
06          X.append(words_to_vec(vocab_list, sentence))
07      p0_vec, p1_vec, percent = train(np.array(X), np.array(y))
08      test = jieba.lcut('抄襲得那麼明顯也是醉了！')
09      test_X = np.array(words_to_vec(vocab_list, test))
10      print(test,'分類',predict(test_X, p0_vec, p1_vec, percent))
11  # 執行結果:
12  # ['抄襲', '得', '那麼', '明顯', '也', '是', '醉', '了', '！'] 分類 0
```

5. 單純貝氏工具

上面程式介紹了單純貝氏演算法的實際程式實現，在實際應用過程中，可以
直接呼叫 Sklearn 函數庫提供的單純貝氏方法，其中常用的如下。

（1）BernoulliNB：先驗為伯努利分佈（二值分佈）的單純貝氏，用於布林型
變數。

（2）GaussianNB：先驗為高斯分佈的單純貝氏，用於連續型變數。

（3）MultinomialNB：先驗為多項式分佈的單純貝氏，多用於文字分類，統計
出現次數，用 partial_fit 方法可以進行多次訓練。

從貝氏網路的角度看，條件獨立性去掉了網路中所有的依賴連接，把網路結
構簡化成了單層，是一個比較簡單的模型，類似線性擬合。如果需要處理一
個場景中的多種模式，則需要用整合模型組合多個簡單模型。單純貝氏更適
合資料多、屬性多、分層少的應用。

單純貝氏之所以被稱為經典模型，並非因其功能強大，而是因為它是基礎演
算法，可用於建置更複雜的模型。單純貝氏不僅用於分類或回歸預測，而且
也用於分析導致結果的重要條件，例如重要特徵篩選。

單純貝氏演算法常用於資訊檢索、文字分類、識別垃圾郵件等領域。在處理文字資訊時，最好先透過領域知識去掉無統計意義的詞和停用詞（如中文「的」、「地」、「得」），否則有意義的資訊會被巨量的無意義的資訊吞沒，而且特徵過多也浪費運算資源。

另外，需要注意的是，由於單純貝氏基於條件獨立性假設，因此最好在代入模型前先使用降維方法去除特徵之間的相關性。

9.6.3 貝氏網路

貝氏網路（Bayesian network），又稱為信念網路（Belief Network），或有向無環圖模型。它利用網路結構描述領域的基本因果知識。

貝氏網路中的節點表示命題（或隨機變數），其中認為有相依關係（或非條件獨立）的命題用箭頭來連接。

令 $G = (I,E)$ 表示一個有向無環圖（DAG），其中 I 代表圖形中所有節點的集合，E 代表有向連接線段的集合，且令 $x = (x_i)$，$i \in I$ 且為其有向無環圖中的某一節點 i 所代表的命題，則節點 x 的聯合機率可以表示成式 9.28：

$$p(x) = \prod_{i \in I} p(x_i \mid x_{pa(i)}) \tag{9.28}$$

其中，$Pa(i)$ 是 i 的父節點，即 i 的前提條件。聯合機率可由各自的局部條件機率分佈相乘得出，見式 9.29：

$$p(x_1 \cdots x_k) = p(x_k \mid x_1 \cdots x_{k-1}) \cdots p(x_2 \mid x_1) p(x_1) \tag{9.29}$$

由於單純貝氏中的各個變數 x 相互獨立且 $p(x_2 \mid x_1) = p(x_2)$，得出式 9.30：

$$p(x_1 \cdots x_k) = p(x_k) \cdots p(x_2) p(x_1) \tag{9.30}$$

因此，可以說單純貝氏是貝氏網路的一種特殊情況。

EBay 的 Bayesian-belief-networks 是貝氏網路的 Python 工具套件，本例使用該函數庫解決蒙提·霍爾三扇門問題。

蒙提·霍爾問題是機率中的經典問題，出自美國的電視遊戲節目。問題的名字來自該節目的主持人蒙提·霍爾（Monty Hall）。參賽者會看見三扇關閉的門，其中一扇門後面有一輛汽車，選取這扇門後可贏得該汽車，另外兩扇門後面各有一隻山羊。

當參賽者選定了一扇門，但未去開啟它的時候，節目主持人開啟了剩下兩扇門的其中一扇，門後面有一隻山羊（主持人不會開啟有車的那扇門）。之後主持人會問參賽者要不要換另一扇仍然關著的門。問題是換另一扇門是否會增加參賽者贏得汽車的機率？答案是如果不換，則贏得汽車的機率是 1/3；如果換了，則贏得汽車的機率是 2/3。

首先，下載安裝軟體套件：

```
01    $ git clone https://******.com/eBay/bayesian-belief-networks
02    cd bayesian-belief-networks/
03    sudo python setup.py install
```

> **注意**：bayesian 只能在 Python 2 中使用。

程式如下：

```
01    from bayesian.bbn import build_bbn
02
03    def f_prize_door(prize_door):
04        return 0.33333333
05    def f_guest_door(guest_door):
06        return 0.33333333
07    def f_monty_door(prize_door, guest_door, monty_door):
08        if prize_door == guest_door:    # 參賽者猜對了
09            if prize_door == monty_door:
10                return 0                 # Monty不會開啟有車的那扇門，不可能發生
11            else:
12                return 0.5               # Monty會開啟其他兩扇門，二選一
13        elif prize_door == monty_door:
14            return 0                     # Monty不會開啟有車的那扇門，不可能發生
```

```
15      elif guest_door == monty_door:
16          return 0                  # 門已經由參賽者選定，不可能發生
17      else:
18          return 1                  # Monty開啟另一扇有羊的門
19
20   if __name__ == '__main__':
21      g = build_bbn(f_prize_door, f_guest_door, f_monty_door,
22          domains=dict(
23              prize_door=['A', 'B', 'C'],
24              guest_door=['A', 'B', 'C'],
25              monty_door=['A', 'B', 'C']))
26      g.q(guest_door='A', monty_door='B') # 假設參賽者打開門A，Monty打開門B
```

程式執行結果如圖 9.15 所示。

```
+-------------+-------+----------+
| Node        | Value | Marginal |
+-------------+-------+----------+
| guest_door  | B     | 0.000000 |
| guest_door  | C     | 0.000000 |
| guest_door* | A*    | 1.000000 |
| monty_door  | A     | 0.000000 |
| monty_door  | C     | 0.000000 |
| monty_door* | B*    | 1.000000 |
| prize_door  | A     | 0.333333 |
| prize_door  | B     | 0.000000 |
| prize_door  | C     | 0.666667 |
+-------------+-------+----------+
```

圖 9.15 機率計算結果

程式中建置的貝氏網路結構，如圖 9.16 所示。

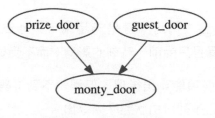

圖 9.16 貝氏網路結構

本例首先透過三個判別函數（節點對應判別函數，而非對應三個門），以及它們之間的相依關係定義了網路的結構，節點和連線關係是程式設計師根據業務邏輯定義的，而機器用來最佳化和計算在指定的條件下產生結果的機率。

由於 prize_door 和 guest_door 都是隨機取得的，因此機率都為 0.333；因為主持人知道哪扇門後面是汽車，所以 monty_door 由另外兩個節點（父節點）決定。當參賽者猜對時，Monty 會開啟另外兩扇門的一扇。當沒猜對時，Monty 只能開啟另一扇有羊的門。

從執行結果可以看到：先驗是隨機取出的 0.333，隨著限制條件依次加入，不確定性逐漸層小，最後參賽者選擇換門（C）的機率（贏）變為不換門（A）的兩倍。

9.7 隱馬可夫模型

隱馬可夫模型（Hidden Markov Model），簡稱 HMM，也是統計模型。它處理的問題一般有兩個特徵：

（1）問題是以序列為基礎的，如時間序列、狀態序列。
（2）問題中有兩種資料：一種是可以觀測到的序列資料，即觀測序列。另一種是不能觀測到的資料，即隱藏狀態序列，簡稱狀態序列，該序列是馬可夫鏈。因為該鏈不能被直觀觀測，所以也叫隱馬可夫模型。

1. 原理

馬可夫性質是無記憶性，馬可夫鏈是滿足馬可夫性質的隨機過程。也就是說，這一時刻的狀態受且只受前一時刻的影響，而不受更前時刻狀態的影響。

簡單地說，狀態序列前項能算出後項，但觀測不到；觀測序列前項算不出後項，但能觀測到，觀測序列可由狀態序列算出。

HMM 的主要參數 λ=(A,B,Π)，如圖 9.17 所示，資料的流程是透過初始狀態 Pi 產生第一個隱藏狀態 h1，h1 結合產生矩陣 B 產生觀測狀態 o1，h1 結合傳輸矩陣 A 產生 h2，h2 和 B 再產生 o2，依此類推，產生一系列的觀測值。

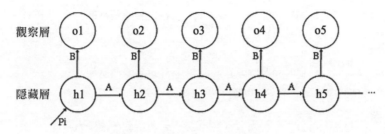

圖 9.17 隱馬可夫鏈示意圖

2. 程式

舉例說明，假設讀者關注了一檔股票，它背後有主力高度控碟，而讀者只能看到股票漲 / 跌（預測值：兩種設定值），看不到主力的操作：賣 / 不動 / 買（隱藏值：三種設定值）。漲跌受主力操作影響大，現在讀者知道一周之內股票的漲跌，想推測這段時間主力的操作。假設已知下列資訊：

已知觀測序列 O={o1,o2,…,oT} 為一周的漲跌 O={1, 0, 1, 1, 1}。

又已知 HMM 參數 λ=(A,B,Π)，其中 A 為隱藏狀態傳輸矩陣，它是主力從前一個操作到後一操作的轉換機率 A={{0.5, 0.3, 0.2},{0.2, 0.5, 0.3},{0.3, 0.2, 0.5}}；B 為隱藏狀態對觀測狀態的產生矩陣維，它是主力操作對價格的影響 B={{0.6, 0.3, 0.1},{0.2, 0.3, 0.5}}（此外從 3D 對映到二維）；Π（Pi）為隱藏狀態的初始機率分佈，它是主力一開始操作的可能性 Π={0.7, 0.2, 0.1}。

在以下程式中，使用模型的參數 A,B,Π 和觀測序列 O 求取隱藏狀態，即推斷主力操作。由於 Sklearn 函數庫的 HMM 工具已停止更新，無法使用，因此使用了 Python 的馬可夫協力廠商函數庫 hmmlearn。其可透過以下指令安裝：

```
01   $ pip install hmmlearn
```

程式碼如下：

```
01   import numpy as np
02   from hmmlearn import hmm
03
04   states = ["A", "B", "C"]                    # 定義隱藏狀態
05   n_states = len(states)
06
07   observations = ["down","up"]                # 定義觀測狀態
08   n_observations = len(observations)
09
10   p = np.array([0.7, 0.2, 0.1])              # 設定初值機率為pi
11   a = np.array([                             # 設定狀態傳輸矩陣A
12     [0.5, 0.2, 0.3],
13     [0.3, 0.5, 0.2],
14     [0.2, 0.3, 0.5]
15   ])
16   b = np.array([                             # 設定狀態對觀測的產生矩陣B
17     [0.6, 0.2],
18     [0.3, 0.3],
19     [0.1, 0.5]
20   ])
21   o = np.array([[1, 0, 1, 1, 1]]).T          # 設定觀測狀態
22
23   model = hmm.MultinomialHMM(n_components=n_states)
24   model.startprob_ = p
25   model.transmat_ = a
26   model.emissionprob_ = b
27
28   logprob, h = model.decode(o, algorithm="viterbi")
29   print("The hidden h", ", ".join(map(lambda x: states[x], h)))
                                         # 顯示隱藏狀態
30   # 傳回結果：The hidden h A, A, C, C, C
```

3. 使用場景

HMM 根據提供的資料和求解的結果不同，有以下幾種應用場景。

（1）根據目前的觀測序列求解其背後的狀態序列，即範例中的用法（常用 Viterbi 方法實現）。

（2）根據模型 λ=(A,B,∏)，求目前觀測序列 O 出現的機率（常用向前向後演算法實現）。

（3）列出幾組觀測序列 O，求模型 λ=(A,B,∏) 中的參數（常用 Baum-Welch 方法實現）。實際方法是隨機初始化模型參數 A,B,∏；用樣本 O 計算尋找更合適的參數；更新參數，再用樣本擬合參數，直到參數收斂。

在實際應用中，如語音辨識，通常先用一些已有的觀測資料 O 來訓練模型 λ 的參數，然後用訓練好的模型 λ 估計新的輸入資料 O 出現的機率。

4. 似然函數

機率描述了在已知參數時，隨機變數的輸出結果；似然則用來描述在已知隨機變數輸出結果時，未知參數的可能設定值。

假設條件是 X，結果是 Y，條件能推出結果 X->Y，但結果推不出條件。現在手裡有一些對結果 Y 的觀測值，想求 X，那麼可以列舉出 X 的所有可能性，再使用 X->Y 的公式求 Y，看哪個 X 計算出的 Y 和目前觀測最契合，就選哪個 X。這就是求取最大似然的原理，而在實際運算時，常使用最佳化方法。

在計算似然函數時，常使用似然函數的對數形式，即「對數似然函數」。它簡化了操作（取對數後乘法變為加法），同時也避免了連乘之後值太小的問題。

5. 最大期望演算法

最大期望（Expectation Maximization）演算法簡稱 EM 演算法，也是經典的資料採擷演算法之一。HMM 中透過觀測值計算模型參數，實際使用的 Baum-Welch 演算法就是 EM 演算法的實作方式。

當在資料很多的情況下求取最大似然時，由於計算量太大窮舉無法實現，這時 EM 演算法可以透過反覆運算逼近方式求取最大似然。

EM 演算法分為兩個步驟：E 步驟是求在目前參數值和樣本下的期望函數，M 步驟是利用期望函數調整模型中的估計值，循環執行 E 和 M 直到參數收斂。

6. 隱馬可夫模型與循環神經網路

RNN（Recurrent Neural Network）是循環神經網路，是深度學習中的一種常見演算法，而 LSTM 是 RNN 的最佳化演算法。近年來，RNN 在很多領域中取代了 HMM。下面來看看它們的異同：

相同的是，RNN 和 HMM 解決的都是以序列為基礎的問題，也都有隱藏層的概念，都是透過隱藏層的狀態來產生可觀測狀態的，如圖 9.18 所示。

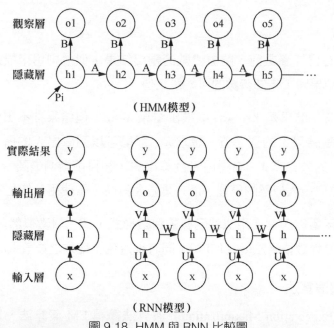

圖 9.18 HMM 與 RNN 比較圖

從圖 9.18 中可以看出，二者的資料流程相似（Pi 與 U，A 與 W，B 與 V 對應），調整參數矩陣的過程都使用梯度方法（對各參數求偏導），其中 RNN 利用誤差函數在梯度方向上調整 U,V,W（其中還有關了啟動函數），而 HMM 利用最大期望在梯度方向上調整 Pi,A,B（Baum-Welch 演算法），調整參數過程中也都用到了類似學習率的參數。

不同的是，RNN 中使用啟動函數（黑色方塊）讓該模型的表現力更強，以及 LSTM 方法修補了 RNN 中梯度消失的問題；相對來說 RNN 架構更加靈活。RNN 和 HMM 有很多相似之處，也可以把 RNN 看成 HMM 的加強版。

9.8 整合演算法

簡單的演算法一般複雜度低、速度快、易展示結果，但預測效果常常不能令人滿意。每種演算法就好像是一位專家，整合就是把簡單的演算法（基演算法／基模型）組織起來，即多位專家共同決定結果。

1. 組織演算法和資料

此處關注的是對資料和演算法整體的規劃，而非實際的演算法或函數。

（1）從資料拆分的角度看：可以按行拆分實例，也可以按列給特徵分組。

（2）從演算法組合的成分看：可以整合不同演算法，也可以整合同一演算法的不同參數，還可以使用不同資料集（結合資料拆分）整合同一演算法。

（3）從組合的方式看：可以使用少數服從多數，或加權求合（可根據正確率分配權重）。

（4）從組合的結構看：可以是平行、串列、樹狀或使用更加複雜的結構。

綜上所述，可以看到各種建置整合的方法，可選的組合也太多，無法一一列舉。在機器學習領域中，對演算法的選擇和組合主要是根據開發者的領域經驗，即對資料的了解、對演算法的組織以及對工具的駕馭能力。在使用整合演算法的過程中，除了調函數庫和調整參數，更重要的是整體設計。由於整合演算法相對簡單，也可以自己撰寫程式實現。

整合演算法是否能取得更好的預測效果，還需要實際問題實際分析。如果基演算法選錯了，即使再組合、調整參數，也收效甚微。而有些問題確實可以拆分，以達到一加一大於二的效果。舉例來說，用線性函數擬合曲線的效果不好，而用分段線性函數的效果就比較好。分段線性函數是對線性模型和決策樹模型的整合（決策樹判斷在何處分段），如圖 9.19 所示。

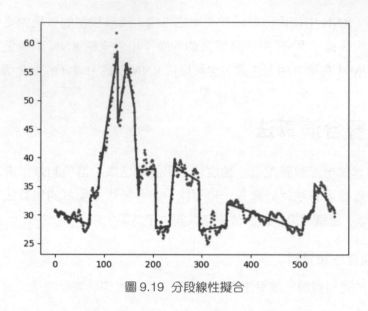

圖 9.19 分段線性擬合

一般來說整合模型多少會比簡單模型效果好，但整合的過程也會增加複雜度。

從組合的結構看，常用的整合演算法一般分為三種：Bagging，Stacking 和 Boosting（可以把它們簡化成平行、串列和樹狀）。Bagging 把各個基模型的結果組織起來，取折中的結果；Stacking 把基模型組織起來，注意不是組織結果而是組織基模型本身，該方法更加靈活，也更複雜；Boosting 根據舊模型中的錯誤來訓練新模型，層層改進。

2. Bagging

Baggingbootstrapping 匯聚法的全稱是 bootstrap averaging，它把各個基模型的結果組織起來，實作方式也有多種方式，下面以 Sklearn 函數庫中提供的 Bagging 整合演算法為例。

BaggingClassifier/BaggingRegressor 是從原始資料集抽樣 N 次（取出實例、取出屬性）獲得的 N 個新資料集（有的值可能重複，有的值可能不出現），然後使用同一模型訓練獲得 N 個分類器，預測時使用投票結果最多的分類作為預測結果。

RandomForestClassifier（隨機森林分類）也是非常流行的機器學習演算法之一。它是對決策樹的整合，是用隨機方式建立決策樹的森林。當對樣本預測時，先用森林中的每一棵決策樹分別進行預測，最後結果使用投票最多的分類，也是少數服從多數的演算法。

VotingClassifier 可選擇多個不同的基模型分別進行預測，以投票方式決定最後結果。

Bagging 中的各個基演算法之間沒有相依關係，可以平行計算。它的結果參考了各種情況，折中了欠擬合和過擬合的結果。

3. Stacking

Stacking 模型用於組合其他各個基模型。其實際方法是把資料分成兩部分，用其中一部分資料訓練幾個基模型 A1,A2,A3，然後用另一部分資料測試它們，把 A1,A2,A3 的輸出作為輸入，並訓練組合模型 B。需要注意的是，它不是把模型的結果組織起來，而是把模型組織起來。理論上，Stacking 可以組織任何模型，而實際中常使用單層邏輯回歸作為基模型。Sklearn 函數庫也提供 StackingClassifier 方法支援 Stacking 整合模型。

4. Boosting

Boosting（提升演算法）是不斷地建立新模型，每一個新模型都更重視上一個模型中被錯誤分類的樣本，最後按成功度加權組合獲得結果。

由於引用了逐步改進的思想，因此其重要特徵會被加權，這與人的直覺一致。一般來說，它比 Bagging 的效果好一些。由於新模型是在舊模型的基礎上建立的，因此不能使用平行方法訓練，且由於對錯誤樣本的關注，也可能造成過擬合。常見的 Boosting 演算法如下：

AdaBoost（自我調整提升演算法）對分類錯誤的樣本給予更大權重，再進行下一次反覆運算，直到收斂。AdaBoost 是相對簡單的 Boosting 演算法，可以自己撰寫程式實現，常見的做法是基模型用單層分類器實現，即樹樁，樹樁對應目前最適合劃分的特徵值位置。

GBM（Gradient Boosting Machine，梯度提升演算法）是目前比較流行的資料採擷模型，透過求損失函數在梯度方向上下降的方法，層層改進。GBM 泛化能力較強，常用於各種資料採擷比賽中。常用的 Python 協力廠商工具有XGBoost，LightGBM 和 Sklearn 函數庫提供的 GradientBoostingClassifier 等。GBM 常把決策樹作為基模型，常見的 GBDT 梯度提升決策樹演算法一般也指GBM 模型。

通常使用 GBM 都是直接呼叫 Python 協力廠商函數庫，重點在於：在什麼情況下使用 GBM，以及選擇哪個 GBM 協力廠商函數庫、資料格式以及模型參數。

在調整參數方面，GBM 作為梯度下降演算法，需要在參數中指定學習率（每次反覆運算改進多少）和誤差函數；當將決策樹作為基演算法時，還需要指定決策樹的相關參數（如最大層數）；另外還需要設定反覆運算的次數、每次取出樣本的比例等。

在選函數庫方面，Sklearn 函數庫提供的 GradientBoostingClassifier 是 GBM 最基本的實現，同時還提供了圖形化工具，使開發者對 GBM 的結果有更直觀的認識。不過，Sklearn 函數庫只是一個演算法集，不是專門的 GBM 工具，因而其只加入了 GBM 基本功能的支援。

XGBoost（eXtreme Gradient Boosting）是一個單獨的工具套件，對 GBDT 做了一些改進，如加入了線性分類器的支援、正規化、對代價函數進行了二階泰勒展開、對遺漏值進行處理、支援分散式運算等。CatBoost 對於小資料集訓練效果更好，但訓練速度相對較慢。

LightGBM（Light Gradient Boosting Machine）也是一款以決策樹演算法為基礎的分散式梯度提升架構。相對於 XGBoost，LightGBM 速度又有加強，並且佔用記憶體更少。

本例使用 Sklearn 函數庫中的 GBDT 方法實現對波士頓房價的預測功能，使用 5 層決策樹（每個基模型最多 5 層），經過 200 次反覆運算之後，產生預測房價的模型。從圖 9.20 中可以看到，預測結果的均方誤差在反覆運算的過程中是如何下降的。

```
01   from sklearn import ensemble
02   from sklearn import datasets
03   from sklearn.metrics import mean_squared_error
04   from sklearn.model_selection import train_test_split
05   import matplotlib.pyplot as plt
06
07   boston = datasets.load_boston()      # 讀取Sklearn函數庫附帶的資料集
08   X_train,X_test,y_train,y_test = train_test_split(boston.data, boston.target,
09                                       test_size=0.2,random_state=13)
10   params = {'n_estimators': 200, 'max_depth': 5,
11            'min_samples_split': 5,'learning_rate': 0.01,
12            'loss': 'ls', 'random_state': 0}
13   clf = ensemble.GradientBoostingRegressor(**params)
14   clf.fit(X_train, y_train)            # 訓練模型
15   print("MSE: %.2f" % mean_squared_error(y_test, clf.predict(X_test)))
16   # 傳回結果 13.22
17
18   test_score = []
19   for i, y_pred in enumerate(clf.staged_predict(X_test)):
20       test_score.append(clf.loss_(y_test, y_pred))   # 計算測試集誤差
21   plt.plot(clf.train_score_, 'y-')                    # 黃色(淺色)
22   plt.plot(test_score, 'b-')                          # 藍色(深色)
```

程式執行結果如圖 9.20 所示。

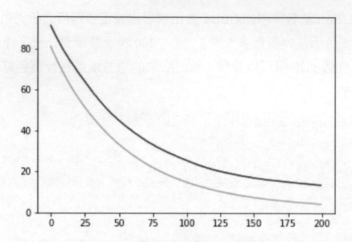

圖 9.20　反覆運算次數對應的訓練集與測試集誤差下降趨勢比較

本章學習了機器學習的經典演算法，讀者可能有疑問：對演算法要掌握到什麼程度呢？筆者認為：對初級和中級的演算法工程師來説，其主要工作是對演算法的呼叫和最佳化。學習演算法原理的初衷，並不是要手動撰寫所有用到的演算法（使用現成工具常常更加高效和穩定），而是在遇到問題時，知道如何選擇演算法；在調整參數時，知道主要參數的含義，以便更進一步地結合自己的領域知識。

模型選擇與相關技術

上一章學習的大多數演算法都可以解決分類和回歸的問題，但在實際應用時，我們不可能把已知的每種演算法都嘗試一遍，因此本章將介紹選擇演算法的步驟、方法，以及自動選擇演算法的工具。

10.1 資料準備與模型選擇

本節將介紹人工選擇模型的原則和方法、各種模型對特徵的特殊需求、從模型的角度看特徵工程，以及將現有資料轉換成各種不同模型支援的資料類型的方法。

10.1.1 前置處理

在現實場景中，資料一般都需要經過處理才能代入模型。除了去重、處理遺漏值、異常值等資料前置處理操作，還有幾種常見的操作，如從文字中分析特徵、特徵類型轉換、組合與分析特徵等。

1. 文字特徵

大量特徵都是從文字中取得的，而模型能直接處理的一般都是數值和類別，因此就需要將文字進行轉換。將文字轉換成數值的常用技術包含：分詞、統計詞在正反例中出現的頻率、TF-IDF、文字向量化等。根據不同的資料可選擇不同的處理方式，文字處理技術將在第 10.3 節中介紹。

2. 特徵類型轉換

離散類型資料和連續類型資料的相互轉換也很重要,首先需要根據目標變數的類型選擇不同的模型,然後根據模型對資料的要求轉換特徵。有些模型可以同時支援數值型和分類的特徵,如 XGBoost,即只需要在代入資料時指定其類型即可;而 Sklearn 分類器只支援數值型特徵,故需要事先轉換。另外,由於 Sklearn 函數庫中的大多數模型不允許特徵中包含空值,因此需要在資料代入模型前先填充遺漏值。

在進行轉換類型時,需要注意一些細節。假設:當「男人」、「女人」、「孩子」分別對應列舉值的 0,1,2 作為數值型代入模型時,模型認為「男人」與「孩子」之間的距離更大,這明顯不合理。在此情況下,應該使用 OneHot 將該屬性拆成三個特徵:是否是男人、是否是女人和是否是孩子。

有時也需要將連續類型資料離散化,做進一步的抽象,此時需要考慮切分的方法,如等深分箱、等寬分箱、切分視窗重疊等,切分前建議先用長條圖型分析資料的分佈。

3. 組合與分析特徵

分析特徵間的關係對選擇演算法也很重要,有時可以看到特徵間有明顯的連結,例如影像中每個像素與它上下左右的相鄰像素都相關,此時可以使用神經網路中的卷積來替代全連接。

實例間也可能存在聯繫,例如股票中的漲跌幅就是由兩日收盤價計算出來的(兩實例的特徵相減),相對於收盤價,漲跌幅更具有意義。

另外,還有一些不太明顯的關係也可以透過分析特徵的相關係數獲得,或使用降維減小相關性和減少資料。

10.1.2 選擇模型

1. 判斷是否為有監督學習

選擇演算法需要先確定可用的資料是否為標記資料,如果是未標記資料,則使用分群等無監督學習演算法；如果是標記了少部分資料，則可以選擇半監督學習演算法；如果大多數為標記資料，則選擇有監督學習演算法。

2. 尋找該領域的成熟演算法

在連結規則、影像處理、自然語言處理、地圖資料、時序資料等領域，都有比較成熟的演算法，有些還有關專業領域的知識。在這種情況下，要盡可能使用現有的成熟模型。

舉例來說，在分析使用者的瀏覽、收藏、購物、給使用者推薦等問題時，可能會用到分群和連結規則。在分析自然語言處理或時序等有序資料時，可能會用到隱馬可夫模型和 RNN，而影像處理問題或從影像中分析特徵一般使用 CNN。對於需要解釋性的回歸問題，儘量選擇線性回歸或廣義線性模型。對於純資料的決策問題，隨機森林和 GBDT 類別演算法的效果一般最好。

3. 檢查資料的規律性

透過作圖型分析、先驗知識等方式檢視資料的規律性，如果大多數資料都是有規律的，就使用精確模型。精確模型對所有資料有效，常常用於預測（例如決策樹）。如果大多數都是「噪音」，只有少量有價值的點（或是稀疏的），最好能選用啟發模型。啟發模型對部分資料有效，常常用於篩選（例如規則模型）。因此，至少需要先把有序資料和無序資料分開。

4. 選擇實際模型

在選擇實際模型時，可在頭腦中將演算法的選擇看作一棵決策樹，根據資料的不同特徵選擇使用其對應的演算法。上一章把模型粗分成三種：以實例之間的差異為基礎建立的距離模型，以引數 X 與因變數 Y 之間的相依關係為基礎建立的統計模型，以及偏重規則的邏輯模型。

每一種模型都有關其中一種或幾種類別。例如決策樹可歸入邏輯模型，但是在處理回歸問題時，也需要計算實例間的距離。雖然三種模型不能完全分開，但是遇到實際問題時，三選一總比十選一容易得多。

模型有時也被劃分成判別式和產生式。判別式的訓練過程一般以歸納為主，例如決策樹、線性擬合；而產生式中加入了一些推理，例如連結規則、一階規則、貝氏網路等。在選擇演算法時，也要注意是否需要機器推導。

對於深度學習和淺層學習，它們的演算法也有很多相似之處，像在 CNN 和 RNN 的演算法中也融入了淺層學習的很多想法，而 HMM 和 GBDT 的原理和深度學習也很相似。深度模型更值得參考的是，它可以在多個層次同時調整，這在整合淺層演算法時也可以作為參考。在選擇實際方法時，也需要考慮資料量和算力。如果資料在萬筆實例以下，或是使用沒有 GPU 的單機計算，建議使用普通機器學習方法。

5. 判斷是否為線性問題

線性是指量與量之間為按比例、成直線的關係，在數學上可以視為一階導數為常數的函數；反之，非線性則指量與量不按比例、不成直線的關係，即一階導數不為常數。

線性模型和線性轉換都是非常基本的元素，在演算法中幾乎無處不在。舉例來說，PCA 降維使用的就是線性轉換的方法；在計算特徵的相關性時，判斷的也是是否屬於線性相關；在統計分析中的多變數分析也常使用多元線性回歸。

線性模型有較強的可解釋性，從計算結果中可以看到各個引數與因變數是正相關或負相關，還是不相關，透過係數大小也可以判斷其相關性的大小。但是一般單純的線性模型只能處理簡單的問題，主要是和其他演算法組合使用。線性模型指基本線性模型、線性混合模型和廣義線性模型（先對映成線性模型，再做處理），例如線性擬合、logistic 回歸、局部加權線性回歸、SVM 都屬於線性類別的模型，有的也能擬合曲線，但作用範圍有限。

如果發現引數和因變數之間存在較強的線性關係，則儘量使用線性模型，因為其簡單、直觀、可解釋性強。對於非線性問題常使用規則類別模型解決，如決策樹。神經網路的主要優點之一也是能解決非線性問題。

6. 單模型與多模型

選擇是否使用模型組合,首先要看功能,像自動駕駛、機器人、棋類比賽這樣的複雜問題會有關機器視覺、博弈論、機器決策等技術,必然需要多模型協作以及使用增強學習方法。

對於較單一的決策或預測問題,在處理實際問題時,也需要先判斷是單模式問題,還是多模式問題。單模式問題一般偏好用幾何距離類別的演算法;對於多模式問題,像單純貝氏、線性回歸這種簡單演算法就不太適用了,有時我們會使用整合演算法,即把幾種演算法結合在一起。或先看看能不能把資料拆分後再做進一步處理。

取得正確結果的路徑常常不止一條,就如同決策樹中的分枝,從這個角度看,在處理複雜問題時,邏輯模型也是必不可少的。

當遇到實例分佈不均時,可以考慮把回歸問題拆分成分類和回歸問題的組合。舉例來說,在預測購買行為時,由於大多數顧客只看不買,如果把所有資料都代入模型,那麼模型為使絕大多數實例預測正確,必然偏向購買量為 0 的結果。此時,可以先使用分類模型預測是否購買(分類問題),然後針對購買的使用者再預測購買量的大小(回歸問題)。

7. 選擇微調或獨立撰寫

在選定模型之後,可以自己撰寫程式實現,也可以呼叫現成的函數庫,即透過調整參數最佳化其效果(微調),或修改其部分原始程式實現擴充功能。在現有協力廠商函數庫能支援功能的情況下,儘量選擇現有的協力廠商函數庫,因為現有函數庫經過了大規模的使用和驗證,在正確性和效率上都比較好。

微調總比重構來得容易,但效果也有限。以 ImageNet 比賽為例,每一次重大的進步都是因為加入了新結構,而微調和增加算力的效果都不是特別顯著。

使用現成演算法也有同樣的問題,例如在用 Sklearn 函數庫中的演算法時,主要以調整參數為主。這對呼叫者來說,函數庫就是黑盒,無法針對資料的特徵做內部的修改,或在內部嫁接多個演算法。由於用現有函數庫可以輕鬆達到一般水平，但是很難突破，因此有時候針對一個資料採擷比賽，可看到前十名用的都是同一個演算法，其實大家主要是在比調整參數和特徵工程，其預測效果也在伯仲之間。

總之，在一開始建模時儘量使用協力廠商函數庫。如果後期發現現有函數庫無法滿足需求，再改進演算法，儘量減少重複造輪子的工作。

10.2 自動機器學習架構

由於模型的選擇和調整參數主要依賴於分析者的經驗，因此在實際使用時，經常出現針對同一批資料和同一種模型，不同的分析者得出的結果相差很大的情況。

前面學習了常用的機器學習方法、原理及適用場景，對完全沒有經驗的開發者來說，只要有足夠的時間，嘗試足夠多的演算法和參數組合，理論上也都能達到最佳的訓練結果。同理，程式也能實現該功能，並透過演算法最佳化該過程，自動尋找最佳的模型解決方案，即自動機器學習架構。

本節我們將學習自動機器學習架構的基本原理，以及三個常用的自動機器學習架構——Auto-Sklearn，Auto-Ml 和 Auto-Keras。

10.2.1 架構原理

自動機器學習架構主要有關資料處理、特徵處理、模型處理三個方面，以及各個步驟組合後機器學習管線（Machine Learning Pipeline）的全鏈路最佳化，其實際子模組如圖 10.1 所示。

圖 10.1 資料處理管線

其中的資料前置處理包含尺度變化（rescaling）、非均衡資料處理權重（weight balance）、熱獨編碼；資料處理一般包含特徵選擇（如 Fast ICA）、特徵降維（如 PCA）、特徵組合；模型處理一般包含模型選擇、模型調整參數、模型整合等。

自動機器學習架構包含局部管瞭解決方案，如 HyperOpt 自動調整參數、Tsfresh 時序工具、FeatureHub 特徵評分工具等，本節主要介紹全管線架構。大多數全管線架構都包含以上兩三個大模組，不同工具重點不同。其之所以稱之為架構，是因為除了工具附帶的機器資料處理和機器學習演算法，大多數工具都提供介面，以便加入更多的方法及子模型。除了實際演算法，工具本身主要負責子模組之間的架構。

常用的 Python 全管線開放原始碼自動機器學習架構有 Auto-Sklearn，Auto-ML，Auto-Keras，Tpot，ATM 等。

10.2.2 Auto-Sklearn

Auto-Sklearn 主要基於 Sklearn 機器學習函數庫，使用方法也與之類似，這讓熟悉 Sklearn 函數庫的開發者很容易切換到 Auto-Sklearn。在模型方面，除了 Sklearn 提供的機器學習模型，還加入了 XGBoost 演算法支援；在架構整體最佳化方面，使用了貝氏最佳化。

1. 安裝

由於 Auto-sklearn 需要基於 Python 3.5 以上版本，且依賴 swig，因此需要先安裝該函數庫，實際方法如下：

```
01    $ sudo apt-get install build-essential swig
02    $ pip install auto-sklearn
```

關於 Auto-Sklearn 的文件和程式不多，推薦下載 Auto-Sklearn 的原始程式，並閱讀其中的 example 和 doc，以便更了解 Auto-Sklearn 的功能和用法。

```
01    $ git clone https://github.com/automl/auto-sklearn.git
```

2. Auto-Sklearn 的優缺點

在大部分的情況下，我們只能依據個人的經驗，基於機器效能、特徵多少、資料量大小、演算法以及反覆運算次數來估計模型訓練時間，而 Auto-Sklearn 支援設定單次訓練時間和整體訓練時間，這使工具既能限制訓練時間，又能充分利用時間和算力。

Auto-Sklearn 支援切分訓練集和測試集的方式，也支援使用交換驗證，進一步減少了訓練模型的程式量和程式的複雜程度。另外，Auto-Sklearn 還支援加入擴充模型以及擴充預測處理方法，實際用法可參見其原始程式 example 中的範例。

其缺點是 Auto-Sklearn 輸出攜帶的資訊較少，如果想進一步訓練則只能修改或重新定義程式。

3. 舉例

本例使用 1996 年美國大選的資料，將「投票 vote」作為因變數，由於它只有 0 或 1 兩種設定值，因此使用分類方法 AutoSklearnClassifier。程式中將訓練時間指定為兩分鐘，模型指定為只選擇隨機森林 random_forest，訓練後輸出其在訓練集上的評分 score。

```
01   import autosklearn.classification
02   import statsmodels.api as sm
03
04   data = sm.datasets.anes96.load_pandas().data
05   label = 'vote'
06   features = [i for i in data.columns if i != label]
07   X_train = data[features]
08   y_train = data[label]
09   automl = autosklearn.classification.AutoSklearnClassifier(
10       time_left_for_this_task=120, per_run_time_limit=120, # 兩分鐘
11       include_estimators=["random_forest"])
12   automl.fit(X_train, y_train)
13   print(automl.score(X_train, y_train))
14   # 傳回結果：0.94173728813559321
```

4. 關鍵參數

Auto-Sklearn 支援的參數較多，以分類器為例，參數及其預設值如圖 10.2 所示。

```
Init signature: autosklearn.classification.AutoSklearnClassifier(time_left_for_this_task=36
00, per_run_time_limit=360, initial_configurations_via_metalearning=25, ensemble_size:int=5
0, ensemble_nbest=50, ensemble_memory_limit=1024, seed=1, ml_memory_limit=3072, include_est
imators=None, exclude_estimators=None, include_preprocessors=None, exclude_preprocessors=No
ne, resampling_strategy='holdout', resampling_strategy_arguments=None, tmp_folder=None, out
put_folder=None, delete_tmp_folder_after_terminate=True, delete_output_folder_after_termina
te=True, shared_mode=False, n_jobs:Union[int, NoneType]=None, disable_evaluator_output=Fals
e, get_smac_object_callback=None, smac_scenario_args=None, logging_config=None)
```

圖 10.2 Auto-Sklearn 分類器參數及其預設值

常用參數分為以下四部分：

（1）控制訓練時間和記憶體使用量。

參數預設訓練總時長為一小時（3600 秒），一般使用以下參數隨選重置，單位是秒。

- time_left_for_this_task：設定所有模型訓練時間的總和。
- per_run_time_limit：設定單一模型訓練的最長時間。
- ml_memory_limit：設定最大記憶體用量。

（2）模型儲存。參數預設為訓練完成後刪除訓練的暫存目錄和輸出目錄，使用以下參數可指定其暫存目錄及是否刪除。

- tmp_folder：暫存目錄。
- output_folder：輸出目錄。
- delete_tmp_folder_after_terminate：訓練完成後是否刪除暫存目錄。
- delete_output_folder_after_terminate：訓練完成後是否刪除輸出目錄。
- shared_mode：是否共用模型。

（3）資料切分。使用 resampling_strategy 參數可設定訓練集與測試集的切分方法，以防止過擬合，用以下方法設定五折交換驗證。

```
01    resampling_strategy='cv
02    resampling_strategy_arguments={'folds': 5}
```

用以下方法設定將資料切分為訓練集和測試集,其中訓練集資料佔 2/3。

```
01   resampling_strategy='holdout',
02   resampling_strategy_arguments={'train_size': 0.67}
```

(4)模型選擇。參數支援指定備選的機器學習模型,或從所有模型中去掉一些機器學習模型,這兩個參數只需要設定其中之一即可。

- include_estimators:指定可選模型。
- exclude_estimators:從所有模型中去掉指定模型。

除了支援 Sklearn 函數庫中的模型,Auto-Sklearn 還支援 XGBoost 模型。實際模型及其在 Auto-Sklearn 中對應的名稱可透過檢視原始程式中具體實作方式取得,透過目錄 autosklearn/ pipeline/components/classification/ 檢視支援的分類模型,可看到其中包含 adaboost,extra_trees,random_forest,libsvm_svc,xgradient_boosting 等方法。

10.2.3　Auto-ML

Auto-ML（Auto Machine Learning）是個寬泛的概念,有不止一個軟體以此命名,本小節介紹的 Auto-ML 並不是 Google 以雲端平台為基礎的 AUTOML。Auto-ML 也是一款開放原始碼的離線工具,優勢在於簡單快速,且輸出資訊比較豐富。它預設支援 Keras,TensorFlow,XGBoost,LightGBM,CatBoost 和 Sklearn 等機器學習模型,整體使用進化網格搜尋方法完成特徵處理和模型最佳化。

1. 安裝

Auto-ML 安裝方法如下:

```
01   $ pip install auto-ml
```

為了更多地了解 Auto-ML 的功能和用法,建議下載其原始程式:

```
01   $ git clone https://github.com/ClimbsRocks/auto_ml
```

2. 舉例

本例也使用 1996 年美國大選的資料，將「投票 vote」作為因變數，使用分類方法 type_of_estimator=' classifier'。訓練時需要用字典的方式指定各欄位類型，其中包含因變數 output、分類變數 categorical、時間型變數 date、文字 nlp，以及不參與訓練的變數 ignore。

```
01   from auto_ml import Predictor
02   import statsmodels.api as sm
03
04   data = sm.datasets.anes96.load_pandas().data
05   column_descriptions = {
06       'vote': 'output',
07       'TVnews': 'categorical',
08       'educ': 'categorical',
09       'income': 'categorical',
10   }
11
12   ml_predictor = Predictor(type_of_estimator='classifier',
13                            column_descriptions=column_descriptions)
14   model = ml_predictor.train(data)
15   model.score(data, data.vote)
```

程式的輸出較多，不在此列出。相對於 Auto-Sklearn，Auto-ML 的輸出內容更加豐富，包含最佳模型、特徵重要性、對預測結果的各種評分，建議讀者自行執行上述程式。由於它同時支援深度學習模型和機器學習模型，因此可以使用深度學習模型分析特徵、使用機器學習模型完成實際的預測，進一步獲得更好的訓練結果。

10.2.4 Auto-Keras

對於訓練深度學習模型，設計神經網路結構是其中技術水準最高的部分，優秀的網路架構常常依賴建立模型的經驗、專業領域的知識以及大量的算力試錯。而在實際應用中，常常以類似功能為基礎的神經網路微調產生新的網路結構。

Auto-Keras 也是一個離線使用的開放原始碼函數庫，用於建置神經網路結構和搜尋超參數，支援 RNN 和 CNN 神經網路，使用高效神經網路搜尋 ENAS，還可以利用遷移學習的原理將在前面任務中學到的權重應用於後期的模型中，效率相對較高。除了支援 Keras，Auto-Keras 還提供 TensorFlow 和 PyTorch 的版本。

1. 安裝

由於需要把輸出的神經網路結構儲存成圖片，Auto-Keras 使用了 pydot 和 graphviz 影像工具和 torch 等多種工具，因此，安裝時會下載大量的依賴軟體。我們可以使用以下方法安裝 Auto-Keras：

```
01   $ apt install graphviz
02   $ pip install pydot
03   $ pip install autokeras
```

使用以下方法下載原始程式：

```
01   $ git clone https://github.com/jhfjhfj1/autokeras
```

2. 舉例

本例中使用了 mnist 資料集，它是一個入門級的影像識別資料集，可用於訓練手寫數字識別模型。程式自動下載訓練資料，然後建立圖片分類器，訓練時間設定為 10 分鐘，模型在測試集上的正確率為 99.21%。建議使用帶 GPU 的機器訓練模型，它比使用 CPU 的訓練速度快幾十倍。

```
01   from keras.datasets import mnist
02   from autokeras import ImageClassifier
03   from autokeras.constant import Constant
04   import autokeras
05   from keras.utils import plot_model
06
07   if __name__ == '__main__':
08       (x_train, y_train), (x_test, y_test) = mnist.load_data()
09       x_train = x_train.reshape(x_train.shape + (1,))
```

```
10      x_test = x_test.reshape(x_test.shape + (1,))
11      clf = ImageClassifier(verbose=True, augment=False)
12      clf.fit(x_train, y_train, time_limit=10 * 60)
13      clf.final_fit(x_train, y_train, x_test, y_test, retrain=True)
14      y = clf.evaluate(x_test, y_test)
15      print(y * 100)
16      clf.export_keras_model('model.h5')
17      plot_model(clf, to_file='model.png')
18    # 傳回值: 99.21
```

上述程式在筆者的環境下訓練出了 17 層網路,其中包含 dropout 層、池化層、卷積層、全連接層等,程式以圖片的方式將描述資訊儲存在 model.png 中。下面截取了圖片中的一部分,如圖 10.3 所示。

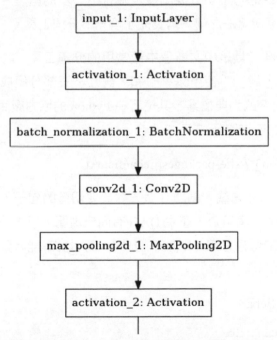

圖 10.3 Auto-Keras 自動產生的神經網路(部分)

10.3 自然語言處理

在一些演算法範例或機器學習比賽中，看到的常常都是數值類型資料，它們可以直接被代入模型處理。而在現實的場景中，會遇到大量的文字資訊，例如產品描述、使用者評價、病情診斷等內容，這就需要透過文字處理將其轉換成可處理的資料類型，如分類、數值、布林型等，再代入模型。本節將介紹如何從一句或一段文字中分析已知或未知特徵的方法。

10.3.1 分詞工具

處理中文和英文最大的不同在於：對於最小的語義元素「詞」，英文使用空格分割，而中文需要把句子切分成詞後再進行下一步的處理。因此，在介紹自然語言處理的實際演算法之前，需要先了解一下分詞工具。

Jieba（結巴）分詞工具是中文處理中最常用的分詞工具，附帶詞典 dict.txt。詞典的每一行由「詞」、「使用頻率」和「詞性」三部分組成，實際的詞性定義可參考 Jieba 附帶的詞典檔案，其位置在 Python 的協力廠商函數庫目錄下，如其在 Linux 中的安裝路徑如下：

/usr/local/lib/python3.7/site-packages/jieba/dict.txt

在使用時，Jieba 內部先載入詞庫，然後對於要切分的句子，在詞典中尋找所有可能組成該句子的詞組合，產生 DAG 有向無環圖，再根據動態規劃尋找最大機率路徑以確定切分方案（即精確切分），而對於不能識別的詞，使用隱馬可夫模型預測。

用以下指令安裝 Jieba：

```
01    $ pip install jieba
```

使用 Jieba 的 cut 方法可將整句切分成單字，常用的三種切分方式是全模式、精確模式和搜尋引擎模式，透過參數 cut_all 設定。全模式是切分出句中所有可能的詞（可能重疊），而精確模式是以最合理的方式切分（不重疊）。搜尋引擎模式是在精確模式的基礎上，對長詞再次切分，以加強召回率。以下例所示：

```
01    import jieba
02    print(' '.join(jieba.cut('今天我去參觀展覽館', cut_all=True))) # 全模式
03    # 傳回結果：今天 我 去 參觀 觀展 展覽 展覽館
04    print(' '.join(jieba.cut('今天我去參觀展覽館', cut_all=False)))# 精確模式
05    # 傳回結果：今天 我 去 參觀 展覽館
```

Jieba 內部透過詞庫方式實現分詞，而基礎詞庫的詞量有限，欠缺對某些領域專有名詞及命名實體的支援。為了解決這一問題，Jieba 提供了 load_userdict 方法，讓開發者可以載入自訂的詞庫，詞庫的格式與其預設詞庫的一樣，範例如下：

```
01    去參觀 100 v
```

透過以下程式載入字典：

```
01    jieba.load_userdict('a.txt')
02    print(jieba.lcut('今天我去參觀展覽館'))
03    # 傳回結果：['今天', '我', '去參觀', '展覽館']
```

從傳回結果可以看到，新定義的「去參觀」被識別為一個詞。與 cut 方法的功能相似，lcut 方法可以直接輸出詞串列。

除了分詞，Jieba 還提供分析詞性的功能，可透過 pseg 方法呼叫該功能。

```
01    import jieba.posseg as pseg
02    words = pseg.cut("今天我去參觀展覽館")
03    for w in words:
04        print("%s %s" %(w.word, w.flag))
05    # 傳回結果：今天 t    我 r    去參觀 v    展覽館 n
```

10.3.2 TF-IDF

1. 原理

TF-IDF（Term Frequency–Inverse Document Frequency）是資訊處理和資料採擷的重要演算法，屬於統計類別方法，最常見的用法是尋找一篇文章的關鍵字。

TF（詞頻）是某個詞在這篇文章中出現的頻率，頻率越高越可能是關鍵字。其實際的計算方法如式 10.1 所示：

$$tf_{i,j} = \frac{n_{i,j}}{\sum_k n_{k,j}} \tag{10.1}$$

詞頻是關鍵字在文章中出現的次數除以該文章中所有詞的個數，其中 i 是詞的索引號，j 是文章的索引號，k 是文章中出現的所有詞。

IDF（逆向文件頻率）是該詞出現在其他文章中的頻率，其計算方法如式 10.2 所示：

$$idf_i = \log \frac{|D|}{|\{j : t_i \in d_j\}|} \tag{10.2}$$

其中，分子是文章總數，分母是包含該關鍵字的文章數目。如果包含該關鍵字的文章數為 0，則分母為 0。為解決此問題，在計算分時母常常加 1。當關鍵字在大多數文章中都出現時，其 idf 值會很小。

把 TF 和 IDF 相乘，就是這個詞在該文章中的重要程度，如式 10.3 所示：

$$tfidf_{i,j} = tf_{i,j} \times idf_i \tag{10.3}$$

2. 使用 Sklearn 函數庫提供的 TF-IDF 方法

Sklearn 函數庫也支援 TF-IDF 演算法。本例中，先使用 Jieba 工具分詞，並模仿英文句子將其組裝成以空格分割的字串。

```
01   import jieba
02   import pandas as pd
```

```
03   from sklearn.feature_extraction.text import CountVectorizer
04   from sklearn.feature_extraction.text import TfidfTransformer
05
06   arr = ['第一天我參觀了美術館',
07          '第二天我參觀了博物館',
08          '第三天我參觀了動物園',]
09
10   arr = [' '.join(jieba.lcut(i)) for i in arr] # 分詞
11   print(arr)
12   # 傳回結果:
13   # ['第一天 我 參觀 了 美術館', '第二天 我 參觀 了 博物館', '第三天 我
        參觀 了 動物園']
```

然後使用 Sklearn 函數庫提供的 CountVectorizer 工具將句子串列轉換成詞頻矩
陣,並將其組裝成 DataFrame 資料表。

```
01   vectorizer = CountVectorizer()
02   X = vectorizer.fit transform(arr)
03   word = vectorizer.get_feature_names()
04   df = pd.DataFrame(X.toarray(), columns=word)
05   print(df)
06   # 傳回結果:
07   #     動物園   博物館   參觀   第一天   第三天   第二天   美術館
08   # 0     0       0      1      1       0       0       1
09   # 1     0       1      1      0       0       1       0
10   # 2     1       0      1      0       1       0       0
```

其中,get_feature_names 方法傳回資料中包含的詞,需要注意的是它去掉了長
度為 1 的單一詞,且重複的詞只保留一個。X.toarray 函數傳回了詞頻陣列,
組合後產生了包含關鍵字的欄位,這些操作相當於對中文切分後做 OneHot 展
開。每筆記錄對應串列中的句子,如第一句「第一天我參觀了美術館」,其關
鍵字「參觀」、「第一天」、「美術館」都被設定為 1,其他關鍵字被設定為 0。

接下來使用 TfidfTransformer 方法計算每個關鍵字的 TF-IDF 值,值越大,説
明該詞在它所在的句子中越重要。

```
01    transformer = TfidfTransformer()
02    tfidf = transformer.fit_transform(X)
03    weight = tfidf.toarray()
04    for i in range(len(weight)):        # 存取每一句
05        print("第{}句：".format(i))
06        for j in range(len(word)):      # 存取每個詞
07            if weight[i][j] > 0.05:     # 只顯示重要關鍵字
08                print(word[j],round(weight[i][j],2))   # 保留兩位小數
09    # 傳回結果
10    # 第0句：美術館 0.65      參觀 0.39      第一天 0.65
11    # 第1句：博物館 0.65      參觀 0.39      第二天 0.65
12    # 第2句：動物園 0.65      參觀 0.39      第三天 0.65
```

經過對資料 *X* 的計算後，傳回了權重矩陣，由於句中的每個詞都只在該句中出現了一次，因此其 TF 值相等。由於「參觀」在三句中都出現了，因此其 IDF 值較其他關鍵字更低。細心的讀者可能會發現，其 TF-IDF 的結果與上述公式中計算得出的結果不一致，這是由於 Sklearn 函數庫除了實現基本的 TF-IDF 演算法，還提供了歸一化、平滑等一系列最佳化操作。詳細操作可參見 Sklearn 原始程式中 sklearn/feature_extraction/text.py 的實作方式。

3. 寫程式實現 TF-IDF 演算法

TF-IDF 演算法相對比較簡單，手動實現程式量也不大，並且還可以在其中加入訂製化的操作。舉例來說，本例中也加入了對單一字重要性的計算。

本例先使用 Counter 方法統計各個詞在句中出現的次數。

```
01    from collections import Counter
02    import numpy as np
03
04    countlist = []
05    for i in range(len(arr)):
06        count = Counter(arr[i].split(' '))
                    # 用空格將字串切分成字串串列，統計每個詞出現的次數
07        countlist.append(count)
```

```
08   print(countlist)
09   # 傳回結果:
10   # [Counter({'第一天': 1, '我': 1, '參觀': 1, '了': 1, '美術館': 1}),
11   #  Counter({'第二天': 1, '我': 1, '參觀': 1, '了': 1, '博物館': 1}),
12   #  Counter({'第三天': 1, '我': 1, '參觀': 1, '了': 1, '動物園': 1})]
```

接下來定義函數分別計算 TF，IDF 相等。

```
01   def tf(word, count):
02       return count[word] / sum(count.values())
03   def contain(word, count_list): # 統計包含關鍵字word的句子數量
04       return sum(1 for count in count_list if word in count)
05   def idf(word, count_list):
06       return np.log(len(count_list) / (contain(word, count_list)) + 1)
                    #為避免分母為0，讓分母加1
07   def tfidf(word, count, count_list):
08       return tf(word, count) * idf(word, count_list)
09   for i, count in enumerate(countlist):
10       print("第{}句:".format(i))
11       scores = {word: tfidf(word, count, countlist) for word in count}
12       for word, score in scores.items():
13           print(word, round(score, 2))
14   # 執行結果:
15   # 第0句:第一天 0.28   我 0.14   參觀 0.14   了 0.14   美術館 0.28
16   # 第1句:第二天 0.28   我 0.14   參觀 0.14   了 0.14   博物館 0.28
17   # 第2句:第三天 0.28   我 0.14   參觀 0.14   了 0.14   動物園 0.28
```

從傳回結果可以看出，其 TF-IDF 值與 Sklearn 計算出的值略有不同，但比例類似且都對單一字進行了統計。

最後，需要探討一下 TF-IDF 的使用場景。在做特徵工程時，常遇到這樣的問題：從一個子句或短句中分析關鍵字建置新特徵，然後將新特徵代入分類或回歸模型，那麼這時是否需要使用 TF-IDF 方法呢？首先，TF 是詞頻，即它需要在一個文字中出現多次才有意義。在短句中，如果每個詞最多只出現一次，那麼計算 TF 就不如直接判斷其是否存在簡單。

另外，TF-IDF 的結果展示的是某一個詞針對它所在文件的重要性，而非比較兩個文件的差異。舉例來說，上例中雖然三個短句都包含「參觀」，IDF 值較小，但由於詞量小，TF 值較大，因此其最後得分 TF-IDF 仍然不低。如果兩個子句屬於不同類別，則新特徵對於分析分類特徵可能沒有意義，但是對於產生文摘就是有意義的關鍵字。

對於這種問題，建議的處理方法是先切分出關鍵字，將是否包含該關鍵字作為新特徵，然後對新特徵和目標變數做假設檢驗，以判斷是否要保留該變數，以此方法從文字中分析新特徵。

10.4 建模相關技術

前幾節歸納了前置處理和訓練模型的設計與呼叫方法，本節將根據在使用模型時遇到的實際問題，介紹一些想法和經驗性知識，讓讀者全方位掌握模型的訓練及使用的實際方法。

本節有關的技術原理並不難，直接使用現有協力廠商函數庫提供的方法相對來說更加簡單、穩定。

10.4.1 切分資料集與交換驗證

為了獲得較為客觀的評價結果，我們要用訓練集訓練模型，用測試集對模型評測。要根據資料量的大小來切分訓練集和測試集，它們的資料比例通常是9：1 或 8：2。

Sklearn 函數庫提供了切分訓練集和測試集的方法：train_test_split。它可以切分引數資料，也可以同時切分引數和因變數資料，測試集比例由 test_size 參數設定，random_state 指定切分的隨機值，以確保每次執行程式時的切分結果一致。

```
01    from sklearn.model_selection import train_test_split
02    X_train,X_test,y_train,y_test=train_test_split(X,y,test_size=
```

```
     0.3,random_state=10)
03   X_train,X_test=train_test_split(X,test_size=0.3,random_state=10)
```

在切分訓練集和測試集之後，產生的問題是測試資料無法參與訓練，這在資料較少及標記成本較高的情況下，也會造成不小的資料損失，而交換驗證可以解決這一問題。

交換驗證（Cross-validation）將資料切分成較小的子集，用其中的大部分資料訓練、小部分資料測試，資料循環使用。舉例來說，五折交換驗證是將資料平均分成 ABCDE 共 5 份，第一次使用 ABCD 作為訓練集，E 作為測試集；第二次用 ABCE 作為訓練集，D 作為測試集；依此類推，最後訓練出 5 個模型。在計算模型準確率時，使用 5 個模型準確率的平均值；在模型預測時，也使用 5 個模型預測的平均值，或投票的方法，如圖 10.4 所示。

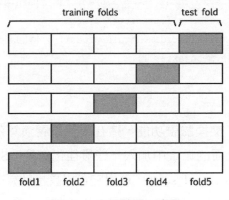

圖 10.4 交換驗證示意圖

本例中先用 train_test_split 方法將資料切分成測試集和訓練集，然後用 Kfold 方法將訓練集切分成五折交換驗證，每次循環用其中 4 份資料訓練模型，然後分別用驗證集和預測集做預測，並分別儲存在 train_preds 和 test_preds 中。最後，計算驗證集上的評分，以及對 5 個模型的預測結果取平均值作為對預測集的最後預測。

```
01   from sklearn.cross_validation import KFold
02   from sklearn.model_selection import train_test_split
```

```
03    from sklearn.metrics import accuracy_score
04    from sklearn.datasets import load_iris
05    import numpy as np
06    from sklearn.svm import SVC
07
08    iris = load_iris()
09    X_train,X_test,y_train,y_test=train_test_split(iris.data,iris.target,
10                                             test_size=0.3,random_state=10)
11    num = 5                               # 五折交換驗證
12    train_preds = np.zeros(X_train.shape[0])    # 用於儲存預測結果
13    test_preds = np.zeros((X_test.shape[0], num))
14    kf = KFold(len(X_train), n_folds = num, shuffle=True, random_state=0)
15    for i, (train_index, eval_index) in enumerate(kf):
16        clf = SVC(C=1, gamma=0.125, kernel='rbf')
17        clf.fit(X_train[train_index], y_train[train_index])
18        train_preds[eval_index] += clf.predict(X_train[eval_index])
19        test_preds[:,i] = clf.predict(X_test)
20    print(accuracy_score(y_train, train_preds)) # 傳回結果: 0.971428571429
21    print(test_preds.mean(axis=1))
22    # 傳回結果：
23    [ 1.   2.   0.   1.   0.   1....]
```

以上程式手動實現了交換驗證功能，這在機器學習演算法中的使用頻率非常高，開發者也常在上面的循環中加入一些最佳化處理。Sklearn 函數庫也提供了更加簡便的方法 cross_val_score，使用它可以直接計算交換驗證的效果。

```
01    from sklearn.model_selection import cross_val_score   # Python 3使用
02    # from sklearn.cross_validation import cross_val_score   # Python 2使用
02    print(cross_val_score(clf, iris.data, iris.target).mean())
03    # 傳回結果：0.973447712418
```

10.4.2 模型調整參數

成熟的模型一般都支援多個參數，而合適的參數又能提升預測效果。參數的重要程度也有所不同，當參數較多時，組合呈幾何倍數增長，這時人工嘗試各種組合可能非常困難。開發者常常透過循環的方式嘗試窮舉各種參數組

合，為簡化這一操作，協力廠商函數庫也提供了一些自動調整參數方法。本
小節將介紹其中最常用的兩種。

1. 網格搜尋

網格搜尋是由開發者設定可選參數，由程式透過窮舉的方式循環檢查所有參
數可選項，嘗試每種可能組合，記錄其中表現最好的參數。Sklearn 函數庫提
供了網路搜尋工具 GridSearchCV（Grid Search with Cross Validation），其在網
格搜尋時將訓練集分為訓練和調整參數兩部分，並使用交換驗證方法。

本例中使用了鳶尾花資料集和 SVC 演算法，用 param_grid 方法列出了可選參
數。在使用網格調整參數搜尋到最佳參數之後，使用這些參數產生物理模型
並用於預測，程式最後還顯示出了最佳參數以及對應的評分。

```
01    from sklearn.model_selection import GridSearchCV
02    from sklearn.svm import SVC
03    from sklearn.datasets import load_iris
04
05    iris = load_iris()
06    model = SVC(random_state=1)
07    param_grid = {'kernel':('linear', 'rbf'), 'C':[1, 2, 4], # 制定參數範圍
08                  'gamma':[0.125, 0.25, 0.5 ,1, 2, 4]}
09    gs = GridSearchCV(estimator=model, param_grid=param_grid, scoring='accuracy',
10                      cv=10, n_jobs=-1)
11    gs = gs.fit(iris.data, iris.target)
12    y_pred = gs.predict(iris.data)   # 預測
13    print(gs.best_score_)
14    # 傳回結果：0.98
15    print(gs.best_params_)
16    # 傳回結果：
17    {'C': 1, 'gamma': 0.125, 'kernel': 'rbf'}
```

網格調整參數使用窮舉法訓練其每種參數的組合，適合小資料集。當可選參
數較多或資料較多時，Sklean 函數庫還提供了隨機搜尋 RandomizedSearchCV
方法，用於隨機選取參數組合，其可在較短時間內選擇較優的參數，但精度
較差。

資料量較大時的另一種調整參數方法是，利用貪心演算法對模型影響最大的參數最佳化後，將其固定下來，再對下一個影響大的參數最佳化，直到最佳化所有參數。它的缺點是可能找不到全域最佳解，而優點是速度快。

2. Hyperopt

Hyperopt 是專門用於模型調整參數的協力廠商函數庫，透過貝氏最佳化演算法調整參數。貝氏最佳化又稱序貫模型最佳化（Sequential model-based optimization，SMBO），它無須計算梯度，可處理數值型和離散型的變數、條件變數，可平行最佳化。

Hyperopt 的速度更快，效果更好。相對於 GridSearch，Hyperopt 除了適用於 Sklearn 類別模型，也適用於其他模型，且不需要列舉所有可能的參數值，但需要自己實現損失函數和 CV 方法。

Hyperopt 的使用方法與 Sklearn 系列工具的不同，下面將介紹其實際用法。首先，使用以下方法安裝軟體：

```
01    pip install hyperopt
```

下面透過簡單實例學習 Hyperopt 的基本用法。

```
01    from hyperopt import fmin, tpe, hp, Trials
02    trials = Trials()
03    best = fmin(
04        fn=lambda x: (x-1)**2,              # 最小化目標，如誤差函數
05        space=hp.uniform('x', -10, 10),     # 定義搜尋空間，名稱為x,範圍為-10~10
06        algo=tpe.suggest,                   # 指定搜尋演算法
07        trials=trials,                      # 儲存每次反覆運算的實際資訊
08        max_evals=50)                       # 評估次數
09    print(best)                             # 傳回結果：{'x': 0.980859461591201}
10    for t in trials.trials:
11        print(t['result'])
12    # 傳回結果
13    {'loss': 0.9071371635226961, 'status': 'ok'}
14    {'loss': 8.061260274817041, 'status': 'ok'} ....
```

本例的目標是在 -10 至 10 之間搜尋 x，使 x-1 的平方最小化，程式反覆運算
次數設為最多 50 次，其執行結果接近於 1。可以看到，使用 Hyperopt 方法只
需要指定設定值範圍，而不需要指定實際設定值。其中，hp.uniform 設定搜尋
範圍是定義上下界的平均分佈。除了平均分佈，它還支援 hp.choice 用於列舉
值、hp.normal 用於正態分佈。本例中只定義了一個搜尋變數，而在實際應用
時一般使用字典方式定義多個變數。

程式中還使用了 Trials 方法記錄每一次反覆運算的實際資訊，並顯示其損失函
數的值，其誤差值一般會隨著反覆運算次數的增加而逐漸收斂。

Hypterop 的核心是定義損失函數和參數範圍，下面介紹一個實用的程式。程
式仍使用鳶尾花資料集，嘗試支援向量機和隨機森林兩種常用模型，設定其
調整參數範圍，使用 Hyperopt 選擇最佳參數。

```
01   from sklearn.datasets import load_iris
02   from sklearn.cross_validation import cross_val_score
03   from hyperopt import hp,STATUS_OK,Trials,fmin,tpe
04   from sklearn.ensemble import RandomForestClassifier
05   from sklearn.svm import SVC
06
07   def f(params):              # 定義評價函數
08       t = params['type']
09       del params['type']
10       if t == 'svm':
11           clf = SVC(**params)
12       elif t == 'randomforest':
13           clf = RandomForestClassifier(**params)
14       else:
15           return 0
16       acc = cross_val_score(clf, iris.data, iris.target).mean()
17       return {'loss': -acc, 'status': STATUS_OK} # 求最小值:準確率加負號
18
19   iris=load_iris()
20   space = hp.choice('classifier_type', [ # 定義可選參數
21       {
```

```
22          'type': 'svm',
23          'C': hp.uniform('C', 0, 10.0),
24          'kernel': hp.choice('kernel', ['linear', 'rbf']),
25          'gamma': hp.uniform('gamma', 0, 20.0)
26      },
27      {
28          'type': 'randomforest',
29          'max_depth': hp.choice('max_depth', range(1,20)),
30          'max_features': hp.choice('max_features', range(1,5)),
31          'n_estimators': hp.choice('n_estimators', range(1,20)),
32          'criterion': hp.choice('criterion', ["gini", "entropy"])
33      }
34  ])
35  best = fmin(f, space, algo=tpe.suggest, max_evals=100)
36  print('best:',best)
37  # 程式執行結果:
38  # best: {'C': 4.8705145187462289, 'classifier_type': 0, 'gamma':
    2.51036580762266333, 'kernel': 1}
```

程式中使用了交換驗證評價模型的準確率,Hyperopt 支援用陣列指定參數,以便在同一調整參數過程中比較多個模型的不同參數及其訓練效果。儘管 Hyperopy 進行了很多最佳化,但調整參數過程仍然比較耗時,對於巨量資料量的資料,建議先選取部分資料調整參數。

可以看出,Sklearn 機器學習工具集提供了機器學習中絕大多數的功能(如建模、調整參數、評價、特徵工程等),但做得不是很細。當需要更精細的工具時,建議使用專門的協力廠商函數庫。

綜上所述,無論是模型實現、模型選取,還是模型調整參數,都可以使用很多現成的方法,這也是 Python 開發的優勢所在,其大量的協力廠商函數庫支援了開發者需要的絕大多數功能,不需要再聚焦於實現細節,而是更多著眼於整體設計。因此,在程式實現時,建議讀者儘量使用功能足夠豐富和穩定的現有工具,避免重複造輪子。

10.4.3 學習曲線和驗證曲線

在建模過程中，加入更多實例、增加反覆運算次數常常能提升模型預測的效果，但資料增加也會使用更多的運算資源及延長訓練時間，無限細化模型還可能造成過擬合。因此，希望開發者能在資料量和訓練效果之間找到平衡點，而學習曲線和驗證曲線可以幫助他們實現該功能。其實現包含兩部分：計算和作圖。計算部分由 Sklearn 提供的函數實現，作圖部分透過 Matplotlib 提供的函數實現。

先看其中較為簡單的作圖部分的實現程式，由於訓練了 10 次，因此計算了其精確率的平均值和標準差。圖中繪製了訓練集和測試集的準確率，並透過計算其標準差繪製了其準確度的變化範圍。

```
01   from sklearn import datasets
02   from sklearn.ensemble import RandomForestClassifier
03   import numpy as np
04   import matplotlib.pyplot as plt
05
06   def draw_curve(params, train_score, test_score):
07       train_mean =  np.mean(train_score,axis=1)    # 平均值
08       train_std = np.std(train_score,axis=1)        # 標準差
09       test_mean = np.mean(test_score,axis=1)
10       test_std=np.std(test_score,axis=1)
11       plt.plot(params,train_mean,'--',color = 'g',label = 'training')
12       plt.fill_between(params,train_mean+train_std,train_mean-train_std,
13                     alpha=0.2,color='g')          # 以半透明方式繪圖區域
14       plt.plot(params,test_mean,'o-',color = 'b',label = 'testing')
15       plt.fill_between(params,test_mean+test_std,test_mean-test_std,
16                     alpha=0.2,color='b')
17       plt.grid()                                  # 顯示網格
18       plt.legend()                                # 顯示圖例文字
19       plt.ylim(0.5,1.05)                          # 設定y軸顯示範圍
20       plt.show()
```

再看計算部分，本例中使用了 Sklearn 附帶的乳腺癌資料集，使用隨機森林模型，取其資料的 10%（0.1）、20%……直到全部資料（1）分別代入模型訓練，使用 learning_curve 方法分別訓練模型並使用十折交換驗證，記錄模型在訓練集和測試集上的評分 train_score 和 test_score，然後用上面定義的函數畫圖。

從程式執行結果可以看到，當資料量從 10% 增加到 20% 時，測試集的準確率有明顯提升，再增加資料也有提升但速度較慢。

```
01   from sklearn.model_selection import learning_curve
02   breast_cancer = datasets.load_breast_cancer()
03   X = breast_cancer.data
04   y = breast_cancer.target
05
06   clf = RandomForestClassifier()
07   params = np.linspace(0.1,1.0,10)        # 從0.1到1，切分成10份
08   train_sizes,train_score,test_score = learning_curve(clf,X,y,
09                             train_sizes=params,
10                             cv=10,scoring='accuracy') # 十折交換驗證
10   draw_curve(params, train_score, test_score)
```

程式執行結果如圖 10.5 所示。

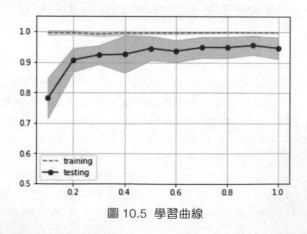

圖 10.5 學習曲線

下例使用驗證曲線測量調整參數效果，將隨機森林中樹的個數分別設定為 10，20，…，240。從執行結果可以看到，過多的子樹對於模型效果並無明顯

提升，這主要是由於此資料集的資料不大，且從中可提煉的規則並不複雜。

```
01    from sklearn.model_selection import validation_curve
02    params = [10,20,40,80,160,240]
03    train_score,test_score = validation_curve(RandomForestClassifier(),
04                  X,y,param_name='n_estimators',cv=10,scoring='accuracy',
05                  param_range=params)
06    draw_curve(params, train_score, test_score)
```

程式執行結果如圖 10.6 所示。

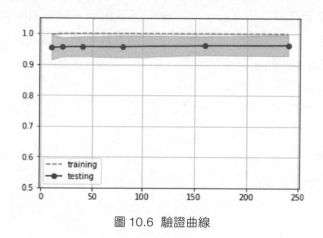

圖 10.6　驗證曲線

10.4.4　儲存模型

如果把訓練模型類比成人腦思考問題，把使用模型類比成對腦中已有「思考成果」的使用，那麼思維中有多少是真正的思考，有多少是使用現有「成果」呢？如何把習得的「成果」儲存下來並重複利用呢？

「思考成果」可能是決策樹規則、神經網路參數、規則清單，也可能是典型實例，還有一些學習得來的知識（先驗知識、領域知識），那麼怎麼才能把它們融入訓練成為更大的模型呢？

對於人來講，最後得以儲存的可能是不可描述的經驗和可描述的規則。其中規則可以是經驗歸納的，也可以是習得的；可以產生實體，又可以加入進一步的推導。它所涵蓋的可能是全部（樹模型），也可能是部分（規則模型），或是一條主幹（線性擬合）加上一些例外（離群點）。

一般訓練完成之後，會將模型及相關資料儲存成模型檔案，而在使用模型時直接讀取檔案進行預測即可。除了儲存模型本身，Python 還支援儲存資料結構及實例。在第 5 章已經介紹了模型儲存方法，對於機器學習模型，推薦 Sklearn 附帶的 pkl 檔案，它可以儲存 Python 中的各種資料類型。

在儲存資料時，一般使用字典結構。舉例來説，一個字典包含模型、參數、代入模型的特徵清單三個 Key，其中模型又可以是一個字典，包含多個子模型，依此類推。另外，還可以將需要儲存的資料組織成樹狀結構，其中 Key 又可作為各層內容的簡要説明。

巨量資料競賽平台

掌握一種技術最好的途徑是觀摩和實作。本章將介紹國內外的主流巨量資料平台，以及參賽和選題的注意事項。競賽平台分為兩種類型：本章前半部分以 Datathon 資料競賽為例，介紹以設計和定義問題為主的競賽；後半部分介紹演算法競賽平台，透過剖析 Kaggle 巨量資料競賽經典案例《鐵達尼號倖存問題》說明平台的使用方法，透過解讀核心程式闡釋求解想法，並示範運用計算工具採擷訓練資料的過程。

11.1 定義問題

對於人工智慧企業的從業者，無論是開發工程師、產品設計師、資料智慧類別產品的創業者，還是希望透過人工智慧技術改變企業未來的領導者，再宏大的目標，最後還是需要完成到實際產品和專案中。更直白地說就是，實際的功能是否可實現、是否可達到預計的效果。那麼，要達到這一目標就至少要了解：人工智慧發展到現階段能解決什麼樣的問題？目前我們需要解決的問題到底是什麼？

從開發的角度看，產品的生命週期一般分為使用者研究、發現需求、評估需求、可行性分析、設計方案、開發、功能驗證、上線等步驟。前期的研究設計常常比後期的執行更加重要，做資料分析採擷更是如此，因為它不像軟體產品，只要設計的功能正常可用就可以發佈了。資料模型產品受資料量和資料品質的影響很大，沒做完以前很難得知是否能達到既定效果。因此，在前期研究、可行性分析方面，就需要更多專業人士的經驗。

近年來，隨著人工智慧技術的發展，新技術不斷更新人們的認識，似乎只要有足夠的資料和算力，領域內的所有問題都可以被解決，只是投入資源多少和時間早晚的問題。

從未來的發展看似乎是這樣，但眼前的事實並非如此。如果仔細分析機器超越人類的案例則可以發現，目前機器超越人類的領域基本都是針比較較抽象和單一的問題，並且其解決方案也主要圍繞實際問題展開，因此其演算法擴充到其他領域還需要大量的最佳化。

11.1.1 強人工智慧與弱人工智慧

2018 年年底報導：Google 的 BERT 模型在閱讀了解處理方面破 11 項記錄，全面超越人類，那麼是不是使用該演算法再輸入現有的知識，經過訓練，就可以產生有問必答的百科全書式機器人呢？先來看看對 BERT 的評測，包含 QLUE 測試和 SquAD 測試兩部分。

QLUE 測試基本涵蓋了自然語言處理的各個子模組，提供測試集但不公開測試集結果。在開發者上傳預測結果後，線上列出評分。其中的測試包含以下內容：

- MNLI：判斷兩個句子之間是繼承、反駁，還是其他關係。
- QQP：計算兩個問句的類似程度。
- QNLI：問答系統，區分問題的正確答案和同一段中的其他描述。
- SST-2：電影評論的感情色彩標記。
- CoLA：判斷語法是否正確。
- MRPC：兩個句子的語義是否相等。

（其他測試與上述測試類似，但資料範圍不同，在此不一一列舉）

SQuAD（Standford Question Answering Dataset）測試，是史丹佛大學於 2016 年推出的閱讀了解資料集，即指定文章並準備對應問題，需要演算法給出問題的答案。SQuAD 一共有 107 785 個問題以及搭配的 536 篇文章。與 GLUE 的分類不同，它尋找的是答案在段落中的位置。

BERT 模型本身是深度學習神經網路的改進版本。在訓練過程中，除了訓練集提供的資料，它並沒有融入人類常識性的經驗。可以看到，它解決的問題都非常實際，並不能真正了解語言和建置的知識系統。因此，可以説現在人工智慧的發展階段和機器擁有人類智慧的距離還非常遙遠。

再看機器學習模型，簡單地説，使用歷史資料訓練的模型主要以學習模仿前人經驗為主。當有足夠資料特徵的資料量，再配合有效的演算法，基本上就可以達到該領域專業人士，或略高於普通從業者的水平，但很難實現長足的進步。

綜上所述，現在我們看到和使用的人工智慧技術基本都屬於弱人工智慧。也就是説，它只能在某些特定的領域解決問題。而強人工智慧包含推理（Reasoning）和解決問題（Problem_solving），因此，也可以説人工智慧是認知心理學與電腦科學的交換學科。解決問題包含設定目標、判斷可行性、將目標切分成子目標、試錯、執行、評估等，而在這個系統結構沒有建立起來之前，這些工作都需要開發人員來實現。

現階段使用演算法主要是與人的經驗相結合，作為輔助手段來簡化部分人類工作。目前它只能從提供的資料中尋找規律，而人的背後有更加強大的常識系統。如果能結合二者的優勢，效果常常會更好。

總而言之，演算法只是工具，當面對實際任務時，程式設計能力雖然非常重要，但是最後是否可達成目標，最重要的是目標的設定和評估──是否設計了一個在現有資料情況下可達成的目標，這需要專業領域的人員和工程師深度協作、相互滲入才能實現。

11.1.2 Datathon 競賽

Datathon 競賽是醫療急救和巨量資料結合的比賽，源於矽谷的 Hackathon 駭客松。Hackathon 是短期、高強度的技術競賽，指在推動技術創新。Datathon 意為 Data+Hackathon，即資料競賽，每年一到兩次，臨床醫生、資料科學家、統計學家、工程師均可報名參加。賽程一般兩到三天，參賽者根據自己的興趣和知識背景，按醫生和工程師結合的方式分組比賽，每個團隊集中解決一個臨床醫療相關的巨量資料問題。

比賽過程：首先，由帶隊臨床醫生對題目說明，招募隊員；然後參賽人員進行組隊；在接下來的兩天中，隊員討論和研究問題，如資料範圍、分析資料、分析以及建模；最後一天展現成果。為公平起見，每組限制在 10 人左右，參加該比賽需要提前報名，主辦方根據其簡歷進行一定的資格篩選。

在兩三天的時間內，參賽人員要確定問題、分析資料、分析建模、撰寫報告，因此基本只能做簡單的分析和模型建置，沒有太多時間最佳化。

可以說，該比賽的目標並不是用兩天時間開發出可用的模型或軟體，而是給臨床醫生和資料工程師提供交流的平台。Datathon 比賽結束後，同組的工程師和醫生常常會繼續研究比賽中的課題，最後獲得更多成果。而工程師和醫生透過比賽可以更加了解醫療巨量資料擅長解決哪些問題。

比賽過程中使用的資料包含急診資料、重症監護資料庫 MIMIC 和重症監護資料庫 EICU，其中急診資料只供競賽使用，MIMIC 和 EICU 資料庫都是開放的醫療資料，可從網路上下載。由於 EICU 資料庫包含患者在 ICU 期間的各種檢驗及檢測資料，非常龐大和複雜，有意參加比賽的讀者最好事先研究資料，否則僅分析資料都非常困難。

在 2018 年 11 月舉行的 Datathon 比賽上，麻省理工學院計算生理學實驗室的科學家 Alistair Johnson 分享了定義問題的方法。首先，問題必須是能用資料解答的。舉例來說，「藥品 T 會導致不良事件嗎？ T 藥好不好？」這種問題比較模糊，其中並未定義「不良事件」指什麼，好壞與否也沒有指定實際哪一方面。又如，「有 S 病史的患者在院內的死亡率較高嗎？」，此問題相對比較清晰，條件是「是否有 S 病史」，結局變數是「院內死亡與否」。同時，在資料範圍內，演算法可以使用假設檢驗方法實現。

在學習解決問題之前，首先需要學習定義問題，什麼樣的問題才是好的問題，這需要至少從三個方面考慮。

（1）已知條件：目前能取得的資料量的大小和實際內容。
（2）定義目標：需要定義清晰、可量化的結果。
（3）現有技術：有關哪些演算法，演算法是否可實現目標。

好的資料團隊需要包含領域內的專業人士和工程師，專業人士一般可以把模糊的問題具體化，另外，他們的經驗更加重要。舉例來說，在用模型做一些疾病判斷時，可以取得儀器得出的檢驗指標，但是在醫生看病的時候，還會觀察病人的身體狀態，像「沒有精神」、「身體虛弱」等在機器預測時可能取得不到。這些資訊對預測結果影響的大小，常常只有專業人士才能列出答案。

另一種情況是，工程師可以取得成千上萬維度的指標以及大量的資料，雖然它們可以透過一些方法篩選特徵，例如透過訓練模型產生特徵重要性排序（feature importance）、相關性分析等，但是效果通常不是很好，這時如果能和專業人士的經驗相互印證，先考慮主要因素的影響，則能事半功倍。

11.2 演算法競賽

在模型的實作方式方面，初學者也需要不斷累積實際開發經驗。在實作過程中，不僅需要自己摸索，還需要向高手學習和請教。巨量資料競賽就提供了這樣的資料平台，它在資料提供者和開發者之間建立了橋樑：企業或研究機構將問題描述、資料、研究目標發佈到平台上；開發者分析、建模，並上傳處理結果；平台根據評價規則評分和排名顯示，大多數平台都提供活躍的討論區供大家交流，有的比賽還設有獎金。

11.2.1 巨量資料競賽平台優勢

巨量資料競賽平台提供了明確的問題定義和評價系統，在這平台上，初學者可以和高手同場競技，一起討論，他們既可以學習解決問題的常用策略，又可以進行腦力激盪。

1. 知易行難

在曾看過的一篇文章中，討論了參加巨量資料比賽對找工作有什麼好處，其中有一個答案是「沒有」。其理由是初學者很難在 Kaggle（最著名的巨量資料競賽平台）中拿到名次，參與程度可深可淺，面試官無法透過它判斷開發者的能力。筆者認為比賽的目的並不一定是拿名次，相比之下，在實戰中磨煉自己的過程更為重要。

在學習數學、演算法時，有時感覺好像明白了，但做題或細問之下，發現並不能真正會用，即使當時會用，過一段時間不用又模糊了。這是因為在書中它們只是一些零散的點，而實際中則需要在場景中發揮作用。另外，在實際應用時也會遇到很多「坑」，自己踩一遍的收穫遠大於照抄照搬，而競賽平台正好提供了這樣的實作機會。

2. 資料和評價系統

也有開發者認為：可以自己拿爬蟲抓取資料，而且可以找自己更有興趣的資料來採擷。而對於自己找的資料，當對預測結果不滿意時，很難判斷到底是資料本身攜帶的資訊量不夠，還是演算法做得不好。不像平台上很多人同時比賽，只要拿自己的成績和 Top1 的比一比，就能判斷問題出在哪裡。

透過上一節的學習可以看到，很多時候定義問題比解決問題更困難。在競賽平台上，問題、資料和評價標準都是事先被定義好的，這也在快速地降低了問題的複雜性和難度。

3. 與高手同台競技

在競賽平台上，有很多人會在賽中或賽後公佈自己的演算法。在平台的討論區中，開發者可以提出自己的問題，也可以從他人的討論中發現一些潛在的問題。最重要的是，在這個過程中，大家思考同一個問題可以帶來很多啟動和想法。這種狀態非常難得，即使是在一個很多同事都在做資料分析和模型的工作環境中，常常也是各做各的工作，大家圍繞同一個問題深度討論的情況也並不多見。

4. 設計演算法和撰寫應用程式的差異

寫應用程式可以大量參考別人的程式，甚至連 API 都一樣，別人能實現的功能自己也能做，但演算法比賽不同，照抄照搬還想超過原創者的基本沒有。因為，參考別人的程式，其最後成果可能只有幾百行，但是推理和嘗試的程式量常常比成果多更多，這部分並沒有呈現出來，看似簡單的答案只是冰山一角。因此，有時看了別人的程式，覺得每句都能了解，但到自己做的時候，還是只能照貓畫虎，做些簡單的微調。

11.2.2 Kaggle 巨量資料平台

Kaggle 可以算是最著名的機器學習比賽，由安東尼‧高德布盧姆（Anthony Goldbloom）於 2010 年在墨爾本創立，是一個為開發廠商和資料科學家提供舉辦機器學習競賽、託管資料庫、撰寫和分享程式的平台，該平台已經吸引了 80 多萬名資料科學家的關注。

先來看看 Kaggle 的實際使用方法。在競賽介面中可以看到比賽分為不同類別：Getting Start，Playground，Featured，Research 等（用不同顏色區分），建議初學者從 Getting Start 開始，在這個等級中有更多的教學和程式分享，題目也比較簡單，適合入門，如圖 11.1 所示。

圖 11.1 Getting Start 等級下的教學和程式分享頁面

11.2.3 實戰鐵達尼號倖存問題

本節透過剖析 Kaggle 平台上的經典案例,逐步切入問題。從取得資料、分析資料、清洗聚合,再到訓練模型,用簡單的資料和程式建置資料採擷的完整流程。

1. 平台使用方法

鐵達尼號倖存問題(Titanic: Machine Learning from Disaster)是 Kaggle 上參賽者最多的比賽,比賽長年開放。下面和讀者一起透過參與該比賽熟悉一下 Kaggle 平台,賽題詳情請參見平台,如圖 11.2 所示。

賽題介面提供了問題描述(Overview)、資料(Data)、範例程式(Kernels)、討論區(Discussion)、排行榜(Leaderboard)和規則(Rules)。

問題描述包含賽題目標:預測鐵達尼號上的乘客是否倖存;題目所需技能是分類演算法、Python 或 R 語言;對結果的評價方法(evaluation)等。

資料以 csv 格式儲存,提供了含有自變數(條件)和因變數(結果)的訓練樣本(train.csv)、只有引數沒有因變數的測試樣本(test.csv),開發者用訓練樣本訓練出模型,並對測試樣本進行預測。預測的結果根據格式要求(gender_submission.csv)儲存成檔案並上傳到 Kaggle 網站,網站列出預測結果評分並排名。

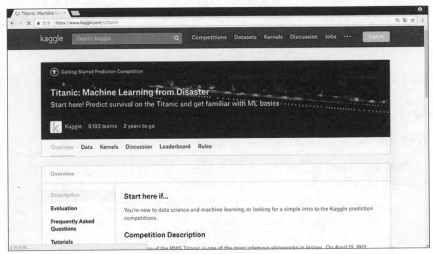

圖 11.2　賽題頁面

範例程式中有開發者共用的求解想法和程式,大多數用 Python 或 R 語言實現。本賽題推薦 Omar El Gabry 的 "A Journey through Titanic" 程式,它説明了解決問題的全過程,包含資料分析、資料清洗和模型預測,如圖 11.3 所示。

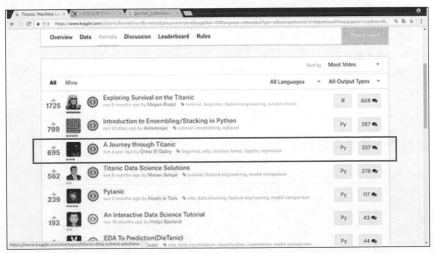

圖 11.3　"A Journey through Titanic" 所在頁面

2. 演算法解讀

下面透過解讀幾個核心程式碼片段來學習求解想法。

（1）下載資料。下載資料前先要註冊 Kaggle 使用者，由於 Kaggle 的一些資料儲存在 Google 伺服器上，因此如果出現連接問題，也可以透過搜尋「Kaggle 比賽 titanic 資料集」在其他網站下載。

將下載的檔案解壓後，可以看到兩個 csv 檔案，它們均是純文字檔案，開啟即可看到內容。

（2）資料分析預測常用函數庫。

```
01    # 資料集和資料處理
02    import pandas as pd
03    from pandas import Series,DataFrame
04    import numpy as np
05
06    # 繪圖型分析
07    import matplotlib.pyplot as plt
08    import seaborn as sns
09    sns.set_style('whitegrid')
10    %matplotlib inline # Jupyter繪圖使用
11
12    # 機器學習
13    from sklearn.linear_model import LogisticRegression    # 邏輯回歸
14    from sklearn.svm import SVC, LinearSVC                 # 支援向量機
15    from sklearn.ensemble import RandomForestClassifier    # 隨機森林
16    from sklearn.neighbors import KneighborsClassifier     # K近鄰
17    from sklearn.naive_bayes import GaussianNB             # 資料集和資料處理
```

（3）資料讀取和基本分析。

```
01    titanic_df = pd.read_csv('train.csv')
02    test_df = pd.read_csv('test.csv')
03    print(titanic_df.head())
04    print(titanic_df.info())
05    print(titanic_df.describe())
```

使用 head 方法檢視資料集 Dataframe 的前 N 行資料（行數預設為 5，相對應
地，用 tail 指令可以檢視資料集的後 N 行資料），上述程式顯示了前 5 行資
料，此資料集中含有數值型和字元型兩種資料，包含乘客編號、是否倖存、
乘客類別、姓名、性別等資訊，其中 Cabin（客艙）有部分空值，如圖 11.4 所
示。

```
   PassengerId  Survived  Pclass  \
0            1         0       3
1            2         1       1
2            3         1       3
3            4         1       1
4            5         0       3

                                               Name     Sex   Age  SibSp  \
0                            Braund, Mr. Owen Harris    male  22.0      1
1  Cumings, Mrs. John Bradley (Florence Briggs Th...  female  38.0      1
2                             Heikkinen, Miss. Laina  female  26.0      0
3       Futrelle, Mrs. Jacques Heath (Lily May Peel)  female  35.0      1
4                           Allen, Mr. William Henry    male  35.0      0

   Parch            Ticket     Fare Cabin Embarked
0      0         A/5 21171   7.2500   NaN        S
1      0          PC 17599  71.2833   C85        C
2      0  STON/O2. 3101282   7.9250   NaN        S
3      0            113803  53.1000  C123        S
4      0            373450   8.0500   NaN        S
```

圖 11.4 資料集 Dataframe 的前 N 行資料

使用 info 方法檢視資料集的基本資訊，在此可以看到各個欄位的類型和資料
的缺失情況；從顯示結果中可見，資料比較規整，基本是清洗好的，如圖 11.5
所示。

```
<class 'pandas.core.frame.DataFrame'>
RangeIndex: 891 entries, 0 to 890
Data columns (total 12 columns):
PassengerId    891 non-null int64
Survived       891 non-null int64
Pclass         891 non-null int64
Name           891 non-null object
Sex            891 non-null object
Age            714 non-null float64
SibSp          891 non-null int64
Parch          891 non-null int64
Ticket         891 non-null object
Fare           891 non-null float64
Cabin          204 non-null object
Embarked       889 non-null object
dtypes: float64(2), int64(5), object(5)
memory usage: 83.6+ KB
```

圖 11.5 用 info 方法檢視資料集的基本資訊

用 describe 方法可以看到數值型特徵的統計值，包含計數（count）、平均值
（mean）、標準差（std）、最小值（min）、最大值（max）以及 25,50,75 分位
數。這樣無須檢視所有資料即可對各個特徵的分佈有大致的了解，如圖 11.6
所示。

```
       PassengerId    Survived     Pclass         Age       SibSp  \
count   891.000000  891.000000  891.000000  714.000000  891.000000
mean    446.000000    0.383838    2.308642   29.699118    0.523008
std     257.353842    0.486592    0.836071   14.526497    1.102743
min       1.000000    0.000000    1.000000    0.420000    0.000000
25%     223.500000    0.000000    2.000000   20.125000    0.000000
50%     446.000000    0.000000    3.000000   28.000000    0.000000
75%     668.500000    1.000000    3.000000   38.000000    1.000000
max     891.000000    1.000000    3.000000   80.000000    8.000000

             Parch        Fare
count   891.000000  891.000000
mean      0.381594   32.204208
std       0.806057   49.693429
min       0.000000    0.000000
25%       0.000000    7.910400
50%       0.000000   14.454200
75%       0.000000   31.000000
max       6.000000  512.329200
```

圖 11.6　用 describe 方法檢視數值型特徵的統計值

（4）特徵工程。

```
01   def get_person(passenger): # 小於16歲的分類為兒童
02       age,sex = passenger
03       return 'child' if age < 16 else sex
04
05   def conv(df):
06       df['Person'] = df[['Age','Sex']].apply(get_person,axis=1) # 組合特徵
07       df['Fare'] = df['Fare'].fillna(df['Fare'].mean()) # 遺漏值填充為平均值
08       df["Embarked"] = df["Embarked"].fillna("S") # 遺漏值填充為S
09       df['Fare'] = df['Fare'].astype(int)   # 類型轉換
10
11       person_dummies = pd.get_dummies(df['Person']) # OneHot編碼
12       person_dummies.columns = ['Child','Female','Male']
13       df = df.join(person_dummies_titanic) # 連接原資料與OneHot資料
14       df = df.drop(['PassengerId','Name','Ticket','Person','Sex',
         'Embarked','Cabin','Age'],
15                          axis=1)          # 刪除非數值型特徵
```

```
16        return df
17
18   titanic_df = conv(titanic_df)
19   test_df = conv(test_df)
```

下面展示了特徵工程的幾種基本方法，而在實際使用過程中會更為複雜，見後續程式。

- 處理遺漏值：包含平均值填充和預設值填充。
- 用現有資料拆分、組合出更多特徵：本例中將 16 歲以下的男女統一歸類為兒童類別，並轉換成 OneHot 編碼（將列舉型轉換成 0/1 的數值型）。
- 清理包含刪行、刪列、去重、類型轉換，本例中刪除了非數值類型資料，用 astype 方法處理類型轉換。

（5）資料分析。

```
01   facet = sns.FacetGrid(titanic_df, hue="Survived",aspect=4)
02   facet.map(sns.kdeplot,'Age',shade= True)
03   facet.set(xlim=(0, titanic_df['Age'].max()))
04   facet.add_legend()
05   plt.show()
06
07   fig, axis1 = plt.subplots(1,1,figsize=(18,4))
08   average_age = titanic_df[["Age", "Survived"]].groupby(['Age'],as_
     index=False).mean()
09   sns.barplot(x='Age', y='Survived', data=average_age)
10   plt.show()
11   #?facet.map()
```

圖 11.7 中上面的圖片展示的是變數關係 FacetGrid，hue 指定對 Serviced 做顏色差異顯示，sns.kdeplot 指定用 Age 特徵做核心密度圖，Set xlim 指定橫軸座標範圍，add_legend 設定顯示標籤。

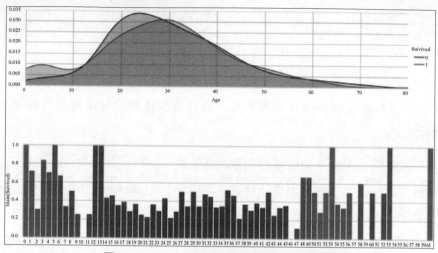

圖 11.7 用 groupby 按照年齡取平均值作圖

圖 11.7 中下面的圖片展示的是每個年齡倖存者的比例，使用 groupby 按照年齡將所有資料分組後，再對每組取平均值作圖。其中使用 figsize 設定是為了調整影像長寬比使水平座標正常顯示，而非堆疊在一起，如圖 11.7 所示。

（6）模型預測。

```
01  # 產生模型所需的訓練集和測試集
02  X_train = titanic_df.drop("Survived",axis=1)
03  Y_train = titanic_df["Survived"]
04  X_test  = test_df.copy()
05
06  logreg = LogisticRegression()          # 初始化模型
07  logreg.fit(X_train, Y_train)           # 訓練模型
08  print(logreg.score(X_train, Y_train))  # 模型評分
09  Y_pred = logreg.predict(X_test)        # 預測
```

本例先將資料轉換成模型可識別的格式，然後訓練模型。以邏輯回歸為例展示最簡單的模型訓練和模型預測。

透過上述程式，即可架設出一個簡單的機器學習架構。訓練之後，開發者可透過 Submit Predictions 上傳自己的預測結果（注意，Submit Predictions 按鈕登入後才顯示），之後就可以看到排名了。

11.2.4 中國大陸巨量資料平台

Kaggle 是一個很好的競賽平台，平台上高手很多，程式分享和想法說明也很豐富，但是它的使用者資訊和資料都儲存在 Google 伺服器上，雖然能瀏覽網頁，但目前註冊、上傳、下載資料還不能直接連接，如註冊後在電子郵件中點擊啟動時，出現 "You did not enter the correct captcha response. Please try again"，就是由於連接 Google 失敗導致的，因此使用時比較麻煩。

中國大陸的巨量資料競賽平台有 DataCastle 和天池等，有些比賽也設有獎金。在比賽結束後，名列前矛參加答辯的選手會分享答辯 PPT 以及答辯視訊，有時也會分享程式。相對來說，天池的資料包含豐富的業務場景，更接近現實。有些比賽還提供線上的計算平台，還有一些比賽會給前幾名提供知名企業的面試直通車的機會。另外，天池的資料科學家排行榜也是很好展示實力的途徑。

一開始看到天池的技術圈，感覺和 Kaggle 相比其分享太少了（雖然 Kaggle 中的文章和範例也主要在新手學習區），後來發現它的很多比賽都設有官方的釘釘群或 QQ 群。可能是由於群裡回饋更快，很多問題都在群裡交流，因此沒有在技術圈中記錄下來。雖然很多時候大家不會在釘釘群裡詳細講演算法，但有時他們的隻言片語也會帶給初學者很大的啟發。另外，有人也會嘗試一些演算法，然後分享結果，這樣也能使初學者少走很多彎路。

11.2.5 賽題選擇

從時效性上來看，建議一開始先選擇參賽隊多的往期題目，最好是獲勝者提供了原始程式碼的比賽。很多比賽在結束之後仍開放提交程式並提供線上評分（但沒有獎金），這樣邊做邊學，學習速度會更快，也更適合建立基本想法。

下一階段，建議參加正式比賽。一般比賽都有賽方建立或參賽者自發組織的討論和問答群，很多人在其中交流演算法及遇到的問題。而在動態的互動中，更容易學到實用的技巧。排行榜也會不斷更新，這能使我們確定自己的能力到底排在什麼位置。不過在此階段，需要注意的是調整心態，反覆被擠出排行榜的心情必然不好，於是就要不斷尋找下一次提交的目標，每天提交兩次，每個修改計畫都在 8 小時以內，於是不斷尋找局部最佳解，微調再微調，最後就能在整個結構上進行調整和做更多的嘗試。

從難易程度上來看，建議從簡單的賽題開始，如果影響因素太多，就難以判斷哪裡出了問題。一開始最好選擇純資料類別的，即不包含文字和圖片及其他複雜特徵的問題。

從題型上來看，以下幾種典型問題最好都嘗試一下：

（1）以 GBDT 為代表的決策問題。
（2）時序問題。
（3）連結規則問題。
（4）自然語言處理的相關問題。
（5）影像處理的相關問題。

11.2.6 比賽注意事項

無論是在比賽還是在現實工作中，除了純技術因素，背景知識、計畫、心態也很重要。下面是實戰中的一些注意事項：

（1）需要了解比賽的背景知識，例如股票、醫療。然後使用現成的工具計算更有效的組合特徵，還可以從中找到一些方向。
（2）不要試圖參加結束時間相近的多個比賽，因為如果時間不夠，就沒辦法做大的修改和更多的嘗試。
（3）在資料量小的比賽中，暫時領先並不能說明就是模型好，還需要防止過擬合。
（4）多仔細研究別人的方案，儘量減少「重複造輪子」。
（5）不要總是使用熟悉的工具，在比賽中嘗試新方法更加重要。

決策問題：幸福感採擷

本章透過天池巨量資料平台的比賽「快來一起採擷幸福感」來探討分類和回歸問題的解決方法和注意事項，並解讀目前最流行的 XGBoost 模型的原理及核心程式。

12.1 賽題解讀

幸福感採擷是 2019 年天池平台的新人賽，該比賽長期開放，參賽者登入並選擇報名比賽之後即可從賽題介面下載資料。平台提供每天兩次評測機會，參賽者上傳預測結果後，由平台評分和排名。由於新人賽一般不設定獎金，這就使得更多人願意在平台討論區上分享想法和程式，平台也會提供一些學習資料。新人賽也相對比較簡單，適合入門。

天池比賽一般分為線上賽和線下賽，線上賽是資料和演算法工具都由平台提供，不允許下載資料。參賽者透過用戶端或 Web 方式連接服務端，使用平台提供的工具建模。一般在資料需要保密、算力較大、複賽的情況下，常見線上賽模式。而大多數比賽為線下賽，參賽者可以從平台上下載測試集、訓練集、說明文件和提交資料的範本。在本機訓練後，將結果上傳到伺服器，由伺服器端定時評測。本賽題為線下賽，參賽者可多次提交結果，後上傳的版本將覆蓋舊版本。

當資料集較小時，少量特殊資料的預測結果常常會產生較大影響。為了避免出現對測試集過擬合以及申請多帳號猜榜的行為，一般比賽將測試集分成 A 榜和 B 榜。在比賽前期用 A 榜資料測評，而比賽的最後幾天公開 B 榜測試集，使用 B 榜評測結果作為最後評分的依據。參賽者需要注意及時提交 B 榜資料，否則將無法參加最後的比賽和排名。

資料採擷的第一步是確定問題和分析問題。本賽題使用中國人民大學中國調查與資料中心主持的《中國綜合社會調查》問卷的調查結果，選擇其中的個體變數（年齡、性別、職業、健康、婚姻等）、家庭變數（父母、配偶、子女）、社會態度（公平、資訊），並且允許使用外部資料。目標是預測其對幸福感的評價，同時也希望分析各個特徵之間的相關性。

登入天池網站可檢視詳細的賽題介紹、下載訓練資料和測試資料及對各個特徵的說明文件，據此了解各個變數的含義及進一步採擷其中的規律。

賽題訓練集共 8000 個實例，140 維變數，評價函數使用 MSE 均方誤差。該題目是比較單純的資料問題，即不需要圖片分析，只包含少量文字，無須深度採擷。另外，資料集的 8000 個實例提供了足夠的樣本，不用太考慮小資料集過擬合的問題。而 140 維變數也足夠多，以至於無法人為細化處理，這就使批次處理和統計分析方法展現出了優勢。每個特徵也都有對應的含義說明，這方便開發者將領域和模型相結合。

12.2 模型初探

不同開發者解決問題的想法不同，有的從了解資料特徵的意義開始，有的從作圖表分析資料開始，而筆者選擇從建模開始：先調通從下載資料、預測、本機評分、按格式產生提交資料、上傳資料平台評測的完整流程，再做進一步最佳化。同時，也向讀者推薦這種先架設架構，再逐步最佳化的方式。這一方面可以在最短的時間內看到成果，另一方面也可以避免糾結於細節而影響整體進度。

首先，定位問題類型。由於提供了因變數——幸福評級，因此該問題是有監督學習。而又由於因變數為多分類，故可選擇分類模型或回歸模型。因此，在前面介紹的機器學習演算法基本上都可以使用，而解決該類別問題最常用的方案是隨機森林、梯度下降決策樹、支援向量機以及多模型融合，其中又以梯度下降決策樹最為常用。

比賽中最後成型的程式可能只有一兩百行，但在資料採擷過程中，開發者進行的大量試錯、分析、最佳化並不展示在最後程式中，而這部分的程式量可能是最後成果的五到十倍。這也是在類似場景中，「拿來就用」效果不太理想的重要原因。在本例中，並沒有將最後程式一次性展示給讀者，而是呈現在建模的各個階段、偵錯方法以及定位問題的技術中。

（1）簡單資料分析：引用所需要的標頭檔，載入資料，同時檢視特徵和特徵的類型。

```
01   import pandas as pd
02   import datetime
03   from pandas.api.types import is_numeric_dtype      # 用於判斷特徵類型
04   from sklearn.ensemble import RandomForestClassifier,
        GradientBoostingClassifier                      # 分類模型
05   from sklearn.ensemble import RandomForestRegressor,
        GradientBoostingRegressor  # 回歸模型
06   from sklearn.model_selection import cross_val_score, train_test_split
     # 切分資料集
07   from sklearn.metrics import mean_squared_error     # 評價函數
08
09   data = pd.read_csv('data/happiness_train_complete.csv', encoding='UTF-8')
10   test = pd.read_csv('data/happiness_test_complete.csv', encoding='UTF-8')
11
12   print(data.columns.tolist())                       # 檢視所有特徵
13   print(data.dtypes)                                 # 檢視各特徵類型
```

（2）特徵工程：去掉無法直接代入模型的特徵，將資料切分成訓練集和驗證集，並用平均值填充遺漏值。需要注意的是，由於 id 對預測沒有意義，還可能帶來干擾，因此在第 08 行去除了該特徵。

```
01   features = []
02   label = 'happiness'                              # 目標變數
03
04   for col in data.columns:
05       if not is_numeric_dtype(data[col]):    # 非數值型特徵
06           print(col, data[col].dtype)
07           print(data[col].unique()[:5])
08       elif col != label and col != 'id':     # 加入可直接代入模型的特徵
09           features.append(col)
10
11   x = data[features]                              # 引數
12   y = data[label]                                 # 目標變數
13   x_train, x_val, y_train, y_val = train_test_split(x, y, test_size=0.25,
     random_state=0)
14   x_train = x_train.fillna(x.mean())        # 空值填充訓練集
15   x_val = x_val.fillna(x.mean())            # 空值填充驗證集
16   x_test = test.fillna(x.mean())            # 空值填充測試集
17   x = x.fillna(x.mean())                    # 空值填充全集
```

（3）模型預測：本例中嘗試了隨機森林回歸、GBDT 分類和 GBDT 回歸三種模型，使用預設參數訓練，最後保留了效果最好的 GBDT 回歸模型。下面分別實現了本機驗證和遠端提交，本機驗證部分把訓練資料切分成訓練集和驗證集，用驗證集對模型評分；遠端提交部分用全部訓練資料訓練模型，對測試集預測，並產生提交格式檔案。產生的檔案使用目前時間命名，以便保留不同版本。

```
01   #clf = RandomForestRegressor(criterion='mse', random_state=0)
     # 隨機森林回歸
02   #clf = GradientBoostingClassifier(criterion='mse',random_state=0)
     # GBDT分類
03   clf = GradientBoostingRegressor(criterion='mse', random_state=0)
     # GBDT回歸
04
05   if True: # 用於本機測試
06       clf.fit(x_train, y_train)
```

```
07      mse = mean_squared_error(y_val, [round(i) for i in clf.predict(x_val)])
08      print("MSE: %.4f" % mse)
09  else: # 用於遠端提交
10      clf.fit(x, y)                  # 全量資料訓練
11      df = pd.DataFrame()
12      df['id'] = test.id
13      df['happiness'] = clf.predict(x_test[features])
14      df.to_csv('out/submit_{}.csv'.format(datetime.datetime.now().
            strftime('%Y%m%d_%H%M%S')),index=False)
```

本例以最簡單的方式完成了資料處理和模型預測的全流程，將產生的檔案提交到天池平台即可獲得評分和排名。

12.3 模型最佳化

模型最佳化分為粗調和精調，粗調主要是解決建模中嚴重的錯誤，使模型的準確率顯著增加；而精調是通過細化特徵、模型調整參數等方法將模型的預測效果從較好變得更好，花費的時間也常常最多，而收效卻不會非常顯著。

本節透過模型最佳化，將模型誤差從 1.1827 最佳化至 0.4688（2019 年 6 月 13 日，2345 支參賽隊，排名 19）。

12.3.1 模型粗調

使用上例中程式訓練的模型預測結果，提交後可正常評測，但得分並不理想。其線上誤差為 1.1827，排行榜的前 100 名平均得分在 0.48 左右，獲得的結果與之相差很大。一般在實例和特徵都足夠的情況下，訓練結果非常差都是由明顯的「錯誤」引發的，而非細節導致。其原因有以下幾種可能：

（1）訓練模型時使用的評價函數與評測時使用的不一致。

（2）提交的結果與提交格式的要求不一致，實例順序不一致。

（3）預測結果分佈與訓練集目標變數分佈不一致。

對以上問題逐一排除,並分析其目標變數分佈:

```
01   print(data['happiness'].value_counts())
02   # 程式執行結果:
03   # 4     4818
04   # 5     1410
05   # 3     1159
06   # 2      497
07   # 1      104
08   # -8      12
```

從執行結果可以看到,正常資料分佈在 1～5,其中選 4 的人最多,佔一半以上,呈非正態分佈,而其中有 12 個實例目標變數值為 -8,由此基本可推測出它是異常值或遺漏值。由於誤差函數是均方誤差 MSE,其中的次方操作放大了差異大的實例誤差。舉例來說,當目標變數 4 預測成 5 時,如果測試集有 3000 個實例,那麼單一實例帶來的誤差就是 1/3000;當目標變數 4 預測成 -8 時,那麼單一實例帶來的誤差就是 144/3000(0.048),對預測結果影響很大。

因此,在訓練集中剔除目標變數小於 0 的實例,即在第二步特徵工程的第 10 行加入過濾程式。

```
01   data = data[data['happiness'] > 0]
```

在加入過濾程式後,預測結果有明顯加強,線下得分為 0.4887,天池評測得分為 0.485,兩者基本一致,在 2000 多支參賽小組中進入排行榜(2019 年 6 月,排名前 100 名)。此時,只使用了 Sklearn 函數庫附帶的 GBDT 回歸模型演算法,未進行任何調整參數。另外,只對特徵進行了簡單的篩選,未處理文字特徵和列舉型特徵,程式在 50 行以內。

12.3.2 模型精調

本例中只進行了一般化的最佳化,並未一個一個分析特徵的意義和設定值,主要是介紹最佳化中可泛化的想法。下面列出了一些最佳化的方案,留待讀者探索。最佳化實際分為最佳化特徵和最佳化模型兩部分。

1. 尋找干擾特徵

有時候，開發者認為特徵越多越好，這在建模的初期的確如此，但在中後期的精調過程中，無用的特徵非但不能加強模型預測水平，還可能會帶偏模型。在前面已經介紹過，可以透過假設檢驗方法篩選特徵，也可以透過模型回饋的特徵重要性篩選特徵。而本例介紹另一種方法——窮舉法篩選特徵，其在資料量不大的情況下很實用。

```
01    baseline = 0.4887 # 誤差baseline
02    for i in features:
03        features_new = [x for x in features if x != i]
04        clf = GradientBoostingRegressor(criterion='mse', random_state=0)
05        clf.fit(x_train[features_new], y_train)
06        mse = mean_squared_error(y_eval, [round(i) for i in clf.predict
            (x_eval[features_new])])
07        if mse < baseline:
08            print("remove", i, "MSE: %.4f" % mse)
```

程式檢查所有引數特徵，在循環中每次去掉一個，然後用相同的模型訓練並評分。如果去掉該特徵後誤差變小了，則認為該特徵可能是干擾特徵。程式執行結果顯示：去掉 public_service_7，county，nationality，income 等特徵後誤差變小了，其中去掉 public_service_7 特徵後效果最為顯著。

常用的特徵選擇方法還有逐步回歸法（Stepwise Regression）。它常用於多元線性回歸模型中，又可細分為三種實際方法：正向方法、反向方法和雙向方法。正向方法將特徵一個一個加入模型，使用假設檢驗方法檢查模型所能解釋的因變數變異是否顯著增加，直到將所有有效特徵都加入模型；反向方法先將所有變數放入模型，然後嘗試一個一個剔除變數，與本例中使用的方法類似；雙向方法結合了前兩種方法，即在每次加入新特徵後，都嘗試剔除目前貢獻度最小的特徵，以求得最佳特徵組合。

2. 最佳化分類特徵

對有干擾效果的引數也有不同的處理方法。首先，在 happiness_index.xlsx 中檢視其含義，可以看出 nationality（民族）、county（區縣編碼）等特徵都是用數值表示的分類特徵，同樣的特徵還有 city（城市）、province（區縣），而模型將其識別為數值型。舉例來說，1 = 上海市、2 = 雲南省、3 = 內蒙古自治區、4 = 北京市，這就使得上海與北京的距離大於上海與雲南的距離，明顯不合理。

對分類資料，可將其轉換成 OneHot 編碼，實際方法在第 6 章已介紹。但對類別較多的類型特徵，如 city 有 85 種設定值，如果做 OneHot 編碼，特徵維度則會增加很多，資料會變得非常稀疏，那麼某一小城市對應的實例可能會非常少。這種情況下常用的方法是對引數各個不同的設定值，求其對應因變數的平均值。舉例來說，用「北京」的平均幸福指數代替該特徵中北京對應的編碼，這樣也可以將幸福指數類似的城市統一處理。

```
01    def get_mean(fea, data, test):  # 同時轉換訓練集和測試集
02        arr1 = data[fea].unique()
03        arr2 = test[fea].unique()
04        arr3 = list(arr1)
05        arr3.extend(arr2)              # 有的資料只出現在訓練集或測試集中
06        arr4 = list(set(arr3))
07        dic = {}
08        for x in arr4:
09            dic[x] = data[data[fea] == x][label].mean()   # 取其因變數平均值
10        data[fea] = data[fea].apply(lambda x: dic[x])      # 資料取代
11        test[fea] = test[fea].apply(lambda x: dic[x])
12        return data,test
13
14    data, test = get_mean('city', data, test)
15    data, test = get_mean('invest_other', data, test)
16    data, test = get_mean('province', data, test)
```

本例中，將投資類型、省份、城市等類別特徵做了對應轉換。

3. 最佳化遺漏值填充

在模型初探的特徵工程部分中，使用訓練集引數的平均值填充遺漏值有兩點可以最佳化：第一點是從題目列出的 happineess_index.xlsx 中可以看到對未知

值的多種定義，如 -1 = 不適用、-2 = 不知道、-3 = 拒絕回答、-8 = 無法回答，本例中將其統一設定為缺失，在後面都使用平均值填充。第二點是用全集（訓練集和測試集）的平均值填充遺漏值，這樣在填充時同時考慮到了測試集和訓練集各個特徵的不同分佈，該方法在資料量較小時非常重要。

除了以上兩個最佳化點，以下程式還在處理特徵時去掉了對模型干擾最大的特徵——public_ service_7。

```python
01   for col in data.columns:
02       if not is_numeric_dtype(data[col]):              # 非數值型特徵
03           continue
04       elif col != label and col != 'id' and col not in ['public_service_7']:
                                                          # 去掉干擾特徵
05           features.append(col)
06           data[col] = data[col].apply(lambda x: np.nan if x < 0 else x)
                                                          # 最佳化點一
07           test[col] = test[col].apply(lambda x: np.nan if x < 0 else x)
08
09   data_all = pd.concat([data,test])                    # 最佳化點二
10   x = data[features]                                   # 引數
11   y = data[label]                                      # 目標變數
12   x_train, x_val, y_train, y_val = train_test_split(x, y, test_size=0.25,
     random_state=0)
13   x_train = x_train.fillna(data_all[features].mean())  # 空值填充訓練集
14   x_val = x_val.fillna(data_all[features].mean())      # 空值填充驗證集
15   x_test = test.fillna(data_all[features].mean())      # 空值填充測試集
16   x = x.fillna(data_all[features].mean())              # 空值填充全集
```

4. 最佳化模型

之前用到效果最好的模型是 Sklearn 函數庫附帶的梯度下降決策樹回歸模型 GradientBoostingRegressor，為了進一步最佳化建模效果，這裡單獨使用了 Python 協力廠商模型工具 XGBoost。安裝方法如下：

```
01   $ pip install xgboost
```

XGBoost 提供兩種 API：一種類似 Sklearn 函數庫中模型相關的 API；另一種是其本身定義的方法，建議使用後者，因為它提供的功能更加全面。本例中先自訂了誤差函數，然後定義了模型參數，其可使用 HyperOpt 自動調整參數，這裡筆者使用了一些常用的參數。然後將訓練資料切分成五組，並手動實現五折交換驗證。

在循環內部，每次訓練一個模型，再用模型對驗證集和測試集做預測，並儲存在 train_preds 和 test_preds 中，最後比較實際值與模型對訓練集的預測值並對模型評分，再用各個模型對預測集的預測取平均值作為最後預測結果，輸出到待提交的檔案中。

```
01   import xgboost as xgb
02   from sklearn.cross_validation import KFold
03   import numpy as np
04
05   def my_eval(preds, train):                    # 自訂誤差函數
06       score = mean_squared_error(train.get_label(), preds)
07       return 'myeval', score
08
09   my_params = {"booster":'gbtree','eta': 0.005, 'max_depth': 6,
     'subsample': 0.7,
10                   'colsample_bytree': 0.8, 'objective': 'reg:linear',
                     'eval_metric': 'rmse',
11                   'silent': True, 'nthread': 4}    # 模型參數
12
13   train_preds = np.zeros(len(data))             # 用於儲存預測結果
14   test_preds = np.zeros(len(test))
15   kf = KFold(len(data), n_folds = 5, shuffle=True, random_state=0)
     # 五折交換驗證
16   for fold, (trn_idx, val_idx) in enumerate(kf):
17       print("fold {}".format(fold+1))
18       train_data = xgb.DMatrix(data[features].iloc[trn_idx],
         data[label].iloc[trn_idx])                # 訓練集
19       val_data = xgb.DMatrix(data[features].iloc[val_idx],
         data[label].iloc[val_idx])                # 驗證集
```

```
20      watchlist = [(train_data, 'train'), (val_data, 'valid_data')]
21      clf = xgb.train(dtrain=train_data, num_boost_round=5000,
        evals=watchlist,
22                early_stopping_rounds=200, verbose_eval=100,
23                params=my_params,feval = my_eval)
24      train_preds[val_idx] = clf.predict(xgb.DMatrix(data[features].
    iloc[val_idx]),
25                ntree_limit=clf.best_ntree_limit)
26      test_preds += clf.predict(xgb.DMatrix(test[features]),
27                ntree_limit=clf.best_ntree_limit) / kf.n_folds
28  print("CV score: {:<8.8f}".format(mean_squared_error(train_preds,
    data[label])))
29
30  df = pd.DataFrame()                    # 產生提交結果
31  df['id'] = test.id
32  df['happiness'] = test_preds
33  df.to_csv('out/submit_{}.csv'.format(datetime.datetime.now().strftime
    ('%Y%m%d_%H%M%S')),index=False)
```

經過以上幾個步驟的最佳化，程式線下得分為 0.4527，線上得分為 0.4688，獲得了較為明顯的改善。模型原理、實際參數及其含義將在第 12.5 節中實際介紹。

5. 其他最佳化方法

本例中只列舉了幾種比較通用的最佳化方法，未分析實際特徵的分佈、缺失情況及組合。其實最佳化的方法還有很多，如下：

對於收入，在尋找干擾特徵的過程中，發現去掉 income（個人去年全年的總收入）後訓練效果反而有所提升，這並不符合常理。稍做資料分析即可發現，不同地區的平均收入差異很大，北京受訪者的平均收入是 65194 元，而寧夏受訪者的平均收入是 11760 元，因此需要同時考慮收入和地區兩個因素。不同年齡的人的平均收入也不同，例如退休人員與在職人員、剛畢業參加工作的人和工作多年的人。

對於本身工作狀態，以及父母、配偶的工作狀態，由於各種工作的收入及穩定性都不是按順序排列的，因此不能直接用數值型描述，也需要進一步處理。

對於不同特徵需要使用不同的填充方式，如工作狀態，可以將空值歸入第 9 項：其他。另外，有些特徵可以合併。

對於時間特徵，可以考慮採訪時間所對應的受訪人的心情對當時幸福指數的判斷，可將其拆分成月份、周幾以及在一天中的哪個時段等。

可以進一步分析的還有目標變數的分佈和預測值的分佈是否一致、對模型進一步調整參數、對特徵進一步篩選等。很多時候，我們都是花 20% 的時間做好模型，然後花 80% 的時間最佳化。後期時間花得是否值得，視情況而定。對於比賽而言，微小的差異就可能決定成敗；而在實際工作中，模型的可解釋性、開發期的長短、程式的複雜程度常常比微小的最佳化更加重要。

12.4 模型輸出

本程式透過交換驗證方式訓練出了五個模型，除了對測試集進行預測，模型還可以輸出特徵重要性。由於本程式的基本模型是決策樹，因此還可以用樹圖的方式展示模型的工作過程。本節將介紹 XGBoost 模型的輸出方法。

12.4.1 顯示決策樹

XGBoost 模型提供 plot_tree 函數來繪製樹圖，使用時需要指定繪圖區域以及輸出哪一棵子樹。在一般情況下，第一棵決策樹（索引值為 0 的決策樹）最為重要。本例將輸出該樹的內容，即使樹最深只有六層，但由於分枝繁多，因此圖片會很寬。本例中將繪圖區域設定為 40 英吋 ×3 英吋，並使用 300dpi（每英吋 300 個像素點）匯出圖片。

```
01    fig,ax = plt.subplots()
02    fig.set_size_inches(40,6)
```

```
03    xgb.plot_tree(clf, ax=ax, num_trees=0)    # 顯示模型中的第一棵樹
04    plt.savefig('tmp.png',dpi=300)
```

圖 12.1 所示為樹圖的部分內容：

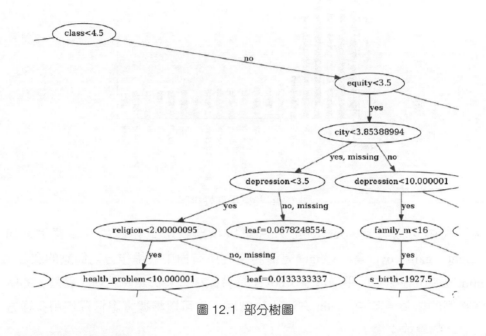

圖 12.1 部分樹圖

12.4.2 特徵重要性

和大多數模型一樣，XGBoost 也可以根據模型輸出特徵重要性，只是與
Sklearn 函數庫的方法名稱略有不同，其常使用 get_score 方法或 get_fscore
方法。由於數字不夠直觀，故常用條型圖的方式展示重要性最高的前 *N* 個
特徵。用以下程式對特徵重要性排序後，取其前 20 個特徵作圖，使用的是
Pandas Series 附帶的作圖函數。

```
01    feat_imp = pd.Series(clf.get_score(importance_type='gain')).
      sort_values(ascending=False)
01    feat_imp[:20].plot(kind='bar', title='Feature importance')
      # 對重要性最高的20個特徵作圖
```

程式執行結果如圖 12.2 所示。

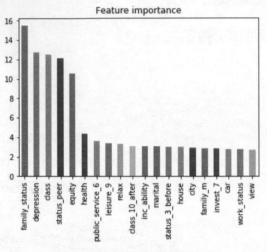

圖 12.2 特徵重要性排序

從程式中可以看到，get_score 方法可以指定特徵重要性的評價標準，如 weight，gain，over 等。weight 是該特徵在所有樹中被用作分割節點的次數；gain 是特徵在樹中的平均增益；cover 是特徵在分裂節點時處理（覆蓋）的所有範例的數量。其中，gain 方法比較常用，也可以根據實際情況使用多種方法取其聯集或交集。

12.5 **XGBoost 模型**

有人戲稱資料採擷比賽為 GBDT（梯度下降決策樹）調整參數大賽，因為在很多比賽後期，大家都使用 GBDT 類別的演算法。因為它們的特徵類似，只有模型參數和模型後期的整合方法不同，所以最後大家的成績差別也很小。

在第 9 章中介紹過 GBDT 類別的演算法，這裡簡單回顧一下：

Boosting 演算法，即不斷地使用同一演算法（例如決策樹）建立新模型，而新模型分配給上一次錯分樣本更大的權重，最後按成功度加權組合獲得結果。由於引用了逐步改進的思想，因此重要屬性會被加權。

GBM 演算法是目前比較流行的資料採擷模型，透過求損失函數在梯度方向上下降的方法，層層改進，是泛化能力較強的演算法，常用於各種資料採擷比賽。在 GBM 演算法中又以 XGBoost 函數庫使用最為廣泛，下面將介紹 XGBoost 的用法及原理。

12.5.1 XGBoost 參數分析

在上例中使用 XGBoost 模型時，設定了多個參數 Param，本小節將説明參數的實際含義及用法。XGBoost 的參數可分為三種：決策樹參數、Boost 參數和其他參數。

1. 決策樹參數

雖然 XGBoost 提供了 linear 和 tree 兩種基模型，但是一般都使用樹分類器。決策樹參數的設定主要是控制樹的大小，避免過擬合，實際參數由實例的多少及分佈密度決定。實際參數如下：

- max_depth：最大樹深（預設為 6）。
- max_leaf_nodes：樹上最大的節點或葉子的數量。

2. Boost 參數

Boost 參數主要用於設定子模型之間的關係以及模型的整體參數，實際參數如下：

- scale_pos_weight：正反例資料權重，常用於正反例分佈不均勻的分類場景中。
- early_stopping_rounds：設定反覆運算次數，如果反覆運算次數之內無加強則停止。
- eta：學習率（預設為 0.3）。
- min_child_weight：最小葉子節點樣本權重之和（預設為 1）。
- max_delta_step：每棵樹權重改變的最大步進值（預設為 0，即為沒約束，一般不設）。

- subsample：每棵樹所用到的子樣本佔總樣本的比例（預設為 1，一般為 0.8）。

- colsample_bytree：樹對特徵取樣的比例（預設為 1）。

- colsample_bylevel：每一級的每一次分裂對列數的取樣的百分比。

- lambda：權重的 L2 正規化項，避免過擬合，降低複雜度（預設為 1，不常用）。

- alpha：權重的 L1 正規化項，避免過擬合，降低複雜度（預設為 1）。

- gamma：節點分裂所需的最小損失函數下降值（預設為 0）。

3. 其他參數

- booster：選擇分類器的類型為樹或線性（預設為 gbtree）。

- silent：是否列印輸出資訊（預設為 0）。

- nthread：最大執行緒數（預設為全部）。

- seed：隨機種子，使用後隨機結果變得可複現（類似 Sklearn 函數庫中 random_ state）。

- objective：損失函數。

- eval_metric：結果評價方法，如 rmse, mae, logloss, auc 等。

12.5.2 XGBoost 原瞭解析

下面主要說明 XGBoost 的原理，這是本章中相對較難的部分，需要一定的數學基礎。有些書的作者常常在公式推導中跳過一些他們認為比較簡單的步驟，解釋說明也比較少，但這常常會給初級和普通讀者的閱讀帶來一定的障礙，有時銜接不上，有時需要在推導公式的過程中翻閱其他圖書。針對本小節的公式推導，由於儘量想讓更多的讀者能夠了解，因此對熟悉數學推導的讀者來說可能稍顯囉嗦。

本節將從誤差計量入手，由淺入深地分析 XGBoost 的原理和實作方式。

1. 整體誤差（重點：整體角度）

整體誤差是指在 XGBoost 模型訓練完成之後，將訓練集中的所有實例代入模型，用函數（總誤差 L）來衡量模型的好壞，如式 12.1 所示：

$$L(\phi) = \sum_i l(y_i', y_i) + \sum_k \Omega(f_k) \qquad (12.1)$$

式中等號右側的第一項是訓練集所有實例的誤差之和，其中 i 指每個實例，y_i' 為預測值，y_i 為實際值，l 是衡量 y_i' 與 y_i 差異的方法，如 RMSE。其目標是訓練一個模型，最好能對於所有的實例都做出與真實值相似的預測。

公式右側第二項為正規項，它用於防止模型過擬合。如果一個模型使用 400 個實例訓練，那麼模型就會產生 400 個葉節點與實例一一對應，這在訓練集上沒有誤差，但泛化能力將很差，因此應儘量簡化模型，正規項將在第四步詳述。

2. 計算產生第 t 棵樹時的誤差（重點：從第 t-1 棵到第 t 棵決策樹）

梯度下降決策樹是由多棵樹組成的模型。假設它由 t 棵樹組成，則誤差如式 12.2 所示：

$$L^{(t)} = \sum l(y_i, y_i'^{(t-1)} + f_t(x_i)) + \Omega(f_t) \qquad (12.2)$$

先看第一項，計算 n 個實例誤差的總合，y_i 是實際值，而此時的預測值是之前 t-1 棵樹的預測值 $y_i'^{(t-1)}$ 加第 t 棵樹的預測值 $f_t(x_i)$，$f_t(x_i)$ 就是第 t 棵樹產生的增補值。

3. 泰勒公式（重點：從始至終計算預測的誤差 L）

在已知函數在某一點（x_0 點）各階導數值的情況下，泰勒公式可以用這些導數值做係數建置一個多項式來近似函數在這一點鄰域中的值。其公式如式 12.3 所示：

$$f(x) = \frac{f(x_0)}{0!} + \frac{f'(x_0)}{1!}(x - x_0) + \frac{f''(x_0)}{2!}(x - x_0)^2 + \cdots + \frac{f^n(x_0)}{n!}(x - x_0)^n + R_n(x) \qquad (12.3)$$

其中，$R_n(x)$ 是余項。簡單舉個實例：如果不知道 x 的函數 $f(x)$，但知道 x 附近的 x_0 的函數 $f(x_0)$，則就可以先找到 $f(x_0)$，然後根據它們的距離 $x - x_0$，以及它們位置的相對方向（f 的導數），推測出 x 的函數 $f(x)$ 的大概設定值。

換一種寫法，求點 x 附近的距離為 Δx 的點的函數 f，在只考慮兩階導數的情況下，代入泰勒公式，如式 12.4 所示：

$$f(x + \Delta x) \simeq f(x) + f'(x)\Delta x + \frac{1}{2}f''(x)\Delta x^2 \qquad (12.4)$$

本文中所求的函數 f 是誤差函數 L，代入公式如式 12.5 所示：

$$L(x + \Delta x) \simeq L(x) + L'(x)\Delta x + \frac{1}{2}L''(x)\Delta x^2 \qquad (12.5)$$

此處的 Δx 指 x 的細微變化，在第二步的公式中，每訓練一棵樹，f_t 函數都相當於是對上一步結果的微調，於是有式 12.6：

$$L(x + f_t) \simeq L(x) + L'(x)f_t + \frac{1}{2}L''(x)f_t^2 \qquad (12.6)$$

可以認為：已知第 t-1 棵樹的預測結果與真實值的誤差 $L(x)$，該誤差函數的一階導為 $L'(x)$，二階導為 $L''(x)$，且已知第 t 棵相對於第 t-1 棵的調整 f_t，可以估計出：加入第 t 棵樹後的預測值與真實值的誤差。得出如式 12.7 所示的公式：

$$L^{(t)} \simeq \sum_{i=1}^{n}[l(y_i, y_i'^{(t-1)}) + g_i f_t(x_i) + \frac{1}{2}h_i f_t^2(x_i)] + \Omega(f_t) \qquad (12.7)$$

其中，g_i 和 h_i 分別是誤差函數 l 對第 t-1 棵預測值的一階導和二階導。簡單地說，共有 t 棵樹的模型，它的誤差是第 t-1 棵樹建置模型的誤差函數 l，加上誤差函數一階導 g_i 乘以第 t 棵樹的貢獻 f_t，再加上誤差函數的二階導 h_i 乘以第 t 棵樹貢獻的平方。

4. 公式右側正規項（重點：得分 w）

首先，看最簡單的單棵決策樹。當模型訓練完成之後，預測時把 x 代入該樹，經過條件判斷的分支，最後落入哪個葉節點，預測結果就是該葉節點的值。

而 Boost 決策樹是產生多棵決策樹，它對 x 的預測結果是將 x 代入每棵決策樹，獲得多個葉節點的值 w，將其結果累加獲得預測值（最基本的情況）。這裡，各個葉節點的值 w 簡稱得分。

正規項是為了防止模型太複雜而過擬合，其計算方法如式 12.8 所示：

$$\Omega(f) = \gamma T + \frac{1}{2}\lambda\sum_{j=1}^{T} w_j^{\,2} \tag{12.8}$$

其中，T 是樹中的葉節點個數，w 是葉節點的得分，γ 和 λ 是可調節的參數。在加入整體誤差 L 的計算公式中，w 越大誤差 L 越大（w 不均勻），樹的葉子越多 L 也越大，為求得最小的 L，就要最後在樹的複雜度和準確度之間取得平衡。

5. 以實例為單位累加變為以節點為單位累加（重點：轉換角度）

此時關注 f_t，分析誤差 L 與第 t 棵樹 f_t 的關係，第 t-1 棵樹誤差是個常數項，先忽略不計，可將誤差計算式簡化為式 12.9：

$$L^{(t)} = \sum_{i=1}^{n}[g_i f_t(x_i) + \frac{1}{2}h_i f_t^{\,2}(x_i)] + \Omega(f_t) \tag{12.9}$$

每一個 x_i 是一個實例，它經過第 t 棵決策樹 f_t 的處理後，會落在某個葉節點上，獲得該葉節點的得分 w，即 $ft(x_i)\text{->}w_j$，因此可將 $f_t(x_i)$ 轉為 w_j 代入上式，獲得式 12.10：

$$L^{(t)} = \sum_{j=1}^{T}[(\sum_{i \in I_j} g_i)w_j + \frac{1}{2}(\sum_{i \in I_j} h_i)w_j^{\,2}] + \Omega(f_t) \tag{12.10}$$

其中，T 是樹的葉節點個數。需要注意的是，I_j 指落入樹中節點 j 的所有訓練實例。把正規項展開後獲得式 12.11：

$$L^{(t)} = \sum_{j=1}^{T}[(\sum_{i \in I_j} g_i)w_j + \frac{1}{2}(\sum_{i \in I_j} h_i + \lambda)w_j^{\,2}] + \gamma T \tag{12.11}$$

6. w 如何設定值使預測誤差最小（重點：求極值）

求極值問題：當誤差函數 L 為最小值時，求 w_j 的設定值，極值即導數為 0 的點，簡單推導如式 12.12：

$$0 = (gw + \frac{1}{2}(h + \lambda)w^2 + C)'$$
$$0 = g(h + \lambda)w \qquad\qquad (12.12)$$
$$w = -\frac{g}{h + \lambda}$$

其標準的寫法如式 12.13 所示：

$$w_j^* = -\frac{\sum_{i \in I_j} g_i}{\sum_{i \in I_j} h_i + \lambda} \qquad\qquad (12.13)$$

葉節點的合理設定值 w 取決於四個值：第一，落在該點的實例 I_j；第二／三，將這些實例代入之前 t-1 棵決策樹預測後，誤差的方向（一階導和二階導）；第四，係數 λ 由人工設定。簡言之，如果之前的 t-1 棵樹對該點的值預測偏大，則用第 t 棵樹的 w 將它調小，以實現對之前預測結果的校正。

把上式計算得出的 w 代入誤差公式，簡單推導如式 12.14 所示：

$$L = g\left(-\frac{g}{h + \lambda}\right) + \frac{1}{2}(h + \lambda)\left(-\frac{g}{h + \lambda}\right)^2 + C$$
$$L = -\frac{g^2}{h + \lambda} + \frac{1}{2}\frac{g^2}{h + \lambda} + C \qquad\qquad (12.14)$$
$$L = -\frac{1}{2}\frac{g^2}{h + \lambda} + C$$

標準的寫法如式 12.15 所示：

$$L^{(t)} = -\frac{1}{2}\sum_{j=1}^{T}\frac{(\sum_{i \in I_j} g_i)^2}{\sum_{i \in I_j} h_i + \lambda} + \gamma T \qquad\qquad (12.15)$$

誤差最小的條件是，對於所有（T 個）葉節點，代入落入該節點的實例，用之前 t-1 棵樹的誤差的導數和正規項即可計算出第 t 棵樹的誤差。

此處可以看到，在計算第 t 棵樹的誤差時，不需要計算出該樹每個葉節點的 w，只需把計算 w 的素材 h, g, I_j, λ 代入即可。

7. 在分裂決策樹時計算誤差函數（重點：細化到每一次分裂）

此步驟關注的不是整棵樹，而是每次分裂使用的最基本的貪婪演算法：在產生樹時，從根節點開始，檢查所有屬性的可能設定值作為分裂點，計算該分裂點左子樹樣本集合 I_l 和右子樹樣本集合 I_r 的誤差，兩者相加後與不分裂的誤差相比，即可判斷分裂是否合理。

注意，此時的誤差 L 計算的不是全樹的誤差，而是僅限於與本次分裂相關的實例在分裂前後的誤差比較，如式 12.16 所示。

$$L_{\text{split}} = \frac{1}{2}\left[\sum_{j=1}^{T} \frac{\left(\sum_{i\in I_l} g_i\right)^2}{\sum_{i\in I_l} h_i + \lambda} + \sum_{j=1}^{T} \frac{\left(\sum_{i\in I_r} g_i\right)^2}{\sum_{i\in I_r} h_i + \lambda} - \sum_{j=1}^{T} \frac{\left(\sum_{i\in I} g_i\right)^2}{\sum_{i\in I} h_i + \lambda} \right] - \gamma \qquad (12.16)$$

總之，誤差大小取決於 w；w 值又取決於落入該葉節點的實例，以及之前的決策樹對這些實例預測值的誤差方向；包含哪些實例取決於分裂方法，因此，只要確定如何分裂以及之前的樹的資訊就可以估算出分裂後的誤差變化。

12.5.3 XGBoost 原始程式分析

對資深的開發工程師來說，有時候讀程式比讀公式更直觀，甚至在不完全了解原理的情況下也能對其原始程式做局部修改。本小節從程式設計師的角度，下載、編譯和解析程式，希望讀者對 XGBoost 程式能有比較直觀的認識。

XGBoost 的核心程式由 C++ 實現，位置在 src 目錄下，共有 40 多個 cc 檔案和 11 000 多行程式。雖然其程式量不是非常龐大，但了解全部核心程式也需要很長時間。筆者認為閱讀原始程式的目的是了解基本原理、流程、核心程式的位置和從哪裡入手修改可以快速入門。因此，我們就需要追蹤程式執行的過程，同時檢視在某一步驟內其內部環境的設定值情況。實際方法是單步偵錯或在程式中加入一些列印資訊，這裡選擇了安裝編譯原始程式碼的方式。

1. 下載編譯

首先，從 git 上下載最新原始程式，並用參數 --recursive 下載它的支援包 rabit 和 cur，否則無法成功編譯。

```
01    $ git clone --recursive https://github.com/dmlc/xgboost
02    $ cd xgboost
03    $ make -j4      # 編譯
```

2. 執行範例程式

測試程式 demo 目錄中有多分類、二分類、回歸等各種範例，此處從二分類入手。

```
01    $ cd demo
02    # 執行一個測試程式
03    $ cd binary_classification
04    $ ./runexp.sh    # 可以透過修改cfg檔案、增加反覆運算次數等進一步偵錯
```

3. 主流程分析

下面從程式入口 main 開始來看程式執行的主要流程，圖 12.3 為示意圖，每個框對應一個 cc 檔案，也可以將其視作呼叫關係圖，即並非完全按照類別圖繪製，同時省略主流程以外的一些細節，以關注流程為主。

下面將介紹核心程式及其核心函數。

（1）src/cli_main.cc：主程式入口。

CLIRunTask：解析參數。提供的主要功能有訓練、列印模型和預測。

CLITrain：模型訓練。在載入資料後，呼叫學習器 Learner 的實際功能（設定 cofigure，反覆運算，評估，儲存……），其中 for 循環包含反覆運算呼叫計算和評估。

（2）src/learner.cc：學習器。

其定義三個核心控制碼：gbm_（子模型 tree/linear）、obj_（損失函數）和 metrics_（評價函數）。

UpdateOneIter：此函數在每次反覆運算時被呼叫。其主要包含四個步驟：調整參數（LazyInitDMatrix）、用目前模型預測（PredictRaw，gbm_-> Predict Batch）、求目前預測結果與實際值的差異的方向（obj_->GetGradient）和根據差異修改模型（gbm_->DoBoost）。

EvalOneIter 支援對多個評價資料集分別評價，即對每個資料集先進行預測（PredictRaw）和評價（obj_->EvalTransform），再呼叫 metrics_ 中的各個評價器輸出結果。

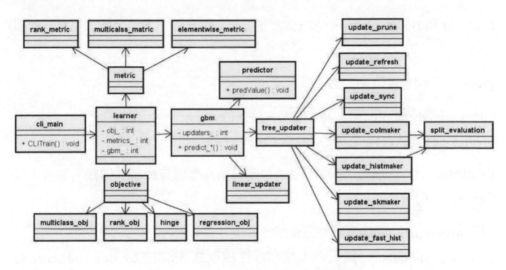

圖 12.3　XGBoost 原始程式呼叫關係圖

（3）src/metric/metric.cc：評價函數入口。
每個子目錄都有一個入口函數，metric.cc 是評價函數的入口，learn 允許同時支援多個評價函數（注意評價函數和誤差函數不同），主要的三種評價函數——多分類、排序和元素評價分別定義在三個檔案中。

（4）src/objective/objective.cc：損失函數入口。
objective.cc 是損失函數的入口，Learner::load 函數呼叫 Create 建立損失函數，該目錄中實現了多分類、回歸、排序的多種損失函數（每種對應一個檔案），每種損失函數最核心的功能都是 GetGradient 函數，另外也可以參考 plugin 中的範例，自訂損失函數。舉例來說，src/objective/regression_obj.cc（最常用的損失函數 RegLossObj）可計算一階導和二階導，並存入 gpair 結構。這裡計算了樣本的權重，scale_pos_weight 也是在此處有作用的。

（5）src/gbm/gbm.cc：反覆運算器 Gradient Booster。

此處對模型進行了封裝，主要支援 tree 和 linear 兩種子模型。樹分類器又包含 GBTree 和 Dart 兩種，Dart 加入了歸一化和 dropout 來防止過擬合。gbm.cc 中也有三個重要控制碼：model_ 儲存目前模類型資料、updaters_ 管理每一次反覆運算的更新演算法和 predictor_ 用於預測。

DoBoost 和 BoostNewTrees 進一步反覆運算產生新樹，實際功能詳見更新器部分。

Predict* 呼叫各種預測方法，詳見預測部分。

（6）src/predictor/predictor.cc：預測方法入口。

predictor.cc 是入口程式，支援呼叫 CPU 和 GPU 兩種預測方式。

PredValue：核心函數，計算了從訓練到目前反覆運算的所有回歸樹集合（以回歸樹為例）。

（7）src/tree/tree_updater.cc：樹模型的實作方式。

src/tree 和 src/linear 分別是樹模型和線性模型的實作方式，tree_updater.cc 是 Updater 的入口，每一個 Updater 都是對一棵樹的一次更新。其中 Updater 分為計算類別和輔助類別兩種，都繼承於 TreeUpdater，相互之間又有呼叫關係，例如 prune 呼叫 sync，colmaker 和 fast_hist 呼叫 prune。

以下為輔助類別：

■ src/tree/updater_prune.cc：用於剪枝。
■ src/tree/updater_refresh.cc：用於更新權重和統計值。
■ src/tree/updater_sync.cc：用於在分散式系統的節點間同步資料。
■ src/tree/split_evaluator.cc：定義彈性網路 elastic net 和單調約束 monotonic 兩種切分方法。在此為切分評分，正規項在此發揮作用。評分的依據是差值、權重和正規化項。

以下為演算法類別，樹演算法最核心的操作是選擇特徵和特徵的切分點，實際原理詳見第 9 章的 CART 演算法、資訊增益、熵等概念，這裡實現的是幾種樹的產生方法。

src/tree/updater_colmaker.cc：貪婪搜尋演算法（Exact Greedy Algorithm），是最基本的樹演算法，一般都用該演算法舉例說明，這裡提供了分佈和非分佈兩種支援。程式先使用 EnumerateSplit 方法窮舉特徵的每一個可能設定值作為分裂點，使用 split_evaluator 評分計算資訊增益；然後使用 UpdateSolution 方法提供多種切分的候選方案；最後使用 FindSplit 方法尋找目前層的最佳切分點。

src/tree/updater_histmaker.cc 是 XGBoost 預設的樹產生演算法，與後面提到的 skmaker 都繼承自 BaseMaker（BaseMaker 的父類別是 TreeUpdate），是以長條圖選擇特徵切分點為基礎的。 HistMaker 分析 Local 和 Global 兩種方法，Global 是在學習每棵樹前，提出候選切分點；Local 是在每次分裂前，重新提出候選切分點。UpdateHistCol 對每一個 col 做長條圖分箱，並傳回一個分界 Entry 串列。

src/tree/updater_skmaker.cc 繼承自 BaseMaker，加權分位數草圖，用子集替代全集，使用近似的 sketch 方法尋找最佳分裂點。

4. 其他技術

（1）GPU，多執行緒，分散式。
程式中包含大量有關 GPU、多執行緒、分散式的操作，由於這裡主要是介紹核心流程，因此沒有提及它們。在程式中，副檔名為 .cu 和 .cuh 的主要是針對 GPU 的程式。

（2）關鍵字說明。
Dmlc（Deep Machine Learning in Common）：分散式深度機器學習開放原始碼專案。

Rabit：可容錯的 allrecude（分散式），支援 Python 和 C++，可以執行在包含 MPI 和 Hadoop 等的各種平台上。

Objective 與 Metric（Eval）：這裡的 Metric 和 Eval 都指評價函數，Objective 指損失函數，它們計算的都是實際值和預測值之間的差異，但用途不同。Objective 主要是在產生樹時，用於計算誤差和透過誤差的方向調整樹；而評價函數主要用於判斷模型對資料的擬合程度，有時透過它判斷何時停止反覆運算。

（3）以長條圖為基礎的切分點選擇。

分位數（quantiles）是用機率分佈劃分連續的區間，每個區間的機率相同，即把數值先進行排序，然後根據事先定義的分位數把資料分為幾份。

XGBoost 是先用二階導 h 對分位數進行加權，然後讓相鄰兩個候選分裂點相差不超過某個值 ε。因此，總共會獲得 $1/\varepsilon$ 個切分點。

透過特徵的分佈，按照加權長條圖型演算法確定一組候選分裂點，再透過檢查所有的候選分裂點來找到最佳分裂點。它不是列舉所有的特徵值，而是對特徵值進行聚合統計，然後形成許多個 bucket（桶），只將 bucket 邊界上的特徵值作為 split point 的候選，進一步獲得效能提升，對稀疏資料效果較好。

遷移學習：貓狗圖片分類

圖片分類和圖片識別的應用領域很廣，例如醫療影像識別、商品分類、特徵分析等，使用模型不但可以節省大量的人力、識別速度也快，而且對於某些應用的準確度還高於人類識別。近幾年，影像識別在與手機 App 以及更多智慧硬體結合之後，更是擴充了其應用領域。

因此，在機器學習和人工智慧領域中，多少都會有關圖片相關的任務，這種任務是典型的深度學習應用。從原理到模型再到實際工具，深度學習需要學習的內容很多，而本書的重點不在於深度學習。那麼在不熟悉深度學習的情況下，是否可完成圖片識別的任務呢？

本章將探討如何利用現有的深度學習模型，透過遷移學習的方式，從圖片中分析特徵並完成圖片分類的任務，這可以讓讀者從本例中的貓狗區分泛化到人臉、物品以及影像相關的各個領域。

13.1 深度學習神經網路

雖然只是使用現有的深度學習模型，但也需要了解一下有關深度學習的基本原理、可以解決什麼問題、有哪些可選方案以及使用效果如何等方面的知識。本節將介紹深度學習的基礎知識、與圖片識別有關的深度學習模型以及該領域的發展現狀。

13.1.1 深度學習

這幾年深度學習非常熱門，幾乎提到人工智慧就能提到深度學習。我們常說的「深度學習」一般指深度學習神經網路（後簡稱神經網路），而神經網路是機器學習的一種，機器學習又是人工智慧的一種。

類神經網路（Artificial Neural Networks，ANN）是一種模仿人腦神經網路進行平行資訊處理的演算法數學模型，透過調整內部大量節點之間相互連接的關係，達到資訊處理的目的。

舉個簡單的實例：有一家玩具工廠想透過試生產的方式培養員工生產玩具的能力。實際過程是提供三種材料（輸入）和一種成品（輸出），讓工人們練習。所有工人被分成三組（w1,w2,w3），如圖 13.1 所示，產品按箭頭方向逐步生產。生產分成四層：輸入層（三種材料）-> 隱藏層 1（初級半成品）-> 隱藏層 2（進階半成品）-> 輸出層（成品），注意每層中的圓圈是產品（狀態），而非員工（權重）。

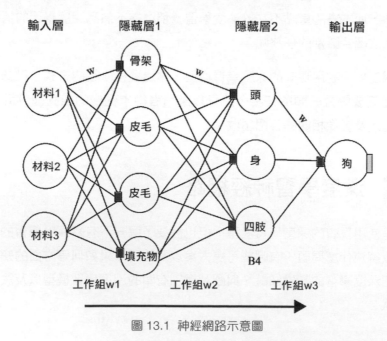

圖 13.1 神經網路示意圖

當工人生產完玩具後，交給質檢員（灰色方塊），質檢員將之與成品規格比較（誤差函數），然後告訴第三組的工人：做得太大了，下回做小一點。於是第三組回饋給第二組：頭太大，身體太大……第二組回饋給第一組：骨架太大，填充太多……進一步所有人都做對應的調整（以上只是範例，實際每層節點的含義並沒這麼實際）。

訓練就是不斷地給他們不同材料去實作（訓練），並用產品規格去評價做出來的產品（誤差函數），然後每個人再不斷地調整自己（調整權重）。在大量的磨合之後，大家就都找到了合適的工作方式（各自權重）。這時候，再給他們一些沒用過的新材料，也可以根據訓練出來的系統生產相對合理的產品。

在訓練之後，獲得的是網路的結構以及各連接的權重（w）。那麼，是不是只要提供足夠的訓練資料（材料和規格）就可以了呢？程式設計者至少需要事先指定網路的層數，每層的單元數、啟動函數、誤差函數、最佳化率、是否全連接等。程式設計師就如同工廠的管理者，其經驗知識表現在結構的設計中。

13.1.2 卷積神經網路

卷積神經網路（Convolutional Neural Networks, CNN）是一種專門用來處理具有網格結構資料的神經網路，屬於前饋神經網路。它被定義為至少在某一層用卷積代替了矩陣乘法的神經網路，最常見的應用場景是影像識別。

1. 卷積

全連接就是上一層的每個點都與下一層的每個點相互連接，每個連接都有其自己的權重；局部連接是只有部分點相互連接；卷積是在局部連接的基礎上又共用了權重。如圖 13.2 所示，左圖是卷積網路，右圖是全連接的神經網路。當其為全連接時，共有 72（12×6=72）個連接，72 種權重；而卷積層只有 24 個連接，4 個權重 w,x,y,z。

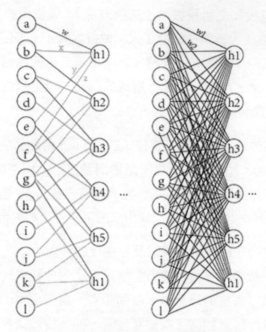

圖 13.2 卷積神經網路與全連接神經網路

共用權重就是多個連接使用同一權重,卷積神經網路中共用的權重就是卷積核心的內容,這樣不但減小了學習難度,而且還帶來了「平移等變」的性質。對於圖片這種各個部分具有相似特徵的資料,非常適合用卷積替代全連接層,這大幅簡化了運算的複雜度,還節省了儲存空間。除了卷積,圖片處理還經常使用池化和 Dropout 方法來簡化運算量和加強堅固性。

2. 池化

池化是指層與層之間的運算,即使用某一位置及其附近相鄰的點作為輸入,透過指定計算產生該點在本層的輸出。在經過池化處理後,該層節點數可能變大,也可能變小,常使用池化方法降取樣,以減少計算量。最大池化就是將相鄰的 N 個點作為輸入,將其中最大的值輸出到下一層。除了最大池化,池化演算法還有取平均值、加權平均等。

池化具有平移不變性:如果對圖片進行少量平移,則經過池化函數後的大多數輸出並不會發生改變。例如最大池化,移動一像素後,區域中最大的值通常仍在該區域內。同理，在一個稀疏的矩陣中（不一定是影像），假設對 N 點做最大池化，那麼只要其中有一點非 0，則池化結果為非 0。

3. Dropout

再舉個實例，現在我們來識別老鼠，老鼠一般都有兩隻耳朵、兩隻眼睛、一個鼻子和一個嘴，它們有各自的形狀且都是從上到下排列的。如果嚴格按照這個規則，那麼「一隻耳」就不會被識別成老鼠。

為了加強堅固性，這裡使用了 DropOut 方法。它隨機地去掉了神經網路中的一些點，而用剩餘的點進行訓練，假設在一些訓練集中的老鼠被去掉的正是耳朵部分，那麼「一隻耳」最後也可能由於其他特徵都對而被識別。

除了加強堅固性，DropOut 還有一些其他優點。舉例來說，在卷積神經網路中，我們只訓練了一小部分的子網路（由 DropOut 剪出），因為參數共用會使剩餘的子網路也能有同樣好的參數設定。這在確保學習效果的同時，也大幅減少了計算量。

DropOut 就如同在層與層之間故意加入了一些雜訊，雖然它避免了過擬合，但卻是一個有損的演算法。如果小的網路使用它可能就會遺失一些有用的資訊，故一般在較大型的網路中使用。

13.1.3　卷積神經網路發展史

ImageNet 是為了進行機器視覺研究建立的手動標記類別的圖片資料庫，目前已有 22 000 個類別。ImageNet 視覺識別比賽，稱為 ILSVRC。比賽是訓練一個模型，其能夠將輸入的圖片正確分類到 1000 個類別的某個類別中。其中訓練集為 120 萬張圖片，驗證集為 5 萬張，測試集為 10 萬張。在影像分類方面，ImageNet 比賽的準確率已經作為電腦視覺分類演算法的基準。

從 1998 年 LeCun 的經典之作 LeNet，到將 ImageNet 影像識別率加強 10 個百分點的 AlexNet, VGG（加入更多卷積層）和 GoogleNet（使用了 Inception 的一種網中網的結構），再到 RssNet（使用殘差網路），ImageNet 的 Top-5 錯誤率已經降到 3.57%，這已經低於人眼識別的錯誤率 5.1%，並且仍在不斷進步。這些不斷加強的成績以及在更多領域中的應用讓神經網路演算法在影像識別領域中變得越來越熱門，如表 13.1 所示。

表 13.1 卷積神經網路模型

模型名	AlexNet	VGG	GoogleNet	ResNet
發佈時間	2012	2014	2014	2015
層數	8	19	22	152
Top-5 錯誤	16.4%	7.3%	6.7%	3.57%
Inception	-	-	+	-
卷積層數	5	16	21	151
全連接層數	3	3	1	1

由此可以看到，自 2012 年以來，卷積神經網路和深度學習技術佔據了這一比賽的排行榜。越是後期的網路，卷積層數越多，網路層次也越多，目前網路的建置已經非常複雜和精巧了，同時也需要大量的算力。對於初學者而言，針對它幾乎沒有什麼改進的空間，因此，本階段的目標是使用，而非最佳化。

13.2 使用現有的神經網路模型

本章使用的深度學習函數庫是 Keras，其應用模組 Application 提供了帶有預訓練權重的 Keras 模型，包含 DenseNet121，DenseNet169，DenseNet201，InceptionResNetV2，InceptionV3，ResNet50，VGG16，VGG19，Xception。這些模型都可以用來進行預測、特徵分析和將原有模型的參數作為新模型的初始化參數。

在 Keras 中第一次呼叫模型時，模型會從網路上自動下載，一般儲存在目錄 $HOME/.keras/models/ 下。每個模型的深度都有幾十至上百層，除了 VGG16 和 VGG19 模型比較大，其他模型的大小一般在 100MB 以內，另外權重都是預先訓練好的，可以直接使用。下例是使用 ResNet50 識別一張大象的圖片。

```
01   from keras.applications.resnet50 import ResNet50
02   from keras.preprocessing import image
03   from keras.applications.resnet50 import preprocess_input, decode_predictions
04   import numpy as np
05
06   model = ResNet50(weights='imagenet')     # 建立模型
07   print(model.summary())                   # 顯示模型基本資訊
08
09   img_path = 'cat.jpg'
10   img = image.load_img(img_path, target_size=(224, 224))
     # 讀取圖片，並轉換成224像素×224像素的大小
11   x = image.img_to_array(img)              # 轉換圖片格式
12   x = np.expand_dims(x, axis=0)
13   x = preprocess_input(x)
14
15   preds = model.predict(x)                 # 預測
16   print('Predicted:', decode_predictions(preds, top=3)[0])
```

從 summary 顯示的模型資訊中可以看到，有多個卷積層（Convolution2D）、啟動層（Activation）、池化層（AveragePooling2D）和全連接層（Dense）。

13.3 遷移學習

遷移學習（Transfer Learning）是指將已經學習的知識應用到其他領域，而在影像識別問題中，是將訓練好的模型透過簡單調整來解決一個新的問題。借助於遷移學習，如果想使用影像相關的特徵，不用算力強大的 GPU 也可以訓練上百層的神經網路。

卷積神經網路中的卷積層和池化層主要是對圖片的幾何特徵進行取出，例如淺層的卷積池化層可以取出一些直線、角點等簡單的抽象資訊，深層的卷積池化層可以取出人臉等複雜的抽象資訊，最後的全連接層是對圖片分類的處理。

舉例來說，在利用 ImageNet 資料集上訓練好的 ResNet50 模型來解決一個新的影像分類問題時，就可以保留訓練好的 ResNet50 模型中卷積層的參數，只去掉最後一層全連接層，將新影像放入訓練好的神經網路，利用前 N-1 層的輸出作為圖片的特徵，將模型作為圖片特徵分析器，然後將分析到的特徵向量作為輸入訓練一個新的單層全連接網路來處理新的問題，或將這些特徵代入 SVM，LR 等其他機器學習模型中進行訓練和預測。

遷移學習所需的時間和樣本數及計算量遠少於重新訓練模型所需的，雖然在同樣條件下，其學習效果略差於用全部資料重新訓練，但其更為實用。

13.4 解決貓狗分類問題

貓狗大戰是 2013 年 Kaggle 上的比賽，其使用了 25 000 張（約 543M）貓狗圖片作為訓練集，12 500 張（約 271M）貓狗圖片作為測試集，資料都是解析度為 400 像素 ×400 像素左右的小圖片，目標是識別圖片中的動物是貓還是狗。

對於影像識別，在資料量足夠大的情況下，一般使用深度學習中的卷積神經網路。而本節將從遷移學習的角度，來看如何應用現有的深度學習模型從圖片中分析特徵，供深度學習或其他機器使用。使用此方法，既無須大量的學習和訓練模型的時間成本，又能解決與圖片識別相關的大多數問題。

13.4.1 資料及程式結構

資料及程式位置如下：cat_vs_dog.ipynb 中儲存所有程式，train 目錄中儲存所有訓練資料，注意將貓和狗的圖片分開目錄儲存，test 目錄儲存測試資料。

```
├──cat_vs_dog.ipynb
├── README.md
├── test
│   └── test1
│       ├── 1.jpg
│       ├── 2.jpg
│       └── ...
```

```
└── train
├── cat
├── cat.1.jpg
├── cat.2.jpg
└── ...
└── dog
├── dog.1.jpg
├── dog.2.jpg
└── ...
```

13.4.2 分析特徵

本例中分別使用了 InceptionV3，Xception，ResNet50 三種模型分析圖片特徵，其中 h5 副檔名檔案是一種 Python 檔案儲存格式，使用 h5py 函數庫存取。

```
01    from keras.models import *
02    from keras.layers import *
03    from keras.applications import *
04    from keras.preprocessing.image import *
05    import h5py
06    import warnings
07
08    warnings.filterwarnings('ignore')          # 忽略警告資訊
09
10    def get_features(MODEL, width, height, lambda_func=None):
11        input_tensor = Input((height, width, 3))
12        x = input_tensor
13        if lambda_func:
14            x = Lambda(lambda_func)(x)          # 轉換導入參數
15        # 取得模型, include_top參數指定不使用最後的全連接層，用於分析特徵
16        base_model = MODEL(input_tensor=x, weights='imagenet', include_top=
      False)
17        model = Model(base_model.input, GlobalAveragePooling2D()(base_model.
      output))
18
19        gen = ImageDataGenerator()
20        # 讀取圖片，注意 train 和 test 是圖片儲存路徑
```

```
21      train_generator = gen.flow_from_directory("train", (width, height),
    shuffle=False,
22              batch_size=16)
23      test_generator = gen.flow_from_directory("test", (width, height),
    shuffle=False,
24              batch_size=16, class_mode=None)
25
26      train = model.predict_generator(train_generator, train_generator.
    nb_sample)       # 分析特徵
27      test = model.predict_generator(test_generator, test_generator.nb_sample)
28      with h5py.File("data_%s.h5"%MODEL.func_name) as h: # 以寫入方式開啟檔案
29          h.create_dataset("train", data=train)
30          h.create_dataset("test", data=test)
31          h.create_dataset("label", data=train_generator.classes)
32
33  get_features(ResNet50, 224, 224)        # 用ResNet50模型分析圖片特徵
34  get_features(InceptionV3, 299, 299, inception_v3.preprocess_input)
                                        # 用InceptionV3分析特徵
36  get_features(Xception, 299, 299, xception.preprocess_input)
                                        # 用Xception分析特徵
```

13.4.3 訓練模型和預測

在特徵分析完成後，訓練了一個簡單的全連接神經網路，反覆運算了 8 次，並對測試集 test 進行了預測。預測結果儲存在 y_pred 中，訓練過程儲存在 history 後，並將在此後進行分析。

```
01  import h5py
02  import numpy as np
03  from sklearn.utils import shuffle
04  from keras.models import *
05  from keras.layers import *
06
07  np.random.seed(12345678)
08  X_train = []
09  X_test = []
```

```
10
11   for filename in ["data_ResNet50.h5", "data_Xception.h5",
     "data_InceptionV3.h5"]:
12       with h5py.File(filename, 'r') as h: # 從上一步產生的h5檔案中讀取資料
13           X_train.append(np.array(h['train']))
14           X_test.append(np.array(h['test']))
15           y_train = np.array(h['label'])
16
17   X_train = np.concatenate(X_train, axis=1)        # 維度轉換
18   X_test = np.concatenate(X_test, axis=1)
19   X_train, y_train = shuffle(X_train, y_train)     # 隨機打亂順序
20
21   input_tensor = Input(X_train.shape[1:])
22   x = Dropout(0.5)(input_tensor)                   # 加入dropout層
23   x = Dense(1, activation='sigmoid')(x)            # 加入全連接層
24   model = Model(input_tensor, x)                   # 建立模型
25
26   model.compile(optimizer='adadelta',
27                 loss='binary_crossentropy',
28                 metrics=['accuracy'])
29   # 訓練模型
30   history = model.fit(X_train, y_train, batch_size=128, nb_epoch=8,
     validation_split=0.2)
31   y_pred = model.predict(X_test, verbose=1)        # 模型預測
32   y_pred = y_pred.clip(min=0.005, max=0.995)
```

13.4.4 訓練結果分析

使用 matplotlib 函數庫分別對 8 次反覆運算的錯誤率作圖進行比較分析。從結果可以看出，反覆運算兩次後，精確率就穩定下來了。由於本例中使用了全部圖片（25 000 張）訓練模型，因此正確率比較高。

```
01   import matplotlib.pyplot as plt
02   %matplotlib inline
03
04   def plot_training(history):
```

```
05        acc = history.history['acc']          # 取得精確度
06        val_acc = history.history['val_acc']
07        epochs = range(len(acc))
08        plt.plot(epochs, acc, 'b')
09        plt.plot(epochs, val_acc, 'r')
10        plt.legend(["acc", "val_acc"], loc='best') # 顯示標籤
11        plt.title('Training and validation accuracy')
12        plt.show()
13        loss = history.history['loss']                # 取得誤差
14        val_loss = history.history['val_loss']
15        plt.plot(epochs, loss, 'b')
16        plt.plot(epochs, val_loss, 'r')
17        plt.legend(["loss", "val_loss"], loc='best')
18        plt.title('Training and validation loss')
19        plt.show()
20
21    plot_training(history)              # 呼叫函數解析訓練過程記錄history
```

執行結果如圖 13.3 所示。

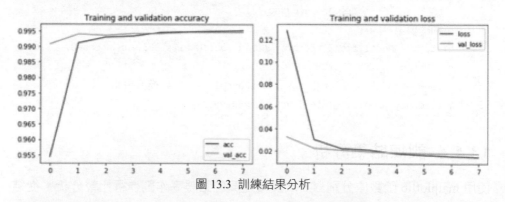

圖 13.3 訓練結果分析

13.4.5 程式下載

本例中的程式及少量圖片可以從 git 下載，由於所有圖片有幾 100MB，佔用空間大，特徵分析需要的時間長，故只上傳了幾百張圖片。如果想訓練出圖 13.3 展示的效果，請下載 Kaggle 賽題中的所有資料，取代 train 和 test 目錄即可。注意，需要把貓和狗的圖片儲存在不同的目錄下。

影像分割：識別圖中物體

隨著機器視覺技術的發展，由於判別圖片類別（如貓狗分類）的單一任務已不能滿足需求，因此更進一步地發展出多工的綜合模型，而影像分割是其中的典型應用。它根據不同區域的性質，將圖片分割成互不相關的區域，並從中分析有興趣的區域。該技術已被應用於醫療、軍事、通訊、交通等領域，如輔助診斷、景物標記定位、識別前景物體、從圖片分析特徵等場景，是人工智慧領域的必備技術。

傳統的分割方法是利用圖形、影像工具，透過對圖片中的邊緣（區域之間有邊緣分割）、區域（同一區域具有相同性質）設定設定值拆分圖片，或以分群為基礎的方法分割影像。但由於光線、顏色、陰影、噪點、模糊、拍攝距離等因素的影響，它們分割的效果常常不佳。

目前，效果最好的影像分割方法是使用深度學習神經網路演算法，經過一系列最佳化使其訓練速度、識別速度以及精度都已達到較高水準，已成為一種較為成熟的機器學習技術。圖 14.1 所示中僅是透過對幾十張水果圖片訓練產生的模型，即可識別出普通照片中的柳丁。可以看到圖 14.1 中的三個柳丁，甚至商標下的部分柳丁也能被正常識別。

圖 14.1 識別圖中的柳丁

本章將介紹以深度學習神經網路為基礎的 Mask R-CNN 演算法進行影像分割的基本原理,以及訓練和使用此模型的基本方法。

14.1 Mask R-CNN 演算法

Mask R-CNN 是國際電腦視覺大會 ICCV(IEEE International Conference on Computer Vision)2017 年的最佳論文。Mask R-CNN 模型實現了三個主要功能:

(1)目標檢測:定位圖片中的目標物體,繪製目標框(bounding box)。

(2)目標分類:識別目標物體的類別,如使用同一模型可識別人、車、動物等多個類別。

(3)圖片分割:在像素的層面上分割目標物體(前景)和其他景物(背景),如圖 14.1 中對柳丁和其他區域的區分。

Mask R-CNN 並非從天而降,它是由 CNN,R-CNN,SPP Net,Fast R-CNN,Faster R-CNN,Mask R-CNN 逐步發展改進而來的,本節將逐一介紹其發展的各個階段、功能及原理。

14.1.1 R-CNN

CNN 的原理及使用場景已在上一章介紹過，R-CNN（Region-CNN）是以區域為基礎的卷積網路方法。它使用卷積神經網路來分類目標候選框，其不僅輸出「是 / 否」，還能把識別到的物體用矩形框出來。

實作方式的步驟如下：

（1）從輸入圖片中分析出 N 個（如 2000 個）待檢測區域（取各種不同大小、不同區域的框）。

（2）利用訓練好的卷積神經網路（如 AlexNet）對 N 個區域分別分析特徵（將深度學習模型作為特徵分析器，與上一章遷移學習的原理相似）。

（3）將分析的特徵代入支援向量機（SVM）進行分類，獲得物體類別。

（4）使用回歸器精細修正候選框位置，針對每一個類別，訓練一個線性回歸模型用於計算目標包圍框的大小。

14.1.2 SPP Net

R-CNN 的主要問題是計算速度太慢，而耗時最多的計算在分析特徵部分，由此出現了 SPP Net。

SPP 全稱是 Spatial Pyramid Pooling（空間金字塔池化）。由於從圖片中分析的區域大小不同，因此分析的特徵數也不同。在將這些特徵代入全連接層計算時，需要將區域縮放到統一大小，而 SPP 將機器視覺中的金字塔概念引用了神經網路，該網路的輸入為任意尺度。SPP Net 對 R-CNN 進行了兩種最佳化：一種是 SPP Net 中每一個 Pooling 的 filter 會根據輸入調整大小，產生固定大小的輸出來分析針對候選框的特徵。另一種是 SPP Net 只對原圖進行一次卷積獲得整張圖的特徵對映表（Feature map），然後找到每個候選框在特徵對映表上對應的特徵塊（Patch），並將此特徵塊作為每個候選框的卷積特徵輸入到 SPP Net，這節省了大量的計算時間。

SPP Net 將 R-CNN 加速了 10 到 100 倍，由於加速了候選框特徵的分析，因此訓練時間也減少到原來的 1/3。

14.1.3 Fast R-CNN

Fast R-CNN 一方面參考了 SPP Net 的功能，另一方面又做了進一步的改進：它加入了 ROI 池化層（ROI Pooling Layer），ROI 是 Region Of Interest 的縮寫，意為有興趣區域，是一個矩形視窗。ROI 池化層可看作 SPP Net 的精簡版，它去掉了 SPP 的多尺度池化，直接用 M×N 的網格將每個候選取畫面域均勻分成 M×N 區塊，並對每塊進行最大池化（max pooling），進一步將特徵圖上大小不一的候選取畫面域轉變為大小統一的特徵向量並送入下一層。

在特徵分析方面，Fast R-CNN 也使用了 SPP Net 類似的方法，先對全圖型分析特徵對映表，然後用每個候選框座標資訊透過一定的對映關係轉為對應特徵圖的座標，並截取對應的候選取畫面域特徵，再經過 ROI 層後分析到固定長度的特徵向量，送入全連接層。

它的另一個重要改進是將物體類別判別和精調物體位置兩個模型融入神經網路同時處理，這樣就組成了一個多工模型（multi-task），使兩個目標共用特徵且相互促進。其實際方法是將代價函數設定為兩種誤差的加權組合。相對於 R-CNN，Fast R-CNN 的主要優勢是速度快，精度高。

14.1.4 Faster R-CNN

模型速度的另一個瓶頸是分析候選取畫面域，而 Faster R-CNN 有效地解決了該問題。它將分析候選框的操作也加入了神經網路，即區域建議網路 RPN（Region Proposal Network）。RPN 是一個小型的神經網路，位於最後一個卷積層之後，透過模型分析候選取畫面域。

RPN 的具體實作方式：用滑動視窗掃描影像，每一次在原圖片上設定 9 個矩形視窗（3 種長寬比，各 3 種尺度，如包含 128×128，256×256，512×512 三種面積，每種面積又包含三種長寬比（1：1，1：2，2：1），如圖 14.2 所示，每個區域稱作一個錨點（Anchor），將卷積的結果和錨點分別輸入到兩個網路中的 reg（回歸，求目標框的位置）和 cls（分類，確定該框中是不是目標）。

圖 14.2　尺度和面積矩形視窗

Faster R-CNN 進一步加快了影像分割的速度。

14.1.5 Mask R-CNN

Mask R-CNN 演算法延續了 Faster R-CNN 的區域檢測演算法，可以高速、準確地識別目的地區域。它增加了 FCN 來產生 MASK，即輸出一張 Mask 圖片，用於標識圖片中的每個像素是前景還是背景，比之前只能標記物體所在矩形的功能更進了一步；同時，對於 ROI Pooling 中所存在的像素偏差問題，其提出了對應的 ROIAlign 策略作為改進方案。

ROI Aligns 可視為 ROI Pooling 的改進版，它利用雙線性內插的方法，解決了在對 ROI 區域分析固定大小特徵時，由於對浮點數取整數引起的誤差問題。

FCN 演算法是一個經典的語義分割演算法，可以對圖片中的目標進行像素級的準確分割。它是一個點對點的網路，主要的模組套件包括卷積和去卷積，即先對影像進行卷積和池化使其 feature map 的大小不斷減小，然後進行反卷積操作，即進行內插操作，不斷地增大其 feature map，經歷從大到小，再從小到大的過程，最後對每一個像素值進行分類，進一步實現對輸入影像的準確分割。

由於加入了 FCN 分割演算法，神經網路的整體代價函數就變為了類型誤差 + 範圍誤差 + 分割誤差的加權組合。

14.2 Mask R-CNN 原始程式解析

Mask R-CNN 由 Python 語言撰寫，底層呼叫 TensorFlow 和 Keras 深度學習協力廠商函數庫，其核心程式量只有 3000 多行，其中還包含大量註釋。本節將介紹安裝 Mask R-CNN 環境的方法，以及簡要分析 Mask R-CNN 原始程式結構，透過原始程式和原理的對應關係來學習深度學習演算法的實作方式，也為後續訓練模型做準備。

14.2.1 安裝工具

首先，安裝 Mask R-CNN 所需的 Python 函數庫（建議使用 Python 3.6 及以上版本）。

```
01    $ sudo add-apt-repository ppa:jonathonf/python-3.6
02    $ sudo apt-get update
03    $ sudo apt-get install python3.6
04    $ sudo cp /usr/bin/pip 3 /usr/bin/pip 3.6
05    $ vi /usr/bin/pip3.6 # 把python 3改成python 3.6
06    $ sudo pip3.6 install opencv-python
07    $ sudo pip3.6 install tensorflow
08    $ sudo pip3.6 install scikit-image
09    $ sudo pip3.6 install keras==2.0.8
10    $ sudo pip3.6 install labelme
```

下載 Mask R-CNN 的原始程式碼：

```
01   $ git clone https://github.com/matterport/Mask_RCNN.git
```

14.2.2 原始程式結構

資料和程式共有 200MB 左右，其中佔空間較大的主要是 image 目錄中的圖片和 samples 中的程式，模型的核心程式在 mrcnn 目錄下。

1. samples/demo.ipynb

demo.ipynb 是 Jupyter notebook 格式程式，即下載訓練好的模型 MS-COCO（Microsoft COCO: Common Objects in Context 資料集訓練出的模型），使用該模型對 image 目錄中的圖片進行分割。

MS-COCO 資料集中的圖片包含了自然圖片及生活中常見的靶心圖表片，背景較為複雜，目標數量也比較多，目標尺寸大小不一，識別效果較好。該模型可以對已知的 81 個類別進行識別和分割。

如果想執行該程式，則還需要安裝一些輔助軟體。

```
01   sudo apt-get install python3.6-dev
02   sudo pip3.6 install imgaug
03   sudo pip3.6 install Cython
04   sudo pip3.6 install pycocotools
```

在程式執行的過程中，程式會自動下載 mask_rcnn_coco.h5 模型檔案，該檔案在之後的程式中也會用到。

demo.ipynb 從 image 目錄中隨機讀取一張圖片代入模型，在筆者執行時期，識別出了複雜街景中的小汽車（car）和公車（bus），如圖 14.3 所示。其程式很短，主要使用現有模型，以呼叫其他工具為主，適合初學者入門。

圖 14.3 用現有模型識別圖中汽車

2. samples/*

samples 目錄下是訓練和使用模型的程式，balloon 為識別圖中的氣球，shape 為識別圖中的形狀，nucleus 為從顯微影像中識別細胞核心，coco 為用 coco 資料集訓練模型的程式。

以識別氣球為例，其目錄下的 README.md 描述了訓練模型的步驟，先下載訓練模型使用的圖片和氣球識別模型（幾十 MB），執行 balloon.py 程式可以看到現有的模型識別效果以及訓練模型，而 inspect_balloon_data.ipynb 和 inspect_balloon_model.ipynb 程式分步展示了模型每一步的處理效果，可從其各個步驟的輸出圖片中進一步了解 ROI，RPN，Mask 等概念。

3. mrcnn/*

mrcnn 是模型的實作方式部分，其中 model.py 是核心程式；MaskRCNN 類別是外部呼叫的主要介面，也實現了主要的邏輯呼叫流程；ROIAlign Layer，Proposal Layer，Feature Pyramid Network 相關的函數都由註釋切分成明顯的資料區塊，與原理一一對應。在了解原理之後，就很容易讀懂原始程式了，建議讀者仔細閱讀 model.py 程式。

14.3 訓練模型與預測

本節從處理圖片開始，用完整的程式示範訓練模型識別水果和分割圖片的全過程，讀者透過對本小節的學習，可以舉一反三地訓練和識別圖片中的各種物品。

不同於蘋果、橘子，香蕉從不同的角度看差異很大，尤其是三五根香蕉、整把香蕉和單根香蕉的形態差異更大，可以算是識別難度較大的一種水果。本例使用 Mask R-CNN 演算法和十幾張香蕉圖片訓練模型，用於識別影像中的香蕉。其實際操作步驟可分為標記圖片、圖片格式轉換、撰寫程式訓練模型、模型預測四步。由於筆者的工作環境是 Ubuntu 系統，因此操作過程中使用了 Python、圖片標記工具 labelme 和 Shell 指令稿。

14.3.1 製作訓練資料

1. 準備圖片

準備 15 張形態各異的香蕉圖片（每種形態 3 張左右），圖片大小在 1000 像素 ×1000 像素以內即可。如果用手機直接拍攝的照片解析度太高，可使用 Photoshop 縮放大小，或使用 Linux 中的 convert 指令縮放，資料如圖 14.4 所示。

圖 14.4 訓練模型使用的香蕉圖片

2. 標記資料

使用 labelme 工具標記圖片中待識別的物體區域。

```
01    $ mkdir pic
02    $ mv *.jpg pic     # 把圖片放在一個名為pic的目錄下，後面將使用該目錄結構
03    $ cd pic
04    $ labelme 圖片檔案名稱.jpg
```

操作如圖 14.5 所示。

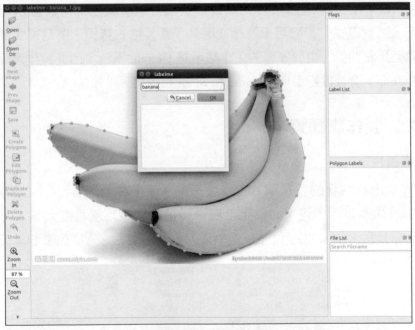

圖 14.5　標記圖片

labelme 的使用方法類似 Photoshop 的多邊形套索工具，即使用其 create polygons 圈出物體輪廓。如果某點畫錯了，就用 Backspace 鍵刪除前一個繪製點，標記完後填入物體名 banana，該名字會在後續程式中使用，要注意儲存檔案，檔案名稱預設為圖片名 .json。

標記不需要太細，因為 labelme 工具比較智慧，只要位置相差不大，就可以自動將錨點接近邊界。好的工具可以讓標記事半功倍，在一般情況下，十幾張

圖片只要半個小時左右即可標記完成。另外，在一張圖中可標記多根香蕉，區域名字都設定成 banana。

3. 解析 Json 檔案

使用 labelme 附帶的 labelme_json_to_dataset 指令工具可將 Json 檔案拆分成目錄，目錄中的資料如圖 14.6 所示。

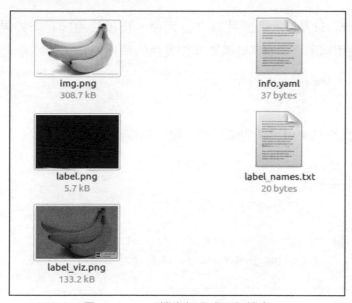

圖 14.6　Json 檔案拆分成目錄檔案

由於本例中使用了 15 張圖片訓練模型，因此 Json 檔案也需要被轉換 15 次。而當訓練資料更多時逐一轉換麻煩費力，因此撰寫了以下 Shell 指令稿一次轉換所有 Json 檔案，在 Windows 系統中也可以撰寫類似的批次檔。

```
01   for file in `ls *.json`
02   do
03       echo labelme_json_to_dataset $file
04       labelme_json_to_dataset $file
05   done
06   mkdir ../labelme_json/              # 建立專門儲存轉換後資料的目錄
07   mv *_json ../labelme_json/
```

4. mask 檔案轉碼

由於不同版本的 labelme 產生的檔案格式不同，有的 mask 檔案是 24 位元色，有的是 8 位元色，因此需要先用以下 Python 程式檢查一下圖片格式。

```
01   from PIL import Image
02   img = Image.open('label.png')
03   print(img.mode)
```

如果 image.mode 是 P，則圖片為 8 位元色，直接使用即可；如果是其他格式，則要使用以下程式將其轉換成 8 位元色的圖片。

```
01   Img_8 = img.convert("P")
02   Img_8.save('xxx.png')
```

使用 Shell 指令稿將轉換後的圖片統一複製到資料夾：

```
01   mkdir ../cv2_mask  # 建立mask檔案儲存路徑
02   cd ../cv_mask
03   for file in 'ls ../labelme_json'
04   do
05       echo 'cp ../labelme_json/'$file'/label.png '$file.png
06       cp '../ labelme_json /'$file'/label.png' $file.png
07   done
```

5. 產生目錄結構

把前幾步產生的 cv2_mask, pic, json, labelme_json 放置在 mine/data 目錄下，然後把 mine/data 目錄放置在 Mask_RCNN 原始程式目錄下，以方便程式呼叫。

```
01   $ cd Mask_CNN
02   $ mkdir mine
03   $ cd mine
04   $ mkdir data       # 儲存資料
05   $ mkdir models     # 儲存模型
06   $ mv XXXX data     # 將上述四個資料目錄複寫到data目錄下
```

最後產生如圖 14.7 所示的目錄結構。

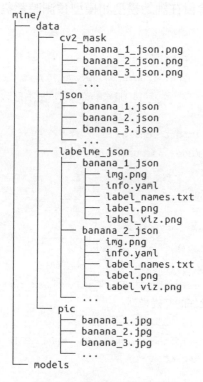

```
mine/
├── data
│   ├── cv2_mask
│   │   ├── banana_1_json.png
│   │   ├── banana_2_json.png
│   │   ├── banana_3_json.png
│   │   └── ...
│   ├── json
│   │   ├── banana_1.json
│   │   ├── banana_2.json
│   │   ├── banana_3.json
│   │   └── ...
│   ├── labelme_json
│   │   ├── banana_1_json
│   │   │   ├── img.png
│   │   │   ├── info.yaml
│   │   │   ├── label_names.txt
│   │   │   ├── label.png
│   │   │   └── label_viz.png
│   │   ├── banana_2_json
│   │   │   ├── img.png
│   │   │   ├── info.yaml
│   │   │   ├── label_names.txt
│   │   │   ├── label.png
│   │   │   └── label_viz.png
│   │   └── ...
│   └── pic
│       ├── banana_1.jpg
│       ├── banana_2.jpg
│       ├── banana_3.jpg
│       └── ...
└── models
```

圖 14.7　模型所需目錄結構

其中，pic 資料夾中是圖片檔案（原始圖片）；json 資料夾中是 labelme 標記後
的檔案；labelme_json 資料夾中是經過轉換後的標記檔案，其中每張圖對應
一個目錄，目錄下有 4 種檔案；cv2_mask 資料夾中是圖片中標記物體的隱藏
mask 轉成 8 位色之後的影像。

14.3.2　訓練模型和預測

1. 訓練模型

訓練模型程式共 130 行程式，為方便讀者閱讀，將其切分成三部分：設定環
境、建置資料集和訓練模型。

（1）設定環境。此部分引用了必要的標頭檔，從網路上下載已訓練好的
coco 模型用於遷移學習。同時，根據機器的效能和物體類別數指定設定項目

ShapesConfig，該設定項目在訓練模型和模型預測時都需要設定。

```
01   import os
02   import sys
03   sys.path.append(os.path.dirname(os.getcwd()))
                            # 加入Mask_RCNN原始程式所在目錄
04   import cv2
05   from mrcnn.config import Config
06   from mrcnn import model as modellib,utils
07   import numpy as np
08   from PIL import Image
09   import yaml
10
11   ROOT_DIR = os.getcwd()        # 目前的目錄
12   MODEL_DIR = os.path.join(ROOT_DIR, "models")
13   COCO_MODEL_PATH = os.path.join(ROOT_DIR, "mask_rcnn_coco.h5")
14   # 從網路上下載訓練好的基礎模型
15   if not os.path.exists(COCO_MODEL_PATH):
16       utils.download_trained_weights(COCO_MODEL_PATH)
17
18   # 設定項目
19   class ShapesConfig(Config):
20       NAME = "shapes"            # 命名
21       GPU_COUNT = 1
22       IMAGES_PER_GPU = 1
23       NUM_CLASSES = 1 + 1      # 背景一種，香蕉一種，共兩種
24       IMAGE_MIN_DIM = 320
25       IMAGE_MAX_DIM = 384
26       RPN_ANCHOR_SCALES = (8 * 6, 16 * 6, 32 * 6, 64 * 6, 128 * 6)
27       TRAIN_ROIS_PER_IMAGE = 100
28       STEPS_PER_EPOCH = 100
29       VALIDATION_STEPS = 50
30
31   config = ShapesConfig()
32   config.display()                # 顯示設定項目
```

（2）建置資料集。建置資料集的邏輯雖然並不涉及複雜的演算法原理，但此部分卻是在使用不同資料訓練模型時差異最大，最需要開發者修改的部分。它將之前在 14.3.1 節產生的圖像資料轉換成模型可識別的格式，有關 yaml 格式檔案、影像檔、mask 等多種資料。

```
01    class FruitDataset(utils.Dataset):
02        def get_obj_index(self, image):
03            n = np.max(image)
04            return n
05
06        # 取得標籤
07        def from_yaml_get_class(self, image_id):
08            info = self.image_info[image_id]
09            with open(info['yaml_path']) as f:
09                temp = yaml.load(f.read())
10                labels = temp['label_names']
11                del labels[0]
12            return labels
13
14        # 填充mask
15        def draw_mask(self, num_obj, mask, image,image_id):
16            info = self.image_info[image_id]
17            for index in range(num_obj):
18                for i in range(info['width']):
19                    for j in range(info['height']):
20                        at_pixel = image.getpixel((i, j))
21                        if at_pixel == index + 1:
22                            mask[j, i, index] = 1
23            return mask
24
25        # 讀取訓練圖片及其設定檔
26        def load_shapes(self, count, img_folder, mask_folder, imglist,
    dataset_root_path):
27            self.add_class("shapes", 1, "banana") # 自訂標籤
28            print(count, len(imglist))
```

```
29          for i in range(count):
30              filestr = imglist[i].split(".")[0]
31              mask_path = mask_folder + "/" + filestr + "_json.png"
32              yaml_path = dataset_root_path + "labelme_json/" + filestr +
                    "_json/info.yaml"
33              cv_img = cv2.imread(dataset_root_path + "labelme_json/" +
34                      filestr + "_json/img.png")
35              self.add_image("shapes", image_id=i, path=img_folder + "/"
                    + imglist[i],
36                      width=cv_img.shape[1], height=cv_img.shape[0],
37                      mask_path=mask_path, yaml_path=yaml_path)
38
39      # 讀取標籤和設定
40      def load_mask(self, image_id):
41          info = self.image_info[image_id]
42          count = 1  # number of object
43          img = Image.open(info['mask_path'])
44          num_obj = self.get_obj_index(img)
45          mask = np.zeros([info['height'], info['width'], num_obj],
                dtype=np.uint8)
46          mask = self.draw_mask(num_obj, mask, img,image_id)
47          occlusion = np.logical_not(mask[:, :, -1]).astype(np.uint8)
48          for i in range(count - 2, -1, -1):
49              mask[:, :, i] = mask[:, :, i] * occlusion
50              occlusion = np.logical_and(occlusion, np.logical_not(mask[:,
    :, i]))
51          labels = []
52          labels = self.from_yaml_get_class(image_id)
53          labels_form = []
54          for i in range(len(labels)):
55              if labels[i].find("banana") != -1: # 自訂標籤
56                  labels_form.append("banana")
57          class_ids = np.array([self.class_names.index(s) for s in
    labels_form])
58          return mask, class_ids.astype(np.int32)
```

（3）訓練模型。模型訓練的核心程式呼叫第二部分的 FruitDataset 建置了訓練集和驗證集，由於本例資料較少，故使用了全部圖片建置訓練集，使用其中前 7 張圖型建置驗證集，之後使用 Mask R-CNN 訓練模型。

在實際操作過程中，讀者如果使用沒有 GPU 的電腦訓練，則需要花費較長時間，這時可以透過修改學習率 learning_rate 和反覆運算次數 epochs 來加快訓練速度，但會損失一定精度。

```
01   # 基礎設定
02   dataset_root_path="data/"
03   img_folder = dataset_root_path + "pic"          # 基本圖片目錄
04   mask_folder = dataset_root_path + "cv2_mask"    # mask圖片目錄
05   imglist = os.listdir(img_folder)
06
07   # 建置訓練集
08   dataset_train = FruitDataset()
09   dataset_train.load_shapes(len(imglist), img_folder, mask_folder,
         imglist, dataset_root_path)
10   dataset_train.prepare()
11
12   # 建置驗證集
13   dataset_val = FruitDataset()
14   dataset_val.load_shapes(7, img_folder, mask_folder, imglist,
         dataset_root_path)
15   dataset_val.prepare()
16
17   # 建立模型
18   model = modellib.MaskRCNN(mode="training", config=config,
19                           model_dir=MODEL_DIR)
20
21   # 定義模式
22   model.load_weights(COCO_MODEL_PATH, by_name=True,
23                          exclude=["mrcnn_class_logits", "mrcnn_bbox_fc",
24                              "mrcnn_bbox", "mrcnn_mask"])
25
26   # 模型訓練
```

```
27    model.train(dataset_train, dataset_val,
28              learning_rate=config.LEARNING_RATE / 10,
29              epochs=30,
30               layers="all")
```

筆者使用帶 GPU 的機器訓練模型，不到 15 分鐘即可完成。如果把 epochs 設成 2，則兩分鐘即可完成訓練，模型產生在目前的目錄中的 models 目錄下。

2. 用模型分割圖片

本例中程式載入了目前的目錄下的 banana.jpg 圖片，並使用之前訓練的模型 mask_rcnn_ shapes_0029.h5 識別圖片中的香蕉。請讀者注意將模型路徑取代成自己訓練出的模型檔案路徑。程式最後使用 mrcnn 提供的 visualize 模組將圖片、識別的物體區域和 mask 顯示出來。

```
01    import os
02    import sys
03    sys.path.append(os.path.dirname(os.getcwd()))
04    import skimage.io
05    from mrcnn.config import Config
06    import mrcnn.model as modellib
07    from mrcnn import visualize
08
09    ROOT_DIR = os.getcwd()
10    sys.path.append(ROOT_DIR)
11    MODEL_DIR = os.path.join(ROOT_DIR, "models")
12
13    # 設定，同train
14    class ShapesConfig(Config):
15        NAME = "shapes"
16        GPU_COUNT = 1
17        IMAGES_PER_GPU = 1
18        NUM_CLASSES = 1 + 1
19        IMAGE_MIN_DIM = 320
20        IMAGE_MAX_DIM = 384
21        RPN_ANCHOR_SCALES = (8 * 6, 16 * 6, 32 * 6, 64 * 6, 128 * 6)
```

```
22        TRAIN_ROIS_PER_IMAGE =100
23        STEPS_PER_EPOCH = 100
24        VALIDATION_STEPS = 50
25
26   config = ShapesConfig()
27   model = modellib.MaskRCNN(mode="inference", model_dir=MODEL_DIR,
     config=config)
28   model.load_weights('models/shapes20190620T1716/mask_rcnn_shapes_0029.h5',
29              by_name=True)                    # 注意換成讀者產生模型的路徑
30
31   class_names = ['BG', 'banana']
32   image = skimage.io.imread('banana.jpg')   # 注意換成需要識別的圖片路徑
33
34   results = model.detect([image], verbose=1)
35   r = results[0]
36   # 畫圖
37   visualize.display_instances(image, r['rois'], r['masks'], r['class_ids'],
38                          class_names, r['scores'])
```

程式執行結果，如圖 14-8 所示。

圖 14.8 模型識別香蕉效果圖

從圖 14.8 中可以看到，程式框出了香蕉所在區域以及香蕉的輪廓。比較意外
的是，它將香蕉左側同為黃綠色的梨排除在香蕉區域外，這一點是人眼識別
時也容易混淆的。

14.3.3 建模相關問題

1. 了解原理與使用模型

是不是只有了解了原理才能正確使用模型，對模型原理要掌握到什麼程度？
這是常被討論的問題。筆者認為，對程式設計師來説，並不是只有了解了軟
體的原理才能使用。但建模和使用一般軟體又有不同，由於演算法是資料和
模型結合的產物，即使不修改模型邏輯，也需要對模型有一定的了解才能正
確地建置資料。

儘管 Mask R-CNN 是一個 2017 年年底才開放原始碼的函數庫，但由於它是步
步演變而來的，因此其模型技術已經相當成熟，網路上就能找到大量的文件
和程式。了解其原理當然最好，但如果不能完全了解，則利用上述程式稍做
修改也能使用其大部分功能。

2. 訓練集資料量

在圖片識別的早期，由於一般都是使用上萬張圖片訓練深度學習模型，因此
很多人會認為至少上千張圖片才能訓練深度學習神經網路，因而花費了大量
的時間標記資料。

實際上，現在訓練模型一般都以遷移學習為基礎的方法，並非從零開始訓練
新模型，本例也是從 COCO 資料集上訓練好的權重檔案開始的。雖然 COCO
資料集不包含香蕉類別，但它包含了大量其他影像（約 12 萬張），因此訓練
好的影像已經包含了自然影像中的大量常見特徵，這些特徵造成很大作用。
另外，由於這裡展示的應用案例比較簡單，並不需要模型達到很高的準確
率，因此 15 張圖片就完成了訓練。

3. 反覆運算次數

對於反覆運算次數的設定，視情況而定。如果發現同一張圖片反覆運算 1 次和反覆運算 30 次訓練出的模型效果類似，那麼就可以適度減少反覆運算次數，以節省算力。上例中，由於模型訓練了 30 次，因此產生了 30 個模型檔案，每一個約 250MB，佔用空間較大，其中一些不使用的模型（反覆運算的前 N 次模型）可以刪掉以節省空間。

4. 圖片精度

有人認為圖片越大包含的資訊越多，被識別的效果越好，但實際並非如此。如果圖片比較大，而待識別物體在圖中又不是特別小，建議先把影像縮放到較小的解析度，否則會佔用大量電腦記憶體，計算速度也比較慢。因此，可見精度也是適度即可。

5. 沒有 GPU 是否可訓練深度學習模型

建議使用 GPU。相比 CPU，筆者用 4 核心的 GPU 計算，速度目測有幾十倍的差異。在沒有 GPU 的情況下，如果只為做實驗，並且對精度沒有太高要求，則可以透過調整反覆運算次數及學習率，使用 CPU 訓練基本的模型。如果對精度有要求，則可以考慮在網路上短租運算服務（按小時費率）。

6. 自動標記

雖然使用了 labelme 工具，但是熟練之後標記一張正常的水果圖片耗時仍在 2 分鐘左右。如需標記大量圖片，則可以使用類似半監督學習的方法，先標記少量資料產生模型，讓模型自動標記，人為檢查標記的是否正確即可。對於不正確的標記再做進一步標記，然後訓練，反覆運算進行，以節省人工標記的工作量。

15

時間序列分析

時間序列簡稱時序,是指按時間順序記錄的資料,其中每個樣本的資料特徵相同,具有可比性。時序分析的目的是找出樣本相對於時間的統計特性和發展規律,並利用歷史資料建立時序模型對未來樣本進行預測。

時序問題是機器學習中的一種典型問題,可繁可簡,本章將利用三個時序問題的實例,給讀者展示常見的時序問題模式以及解決方法。

15.1 時序問題處理流程

與一般機器學習問題不同的是,時序資料處理不僅需要考慮樣本身的特徵,還需要考慮各樣本之間的先後關係。舉例來說,預測在未來一段時間內某種商品的銷售量、某種資源的使用量、地鐵客流量,甚至是股票的漲跌,這些都屬於時序問題。

15.1.1 分析問題

「鹽城汽車上牌量預測」是 2018 年天池巨量資料平台舉辦的比賽,讀者可從天池平台往期演算法大賽中檢視該比賽的詳情。上牌量預測是一個典型的時序問題且資料簡單清晰,以複賽 A 榜資料為例,它提供了前三年的 10 種品牌汽車每天的上牌量,來預測未來半年中每天各品牌的上牌量,資料如表 15.1 所示。

表 15.1 汽車上牌預測資料

date	day_of_week	Brand	cnt
1	3	1	20
1	3	5	48
2	4	1	16
2	4	3	20
3	5	1	1411
3	5	2	811
3	5	3	1005
3	5	4	773
3	5	5	1565
4	6	1	1176
4	6	2	824

比賽提供的資料只有之前的上牌量、日期資料、星期幾和品牌，是一個單變數預測問題（暫不計各品牌間的相互影響）。該問題有兩個困難：第一，題目未列出實際日期，由於陰曆和陽曆的計算方法不同，且只有三年資料，無法確定節假日的日期、調休及其對上牌量的影響。第二，預測時段較長（半年），很多時序建模工具對長時段預測的效果不佳。

15.1.2 解決想法

比賽的討論區有決賽 Top5 代表隊歸納的比賽攻略，在天池巨量資料平台技術圈的視訊直播中也可以看到決賽的答辯視訊。透過分析可以看到，大家的求解想法基本都可以拆解成以下步驟。

1. 特徵工程

（1）還原日期。比賽資料對日期進行了去除敏感資料處理，沒列出實際年月日，但提供了周幾的資訊，其中有些節假日上牌量為 0 的也沒有列出對應記錄。第一步大家都補全了日期，加入了真實日期和節假日資訊。此處介紹兩個有關陰曆的 Python 協力廠商時間轉換函數庫：chinese_calendar 和 Lunar-Solar-Calendar-Converter，它們在處理中國大陸假期相關資料方面非常實用。

（2）從日期中分析資訊。這是在特徵工程中不同參賽者方法差異最大的環節，根據各自的經驗分析各種特徵。舉例來説，假期長度、調休日期、調休與節假日的時間距離；某日是該年中的第幾個月，該年中的第幾周，該年中的第幾日（陰曆 / 陽曆分別分析）；某日是該月中的第幾周，該月中的第幾日，正數 / 倒數第幾個工作日等。

（3）分析週期資訊。分析週期資訊有兩種做法：一種是手動計算出相較去年、環比、往期資料作為新增特徵代入模型訓練。另一種是用 ARIMA 或 Prophet 等工具分析出大致的週期趨勢，然後用該工具直接預測或代入其他機器學習模型。

在時序比賽中，有一些完全不使用趨勢和週期演算法的方案也會名列前茅。其原因是，他們直接把週期和統計資料做成了特徵，例如用 Pandas 提供的 shift 方法把前 N 天的上牌量作為預測當天上牌量的特徵，用 rolling 方法將前 N 天的平均值作為特徵，將陰曆 / 陽曆的去年同期（月、周）資料作為當期特徵，以及環比的最大值、最小值、分位數等。該方法的好處是模型可以同時處理多維度的各種特徵，美中不足的是可能損失一些對整體趨勢的預測。

另外，可以利用時序演算法預測週期和趨勢資料，這種方法有 ARIMA、小波轉換、線性擬合等，它們是解決時序問題的傳統方法。這些方法的優點是兼顧整體和細節，有較強的可解釋性；劣勢是當預測的時段較長時，後期有嚴重的衰減，另外對於特殊事件的預測能力較差，比較偏重於統計類別方法。

2. 建立模型

該比賽的前幾名小組都使用了梯度下降決策樹（GBDT）類別演算法和交換驗證（CV）作為最後模型的解決方案。可見，對於目前較為複雜的時序問題，機器學習方法的預測效果常常優於傳統方法，已被廣泛使用。另外需要注意的是，對於時序資料中的「月份」、「周幾」等日期資訊，都需要作為「類別」類型資料處理。

時序問題一般可以拆解為趨勢＋週期＋突發事件，在處理該問題時，可以從以下方面入手。

一般需要先擬合趨勢，例如使用滑動平均模型、指數平均模型、線性回歸等。其中需要注意的是反趨點的識別（不限於此題），例如一些股票緩漲急跌，即它在上升和下降的趨勢中的規律完全不同，這時就需要分段處理。另外，趨勢又包含平均值和方差，其中平均值描述位置的高低，方差描述波動的大小。

週期也非常重要，這裡指的週期包含大週期、中週期、小週期，以及週期相互交錯和包含的情況。如果年內變化，則周內變化都呈明顯週期性，一般可使用季節模型、小波／傅立葉轉換、差分週期等方法，並且利用工具或人的經驗拆分。週期與趨勢的組合，也有很多不同方式。

突發事件是機器學習模型更擅長處理的部分，常用的模型有隨機森林、梯度下降決策樹及連結規則等。

和時序問題一樣，其他的機器學習問題也都有大分類包含小分類的情況，類似週期處理，都需要考慮統計特徵。

15.2 趨勢分析工具 ARIMA

自回歸滑動平均模型（Autoregressive Moving Average Model，ARMA）是研究時間序列的重要方法，由自回歸模型（簡稱 AR 模型）與滑動平均模型（簡稱 MA 模型）為基礎「混合」組成，常用於預測具有季節變動特徵的銷售量、市場規模等場景中，而相對於 ARMA 模型，ARIMA 模型增加了差分操作。

15.2.1 相關概念

1. 自回歸模型（AR 模型）

自回歸模型（Autoregressive Model）是在時序分析中，用於描述時間序列 $\{y_t\}$ 本身某一時刻和前 p 個時刻之間相互關係的模型，其方法如式 15.1 所示。

$$y_t = \phi_1 y_{t-1} + \phi_2 y_{t-2} + \cdots + \phi_p y_{t-p} + \varepsilon_t \qquad (15.1)$$

其中，$\phi_1, \phi_2, \cdots, \phi_p$ 是模型參數；ε_t 是白色雜訊序列，反映了所有其他隨機因素的干擾；p 為模型階次，即 y_t 由其前 p 個值決定。

2. 滑動平均模型（MA 模型）

滑動平均模型（Moving Average Model），也稱移動平均模型，即將時間序列 $\{y_t\}$ 看成白色雜訊序列的線性組合，使用誤差描述模型。假設某個值可透過之前 N 個值的平均值預測，那麼稍做變化，實際值就可以透過前一個值的預測值加誤差獲得。由此，實際值可用多個誤差值的累加來表示，其方法如式 15.2 所示。

$$y_t = \varepsilon_t + \theta_1 \varepsilon_{t-1} + \theta_2 \varepsilon_{t-2} + \cdots + \theta_q \varepsilon_{t-q} \qquad (15.2)$$

3. 回歸滑動平均模型

ARMA 模型結合了 AR 模型和 MA 模型兩個維度，其中 AR 模型建立目前值和歷史值之間的聯繫，MA 模型計算 AR 模型部分累積的誤差。

4. 資料前置處理

ARMA 模型要求被分析的資料呈正態分佈、平穩、零平均值。平穩性指平均值為常數，方差為常數且自協方差為常數。舉例來說，在上升的趨勢中，如果平均值不是常數，那麼震盪幅度就會越來越大，故方差也不是常數。

如果僅是平均值非 0 的情況，則可以減去平均值；如果趨勢可用線性擬合，則可以減去擬合後的趨勢。另外，還可以用差分或季節性差分的方法使之平穩，對於非正態分佈，可以使用對數處理。

5. 差分

差分是將資料進行移動之後與原資料進行比較得出的差異資料，這裡的移動是指向前或向後移動的時間單位。舉例來說，對某檔股票的價格資料做一階差分，就是將每日價格減去前一天的價格。

在 Python 中,差分運算可使用 Pandas 提供的 diff(periods=n) 函數實現,其中 n 為階數,預設為一階差分。一階差分的實際操作是使用 df.shift()-df 產生平穩資料,如圖 15.1 所示的曲線經過一階差分後變為圖 15.2 所示的曲線。

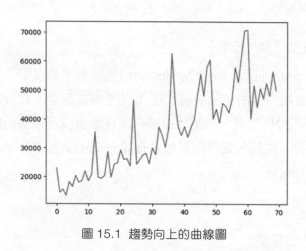

圖 15.1 趨勢向上的曲線圖

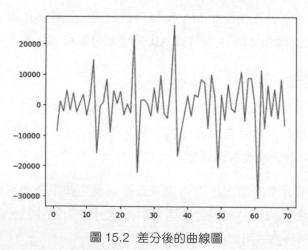

圖 15.2 差分後的曲線圖

差分之後去掉了趨勢,平均值趨於 0,這有助分析其他特徵。

6. 自相關與偏自相關

自相關函數(Auto Correlation Function,ACF)和偏自相關函數(Partial Correlation Function,PACF)是分析時序資料的重要方法,也是在平穩條件下

求得的。自相關函數圖如圖 15.3 所示。

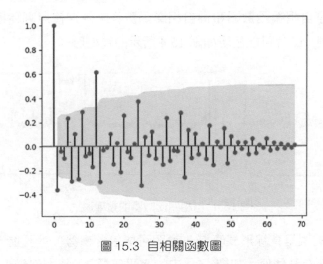

圖 15.3 自相關函數圖

其中，x 軸表示落後值，y 軸表示了 [-1,1] 這些值的相關性。舉例來說，左邊第一點相關性為 1，說明該點與它自己完全相關。從圖 15.3 中可以觀察到：明顯有以 12 為週期的相關性。繪圖方法如下：

```
01    from statsmodels.graphics.tsaplots import plot_acf
02    plot_acf(df['xxx'])
```

> 注意：在時序資料中，不能包含空值。如果之前用了一次一階差分和一次十二階差分，應去掉前 13 個為空的值。

圖 15.3 中的灰色區域描述了統計顯著性，如果資料隨機分佈，Y 軸的位置會在灰色區域之內，因此需要關注灰色區域以外的點。

自相關函數包含了其他變數影響下的相關關係，有時需要只考慮某兩個變數的相關關係，即偏相關函數。其中「偏」指的是只考慮首尾兩項的關係，把中間項當成常數，故使用了偏導數的方法。繪圖方法如下：

```
01    from statsmodels.graphics.tsaplots import plot_pacf
02    plot_pacf(df['xxx'])
```

7. 拖尾和截尾

一般透過觀察自相關函數圖和偏自相關函數圖來確定使用哪種模型，以自相關函數圖為例，圖片可能呈現如圖 15.4 所示的幾種形式。

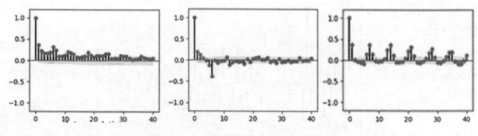

圖 15.4 自相關函數圖的幾種形式

圖 15.4 左邊的圖呈直線形式衰減，說明可能包含趨勢，需要進一步差分；中間的截尾圖指在某個值（如圖 15.4 中的水平座標 7）後突然變小，截止為 0；右邊的拖尾圖指按指數形式或正弦形式有規律地衰減。

如果自相關函數拖尾、偏自相關函數 p 階截尾，則使用 p 階的 AR 模型。

如果自相關函數 q 階截尾、偏自相關函數拖尾，則使用 q 階的 MA 模型。

如果自相關函數和偏自相關函數均拖尾，則使用 ARMA 模型。由於 AR 模型和 MA 模型相互影響，因此階數需要從小到大逐步嘗試。

8. 模型檢驗

在實現模型後，可使用以下方法檢驗模型的效果：

（1）模型對訓練資料的擬合：用模型對訓練資料做擬合，然後用觀察或計算誤差的方式檢視二者的差異，差異越小越好。

（2）檢查殘差的自相關函數：殘差（實際值與預測值的差異）的自相關函數應該沒有可識別的結構。

（3）AIC 資訊準則：AIC 資訊準則（Akaike information criterion）是衡量統計模型擬合優良性的標準，AIC 值越小越好，也有根據 AIC 值自動選擇參數的工具。

15.2.2 模型範例

ARIMA 模型實際使用 Python 的協力廠商函數庫 statsmodels 實現。Statsmodels 函數庫是一套統計工具集，實際需要考慮三個參數：d，p，q，其中 d 是消除趨勢的差分階數，p 是 AR 階層，q 是 MA 的階數。

本例使用航空乘客資料 AirPassengers.csv，其中包含 1949 年到 1960 年每月乘客的數量，程式用於預測未來幾年中每月的乘客數量，資料可從以下 Git 專案下載。

```
01    $ git clone https://github.com/aarshayj/Analytics_Vidhya/
```

其資料內容如表 15.2 所示。

表 15.2 航空乘客時序資料

Month	#Passengers
1949-01	112
1949-02	118
1949-03	132
1949-04	129
1949-05	121
1949-06	135
1949-07	148
1949-08	148
1949-09	136

（1）做時序圖觀察基本的趨勢和週期，作圖程式如下：

```
01    import pandas as pd
02    import numpy as np
03    import matplotlib.pyplot as plt
04
05    data = pd.read_csv('AirPassengers.csv')
06    ts = data['#Passengers']
07    plt.plot(ts)
```

程式執行結果如圖 15.5 所示。

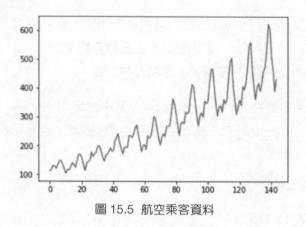

圖 15.5 航空乘客資料

（2）分析平穩性、常態性、週期性，並對資料進行轉換。

從圖 15.5 中可以看出，資料不平穩，其趨勢向上且波動加劇。為將其變為平穩資料，先做對數和差分處理。

```
01    ts_log = np.log(ts)
02    ts_diff = ts_log.diff(1)
03    ts_diff = ts_diff.dropna()
04    plt.plot(ts_diff)
```

轉換後的資料，如圖 15.6 所示。

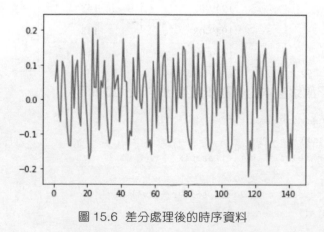

圖 15.6 差分處理後的時序資料

（3）做自相關函數圖和偏自相關函數圖，確定模型階次。使用 statsmodels 函數庫提供的作圖方法——acf 和 pacf 做相關的圖：

```
01   from statsmodels.graphics.tsaplots import plot_acf
02   from statsmodels.graphics.tsaplots import plot_pacf
03   plot_acf(ts_diff)
04   plot_pacf(ts_diff, method='ols')
```

執行結果如圖 15.7 和 15.8 所示。

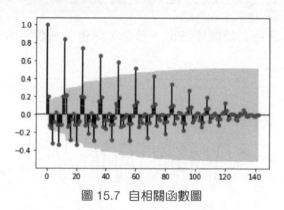

圖 15.7 自相關函數圖

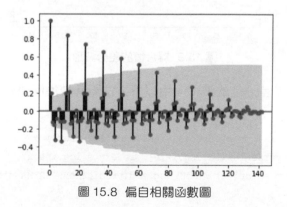

圖 15.8 偏自相關函數圖

可以看出，自相關函數圖是明顯的拖尾圖，其最明顯的週期為 12 天左右，偏自相關函數圖也並非明顯截尾，因此使用 ARIMA 模型。

（4）訓練模型。

由於 ARIMA 中包含差分支援，因此使用了差分前的資料 ts_log，其中 order
參數分別設定階數和差分等級 p，d，q。

```
01    from statsmodels.tsa.arima_model import ARIMA
02    model = ARIMA(ts_log, order=(2, 1, 2))
03    results_ARIMA = model.fit(disp=-1)
04    plt.plot(ts_log_diff, color='#ffff00')
05    plt.plot(results_ARIMA.fittedvalues, color='#0000ff')
```

圖中設定黃色（淺色）繪製原波形，藍色（深色）繪製擬合後的波形，如圖
15.9 所示。

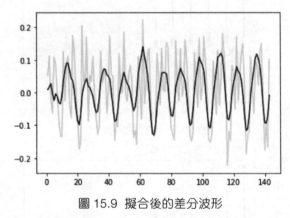

圖 15.9 擬合後的差分波形

上面程式擬合的是差分後的波形，用以下方法將其轉換回原始波形：

```
01    pred_diff = pd.Series(results_ARIMA.fittedvalues, copy=True)
02    pred_diff_cumsum = predictions_ARIMA_diff.cumsum()
03    pred_log = pd.Series(ts_log.ix[0], index=ts_log.index)
04    pred_log = predictions_ARIMA_log.add(predictions_ARIMA_diff_cumsum,
      fill_value=0)
05    pred = np.exp(predictions_ARIMA_log)
06    plt.plot(ts)
07    plt.plot(pred)
```

程式執行結果，如圖 15.10 所示。

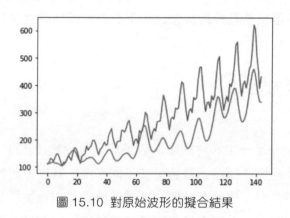

圖 15.10 對原始波形的擬合結果

問題與解答：

（1）做 ARMA 分析前是否應該剔除週期性因素？

我們可以從自相關函數圖中看出週期性波動，例如圖 15.4 右側的拖尾圖，説明某天與前 12 天和 24 天都強相關。如果發現強相關，則可先進行多階差分（季節差分），再進一步使用 ARMA 模型處理。需要注意的是，各層次差分在預測時都需要對應還原。

（2）在做長期預測時，如何應對衰減？

在使用 ARMA 模型做長時段預測時，可能會遇到嚴重的衰減問題。舉例來説，在上牌量比賽中，需要預測之後幾百天的資料，而 ARMA 在預測了幾十天之後，就從類似正弦波型衰減成了一條直線，導致無法使用該模型。在決賽中排名第一的小組分享了解決此問題的方法，他們也使用了 ARMA 演算法，並且也有衰減問題，不同的是他們採用按月預測，這相對於按日預測，衰減改善了很多。

15.3 傅立葉和小波轉換

用傅立葉轉換預測時序資料，其原理是把時域資料轉換到頻域，再轉換回來。Python 的 Numpy 和 Scipy 函數庫中都支援轉換工具 fft 和 ifft，但在使用時會遇到一個問題：例如 25 天的資料轉到頻域再轉回時域還是 25 天，即雖然擬合了資料,但無法直接用於預測。下面介紹透過傅立葉和小波轉換實現預測的方法。

15.3.1 傅立葉轉換

1. 原理

傅立葉轉換是將滿足一定條件的函數表示成三角函數(正弦/餘弦函數)或它們積分的線性組合,即將函數拆分成不同高度、寬度、起始位置的波的疊加。本例將時序資料(橫軸為時間、縱軸為數值)作為被拆分的資料,拆分成波,即對映到頻域,然後透過其逆轉換將其轉換回時域,再透過歷史資料預測未來。

傅立葉轉換常用的方法是快速傅立葉轉換(Fast Fourier Transform),簡稱FFT,下面從程式的角度看如何使用它。經過 FFT 轉換的資料和轉換前的長度一致,每個資料都分為實部和虛部兩部分,假設時序資料長度為 N(N 最好是 2 的整數次冪,這樣計算速度較快),那麼 FFT 轉換後:索引為 0 和 $N/2$ 的兩個複數的虛數部分為 0,索引為 i 和 $N-i$ 的兩個複數共軛,即其虛部數值相同、符號相反。

當再用 IFFT(逆向傅立葉轉換)將資料從頻域轉回時域時,出現了由誤差引起的很小的虛部,此時用 Numpy 函數庫提供的 real 方法取其實部即可。

由於其中一半資料是另一半的共軛,因此只需要關心一半資料即可。在 FFT 轉換後,索引為 0 的實數表示時域訊號中的直流成分(不隨時間變化);在索引為 i 的複數 $a+bj$ 中,a 表示餘弦成分,b 表示正弦成分。

2. 程式實現

本例也使用了上例中的航空乘客資料,範例程式如下:

```
01    import pandas as pd
02    import numpy as np
03    import matplotlib.pyplot as plt
04
```

```
05    # 將頻域資料轉換成時域資料
06    # bins為頻域資料，n設定使用前多少個頻域資料，loop設定產生資料的長度
07    def fft_combine(bins, n, loops=1):
08        length = int(len(bins) * loops)
09        data = np.zeros(length)
10        index = loops * np.arange(0, length, 1.0) / length * (2 * np.pi)
11        for k, p in enumerate(bins[:n]):
12            if k != 0 : p *= 2           # 除去直流成分，其餘的係數都乘以2
13            data += np.real(p) * np.cos(k*index) # 餘弦成分的係數為實數部分
14            data -= np.imag(p) * np.sin(k*index) # 正弦成分的係數為負的虛數部分
15        return index, data
16
17    if __name__ == '__main__':
18        data = pd.read_csv('AirPassengers.csv')
19        ts = data['#Passengers']
20
21        # 平穩化
22        ts_log = np.log(ts)
23        ts_diff = ts_log.diff(1)          # 差分
24        ts_diff = ts_diff.dropna()        # 去除空資料
25        fy = np.fft.fft(ts_diff)
26        print(fy[:10])                    # 顯示前10個頻域資料
27        # 程式傳回：[ 1.34992672+0. j -0.09526905-0.14569535j
    -0.03664114-0.12007802j ...
28        conv1 = np.real(np.fft.ifft(fy))  # 逆轉換
29        index, conv2 = fft_combine(fy / len(ts_diff), int(len(fy)/2-1), 1.3)
                                          # 只關心一半資料
30        plt.plot(ts_diff)
31        plt.plot(conv1 - 0.5)             # 為了看清楚，將顯示區域下拉0.5
32        plt.plot(conv2 - 1)
33        plt.show()
```

程式輸出了 FFT 轉換後的資料，但只顯示了前十個，形式為複數。複數模（絕對值）的兩倍為對應頻率的餘弦波的振幅；複數的輻角表示對應頻率的餘弦波的相位。由於第 0 個元素表示直流分量，因此虛部為 0。在資料中的位置標記了頻率大小，值標記了振幅大小。

程式產生圖片,如圖 15.11 所示。

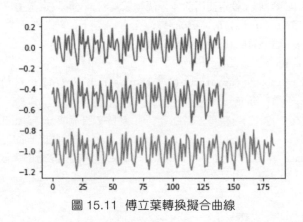

圖 15.11 傅立葉轉換擬合曲線

圖 15.11 中顯示的三筆曲線分別為原始資料（上方曲線）、做了 FFT 以及 IFFT 逆轉換後的資料（中間曲線），以及使用函數還原並預測了未來的資料（下方曲線），由此可見,基本擬合了原始曲線,預測曲線看起來也比較合理。

上述方法實現了用傅立葉轉換預測時序資料。與 ARMA 演算法相比,其沒有明顯衰減,更適合長時間的預測。對於隨時間變化的波形,如語音資料,一般使用加窗後做傅立葉轉換的方法擬合資料。

15.3.2 小波轉換

如果波型隨時間變化,就需要對波型加窗分段後再處理,且有時需要大視窗,有時需要小視窗,處理起來更加麻煩,因此引用了更靈活的小波轉換。

傅立葉轉換的基是正餘弦函數,而小波的基是各種形狀的小波,也就是説它把整個波形看成多個位置和寬度不同的小波的疊加。小波轉換有兩個變數:尺度 a 和平移量 t,尺度控制小波的伸縮,平移量控制小波的平移。它不需要將資料切分成段就可以處理時函數庫資料,尤其是對突變訊號處理得更好。

圖 15.12 展示了幾種常見的小波函數。

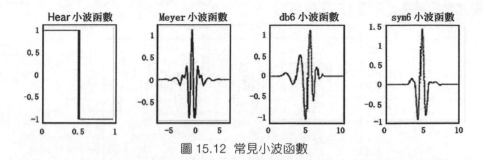

圖 15.12　常見小波函數

離散小波轉換（Discrete Wavelet Transformatio）簡稱 DWT，是小波轉換中最簡單的一種，這裡使用 Python 呼叫 pywt 函數庫實現該轉換。

經過轉換後的傳回值：cA:Approximation（近似）和 cD:Detail（細節），其中 cA 是週期性有規律的部分，可以被模擬和預測，而 cD 可看作雜訊。換言之，用此方法可以拆分週期性資料和其上的擾動資料。

本例仍使用乘客資料，下面程式是將細節 D 設為 0，然後還原波形。

```
01    import pywt
02    import pandas as pd
03    import numpy as np
04    import matplotlib.pyplot as plt
05
06    data = pd.read_csv('AirPassengers.csv')
07    ts = data['#Passengers']
08    ts_log = np.log(ts)
09    ts_diff = ts_log.diff(1)
10    ts_diff = ts_diff.dropna()
11
12    cA,cD = pywt.dwt(ts_diff, 'db2')
13    cD = np.zeros(len(cD))
14    new_data = pywt.idwt(cA, cD, 'db2')
15
16    plt.plot(ts_diff)
17    plt.plot(new_data - 0.5)
18    plt.show()
```

程式執行結果，如圖 15.13 所示。

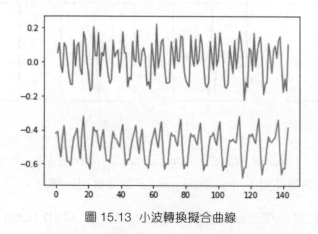

圖 15.13　小波轉換擬合曲線

從圖 15.13 中可以看到，用小波擬合的效果中，上方為原始曲線，下方為小波轉換擬合的曲線。常見的方法是使用小波擬合 cA、ARMA 擬合 cD 部分，並將這兩種方法配合使用。

15.4 Prophet 時序模型

Prophet 是 FaceBook 開放原始碼的時序架構，非常簡單實用，不需要了解複雜的公式，只需要看圖、調整參數、呼叫十幾行程式即可完成從資料登錄到分析的全部工作。Prophet 預測效果較好，訓練速度也較快。

15.4.1 模型介紹

在效果方面，筆者曾在同一專案中嘗試了 ARIMA，並將星期和節假日作為特徵代入 GBDT 和 Prophet，如果只考慮時序因素，則 Prophet 的效果最好。當然 Prophet 也有弱勢，主要問題在於不支援時序因素與時序之外的其他特徵同時建模，如在股票預測中它只能利用歷史行情中的股票價格建模來預測未來的價格，而不能同時考慮基本面、大盤、企業以及參考類似股票等因素。因此，在遇到複雜的問題時，需要 Prophet 與其他模型配合使用。

Prophet 的原理是分析各種時間序列特徵，如週期性、趨勢性、節假日效應以及部分異常值。在趨勢方面，它支援加入變化點，實現分段線性擬合。在週期方面，它使用傅立葉級數（Fourier series）來建立週期模型（sin+cos）。在節假日和突發事件方面，使用者可以透過字典的方式指定節假日，及其前後影響的天數。因此，可將 Prophet 視為一種針對時序的整合解決方案。

使用 Prophet 的實際步驟：根據格式要求填入訓練資料、節假日資料，指定要預測的時段，然後訓練模型。除了預測實際數值，Prophet 還將預測結果拆分成 trend，yearly，weekly，holidays 等成分，並提供各成分預測區間的上下邊界。它不僅是預測工具，也是一個很好的統計分析工具。開發者能從中找出可描述的規則，同時，也可以將拆分後的資料作為新特徵代入其他模型。

15.4.2 取得資料

本例從網路上抓取股票資料作為時序資料使用。取得股票資料的方法有很多，如透過騰訊、新浪、網易股票介面取得即時以及歷史股票資料。網站一般以 Web service 方式傳迴文字資料，需要透過 Python 進一步處理成所需要的資料格式。

本例使用 Python 協力廠商函數庫 Tushare 取得股票資料，除了股票的即時和歷史資料，還有基本面資料等，其許可權分為非註冊使用者和註冊使用者，註冊後根據積分開放不同的功能。本例為方便讀者下載資料，使用其對非註冊使用者開放的介面下載某檔股票兩年半的歷史資料。

首先，需要安裝 Tushare 函數庫：

```
01    $ pip install tushare
```

或從 Git 上下載其原始程式。

```
01    $ git clone https://github.com/waditu/tushare
```

取得一檔股票的全部歷史資料：

```
01    import tushare as ts
02    print(ts.get_hist_data('000002'))
```

程式抓取的資料，如表 15.3 所示。

表 15.3 Tushare 取得的股票資料格式

date	open	high	close	low	volume	price_change	p_change	ma5	ma10	ma20	...
2019/6/21	28.4	28.52	28.17	28.12	388345.72	-0.28	-0.98	28.0	28.0	27.4	
2019/6/20	27.7	28.45	28.45	27.63	577484.38	0.72	2.6	27.9	27.9	27.4	
2019/6/19	28.2	28.38	27.73	27.59	390157.88	0.03	0.11	27.8	27.7	27.3	
2019/6/18	28.08	28.11	27.7	27.4	219162.16	-0.21	-0.75	27.9	27.6	27.3	
2019/6/17	27.8	28.2	27.91	27.75	171672.8	-0.02	-0.07	28.0	27.5	27.3	
2019/6/14	28.01	28.29	27.93	27.78	311417.81	0.1	0.36	28.0	27.3	27.3	
2019/6/13	28	28.05	27.83	27.58	250431.08	-0.17	-0.61	27.8	27.2	27.3	
2019/6/12	28.24	28.29	28	27.81	269372.25	-0.33	-1.17	27.7	27.2	27.3	
2019/6/11	27.87	28.45	28.33	27.85	449630.03	0.52	1.87	27.3	27.1	27.3	
2019/6/10	27.29	28.05	27.81	27.17	527547.06	0.69	2.54	26.9	27.0	27.2	

介面傳回了指定股票（000002）的蠟燭圖資料（開盤價、收盤價、最高價、最低價）、成交量以及 5 日、10 日、20 日均線值。介面的呼叫方法非常簡單，但普通使用者功能有限，本例將其作為資料來源使用。

15.4.3 模型範例

1. 安裝工具

Prophet 和其他協力廠商工具一樣，需要安裝後才能使用，安裝方法如下：

```
01    $ sudo pip install fbprophet
```

建議下載原始程式，原始程式中包含程式、文件和時序資料，可供偵錯使用。

```
01    $ git clone https://github.com/facebookincubator/prophet.git
```

2. 程式實現

本例用於分析和預測股票交易量。

（1）準備資料。首先使用 Tushare 工具下載資料，然後將資料轉換成 Prophet
要求的格式 df，其中需要包含時間資料 "ds" 和待分析資料 "y"。

然後進行時交錯補，當週六日和節假日交易量為 0 時，沒有對應記錄，本例
中將填充這些記錄，並將其值設定為 0。讀者可能認為預測節假日的交易量並
不重要（一般都為 0），但在大多數情況下，插補非常重要，如在預測地鐵人
流量時，後半夜流量很低，多數情況為 0，如果不做手動填充，而使用模型平
均值填充，則會產生很大偏差。

```
01    import pandas as pd
02    import numpy as np
03    import tushare as ts
04    from fbprophet import Prophet
05    import matplotlib.pyplot as plt
06    import datetime
07
08    # 資料準備
09    base = ts.get_hist_data('000002')
10    df = pd.DataFrame()
11    df['y'] = base['volume']
12    df['ds'] = base.index
13
14    # 日期插補
15    ds = df['ds'].min()
16    arr = []
17    while ds < df['ds'].max():
18        ds = str(pd.to_datetime(ds) + datetime.timedelta(days=1))[:10]
19        if ds not in np.array(df['ds']):
20            arr.append({'ds':ds, 'y':0})        # 以字典方式加入陣列
21    tmp = pd.DataFrame(arr)
22    df = pd.concat([tmp, df])
23    df = df.reset_index(drop=True)
24    df = df.sort_values(['ds'])
```

（2）設定假期。本例從資料檔案 holiday.csv 中讀取了假期資訊，holiday.csv 內容如表 15.4 所示。

表 15.4　假期資料格式

holiday	ds	lower_window	upper_window
short	2016/1/1	0	2
long	2016/2/7	0	6
short	2016/4/4	0	2
short	2016/5/1	0	2
short	2016/6/9	0	2
short	2016/9/15	0	2
long	2016/10/1	0	6
short	2017/1/1	0	2
long	2017/1/27	0	6

資料由四部分組成：第一列是假期類型，本例中只設定了長假和短假兩種，讀者可以將其進一步細化成實際假期；第二列為假期的實際日期；第三列為假期向前影響的天數；第四列為假期向後影響的天數。

```
01    holidays = pd.read_csv('holiday.csv')
```

（3）訓練模型。將假期和歷史資料代入模型訓練，並預測未來 30 天的交易量。

```
01    prophet = Prophet(holidays=holidays)
02    prophet.fit(df)
03    future = prophet.make_future_dataframe(freq='D',periods=30)
      # 測試之後30天
04    forecasts = prophet.predict(future)
```

（4）作圖顯示訓練結果，使用 Prophet 附帶的繪圖函數。

```
01    prophet.plot(forecasts).show()
02    prophet.plot_components(forecasts).show()
03    plt.show()
```

程式執行結果如圖 5.14 所示，其中黑色的點是實際交易量，淺色線是預測的範圍區間，深色線是預測值。可以看到，Prophet 對歷史值做了擬合，其中的異常值很難預測準確，且有一些預測值小於 0，這並不符合常理（交易量一定大於 0）。但是從中也可以看到高低的趨勢基本正常，也能從中看到節假日、週末以及整體趨勢對資料的影響。

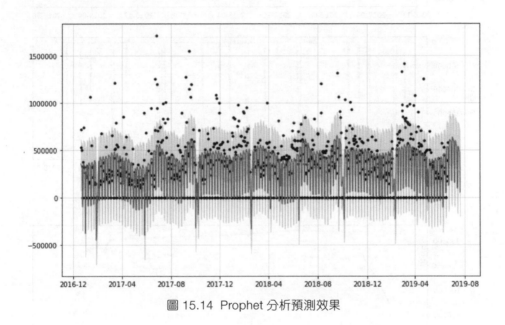

圖 15.14 Prophet 分析預測效果

圖 15.15 和 15.16 展示了各個子因素的影響，包含 Trend（整體趨勢）、Holidays（節日），星期幾（Weekly），以及 Yearly 一年中不同季節的影響，其中整體為上升趨勢、假期造成了交易量的下降、週末和工作日差別明顯、不同月份也有差異。

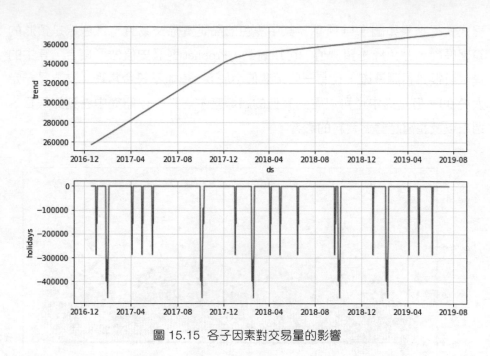

圖 15.15　各子因素對交易量的影響

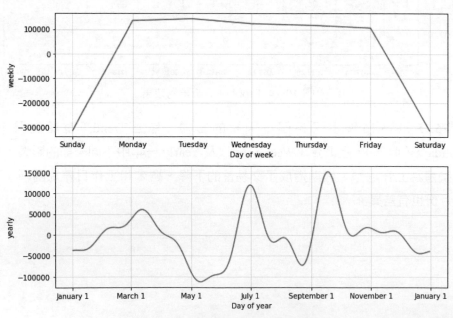

圖 15.16　各子因素對交易量的影響

自然語言處理：微博互動預測

在實際應用場景中，語言資料和視覺資料常常比純數值資料要多。在自然語言處理（Natural Language Processing，NLP）中有些領域的演算法已經研究已久，如翻譯、語音辨識、問答系統等，目前比較流行的有新聞分類、閱讀了解、聊天、人工智慧寫作等。近幾年，它們在金融、法律、教育、醫療、線上客服等垂直領域都已開始應用。

自然語言處理與機器學習演算法相結合來解決預測和決策問題，是非常好的切入點。舉例來說，透過分析電子病歷中的文字資訊輔助診斷、利用訊息面的文字資訊輔助預測股票漲跌等功能都已成為目前的熱門應用。該方法一方面透過加入更多特徵改進了之前模型預測的結果，另一方面在語言處理不佳或文字資料不足的情況下，也能借助其他特徵做出判斷，以確保系統正常使用。

本章透過對「微博互動預測問題」的分析和建模，與讀者一起探討自然語言處理和機器學習相結合的實際方法和常見問題。

16.1 賽題分析

微博互動預測是天池平台的往期比賽，決賽後變更為報名和參賽都無時間限制，提供永久排行榜的長期比賽。在開發者登入並報名後，即可下載資料和提交結果，平台每天提供兩次評測和排名。

比賽的任務是根據抽樣使用者的原創博文在發表一天后的轉發、評論、按讚數建立博文的互動模型，並預測使用者後續博文在發表一天后的互動情況。

16.1.1 資料分析

該比賽的訓練資料有 300 多兆，上百萬筆記錄，普通開發機可以正常處理。其資料格式如表 16.1 所示，該問題代表了現實中的一大類應用，包含資料內容比較豐富、資料量大、需要參賽者分析特徵、資料有現實中的意義、無規律資料佔多數、可多維度分析，等等。這種比賽和提供匿名純特徵單純比拼演算法的競賽相比，需要研究業務且發揮的空間也更大。

表 16.1　微博互動資料

使用者標記	博文標記	發博時間	轉發	評論	按讚	博文內容
d80f3d3c5c1d658e 82b837a4dd1af849	bfc0819b83ec59ce 767287077f2b3507	2015/2/13 01:09	0	0	0	有生之年！我最喜歡的 up 主跟我的……
24b621c98f2594b 698c0b1d60c9ae6db	2cbd3d514ed5ad3d ab81aa043c8b3d0a	2015/5/19 10:24	0	0	0	如此平凡的日常一幕，還能夠再積……
e44d81d630e4f382f 657e72aa4b685da	8a88a25f9f26ed9f 79080eaacc1a8668	2015/2/11 11:03	0	1	0	# 羅永浩的紅包 # 二十三，糖瓜兒黏……
fbe6c953632e1b3dda 66cf6118b6ab12	f359a74cb4ac6150 a3af8325eda04ea0	2015/3/22 0:54	0	0	0	有好東西分享給你！閃記筆記記事……
f9a3ca6bc1e75d173 cfc98ec4b108072	c7bc3445e8b90db8 cc5e045f606dc1ee	2015/2/11 19:29	21	2	6	http://**/RwUFNuQ Microsof...

資料看似比較簡單，其目標變數是轉發、評論、按讚次數，特徵是博文內容和發博時間，ID 是博文標記和使用者標記。這看似是一個單純的自然語言處理問題，即從博文的內容預測使用者對其有興趣的程度，但實際並非如此，我們先一個一個分析資料特徵：

- 使用者標記：大多數使用者發文不止一筆，可透過轉發數、評論數、按讚數預測該使用者的粉絲量及粉絲的習慣。

- 博文標記：是微博的 ID，可看作索引。
- 發博時間：可從時間資訊中分解出工作日、節假日、時間段等屬性。
- 轉發數、評論數、按讚數：是預測的目標，也可以用於計算使用者的特徵以及分析其相關性。
- 博文內容：可解析出更多特徵，如分詞分群、情緒分析、是否包含連結、表情、視訊、是否為自動產生、是否為廣告（含天貓、淘寶、超便宜等關鍵字）、長度、是否 @ 某人、是否為轉發 #、文章分類（新聞、技術、笑話、心情……）等。

對於該比賽，即使不使用自然語言處理，僅透過分析使用者特徵和發博時段也可以取得較好的預測效果。

16.1.2 評價函數

評價函數由以下五個公式組成，開發者需要在程式中實現該評價函數，就需要先用前三個公式計算出每筆博文預測的轉發數、評論數和按讚數與真實值的偏差。其中，$count_{fp}$ 為預測轉發數，$count_{fr}$ 為實際轉發數，$count_{cp}$ 為預測評論數，$count_{cr}$ 為實際評論數，$count_{lp}$ 為預測按讚數，$count_{lr}$ 為實際按讚數。

轉發偏差計算方法，如式 16.1 所示。

$$\text{deviation}_f = \frac{|count_{fp} - count_{fr}|}{count_{fr} + 5} \qquad (16.1)$$

評論偏差計算方法，如式 16.2 所示。

$$\text{deviation}_c = \frac{|count_{cp} - count_{cr}|}{count_{cr} + 3} \qquad (16.2)$$

按讚偏差計算方法，如式 16.3 所示。

$$\text{deviation}_l = \frac{|count_{lp} - count_{lr}|}{count_{lr} + 3} \qquad (16.3)$$

根據上述三項偏差，計算模型對每筆微博預測的準確率，如式 16.4 所示。

$$\text{precision}_i = 1 - 0.5 \times \text{deviation}_f - 0.25 \times \text{deviation}_c - 0.25 \times \text{deviation}_l \quad (16.4)$$

最後計算測試集整體準確率，如式 16.5 所示。

$$\text{precision} = \frac{\sum_{i=1}^{N} (\text{count}_i + 1) \times \text{sgn}(\text{precision}_i - 0.8)}{\sum_{i=1}^{N} (\text{count}_i + 1)} \quad (16.5)$$

其中，sgn(x) 為改進的符號函數。當 $x>0$ 時，sgn(x)=1；當 $x<=0$ 時，sgn(x)=0。count$_i$ 為第 i 偏博文的回饋總數（轉發、評論、按讚之和）；當 count$_i$>100 時，按 100 計算。

可以看出，當預測的偏差之和在正負 20% 以內時，將回饋總數計入成績。其中有兩點需要注意：第一，回饋越多在評分中權重越大，例如回饋在 100 以上的博文，如果預測正確，則其貢獻是回饋為 0 的博文的 100 倍。第二，回饋越多偏差越大，例如實際為 200 次轉發，預測成 500 次，偏差 deviation$_f$=(500-200)/(200+5)=1.63；實際為 2 次，預測成 5 次，deviation$_f$= (5-2)/(2+5)=0.43。因此，需要更多關注回饋多的樣本。

由於上傳評分次數有限，不能過於依賴線上評分，尤其是在後期的模型精調階段需要不斷地評價和修改模型，因此無論計算公式複雜與否，只要參與比賽都需要在本機實現評價函數。本例中評價函數程式實現如下：

```
01   def do_score(real_data, predict_data):
02       d_f = ((predict_data['f'] - real_data['f'])/(real_data['f'] +
             5.0)).apply(lambda x: abs(x))
03       d_c = ((predict_data['c'] - real_data['c'])/(real_data['c'] +
             3.0)).apply(lambda x: abs(x))
04       d_l = ((predict_data['l'] - real_data['l'])/(real_data['l'] +
             3.0)).apply(lambda x: abs(x))
05       count_i = real_data['f'] + real_data['l'] + real_data['c']
06       precision = 1 - 0.5 * d_f - 0.25 * d_c - 0.25 * d_l
07       sign = np.sign(precision - 0.8).apply(lambda x: 0 if x == -1 else 1)
08       count_i[count_i > 100] = 100
```

```
09      count_1 = sum((count_i + 1) * sign)
10      count_2 = sum(count_i + 1)
11      return count_1/count_2
```

16.1.3　目標變數分佈

表 16.2 中展示出各種回饋的百分比，其中回饋為 0 的佔絕大多數，為明顯的非正態分佈，故即使將全部回饋都預測為 0，也能使大部分實例預測正確。如果建置一棵決策樹解決此問題，則樹中的絕大部分葉節點都為 0。對於這種問題，在統計和建模時常用的方法是將是否回饋（分類）和回饋多少（回歸）拆分成兩個問題分別預測，然後融合結果。

表 16.2　回饋資料統計

回饋數量	0	1	2
轉發	0.821	0.063	0.025
評論	0.793	0.068	0.042
按讚	0.794	0.103	0.046

計算每筆博文回饋平均值，其中轉發為 3.54，評論為 1.26，按讚為 2.22。可見，雖然大多數博文沒有獲得回饋，但被粉絲關注的少數人拉高了平均回饋數量。

16.1.4　發博使用者統計

訓練資料中共有 37 000 多個使用者，人均發文 33 篇，把每位使用者獲得的轉發、評論、按讚的平均值加在一起，可計算出關注度，即圖 16.1 中的黑線。按關注度對使用者排序，圖 16.1 中分別顯示了關注度和各種回饋之間的關係以及分佈，從中也能看到在 37 000 多人中只有幾十個人平均每篇的回饋之和超過 100 且以轉發為主。

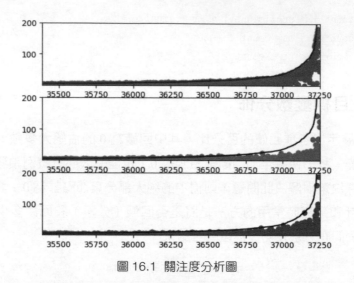

圖 16.1 關注度分析圖

圖 16.1 截掉了圖的左側小於 35 500 的部分，其中包含 15 000 多人從未獲得過任何回饋，佔了全體使用者數的 41.2%。這可能是因為他們不常使用微信，或只發廣告、自動產生訊息，或好友太少。

以下程式對訓練集中的每個使用者統計了其各個回饋的平均值並將其作為該使用者的新特徵，進一步還可以統計其最大值、分位數、標準差等特徵。

```
01   grp = train.groupby('uid')
02   user_data = pd.DataFrame()
03   user_data['f'] = grp['f'].mean()
04   user_data['c'] = grp['c'].mean()
05   user_data['l'] = grp['l'].mean()
```

16.1.5 特殊使用者分析

下面是對某個使用者的轉發分析，該使用者共發文 733 篇，其中最多的一篇被轉發了 8949 次，因為影響顯示截掉了，所以其中有 167 篇為 0 次轉發，大多數分佈在 0 ～ 100 次以內，如圖 16.2 所示。從中可以估計該使用者的粉絲數至少有 8949 人，使用的方法是 max(f,l,c)。可見，在粉絲多的情況下，回饋更多地取決於博文內容。

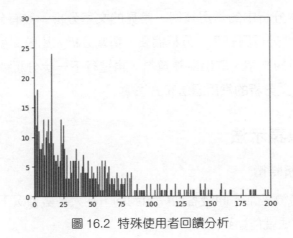

圖 16.2 特殊使用者回饋分析

16.1.6 整體分析

從直覺上看，最強的特徵首先是使用者的被關注度，其次是內容，再次是發博時間。做以下測試：計算出每個使用者的轉發、評論、按讚的平均值。在預測時，對於訓練集中出現過的使用者，直接將平均值四捨五入作為預測，對沒出現過的使用者預測為 0（整體平均值）。模型線上得分為 26.49%，可將該模型作為基準線 baseline 評定進一下最佳化的效果。相對於分析資訊內容，分析使用者行為可能會帶來更大的資訊增益。

從不同的角度來看：直接可見的是文章，間接可見的是使用者的特徵。從已有資料可以分析到使用者的發文數，各種回饋的平均值、方差、關注度、估計粉絲數，以及粉絲對該使用者各種文章的回饋；也可以根據不同的回饋（不同的人，身邊不同圈子）給使用者做分群。當某個使用者的個人資訊不足時，取他所屬類別的平均值。

16.2 中文分析

儘管可以從簡單的資料中分析使用者資訊和時間資訊，以達到較高的評分，但賽題中包含了大量的文字資訊，而比賽的初衷是希望選手從文字資訊中採擷出有用資訊，以及歸納文字採擷的方法。

文字分析是資料分析中的常用技術，常見的文字分析一般有分詞、計算 TF-IDF、詞性標記、分析關鍵字、分析摘要、情感分析、比較文字相似度等。其核心是分析連續的文字、取出關鍵資料，再進行下一步分析。本節將探討在機器學習中，中文分析的常用想法和方法。

16.2.1 正規表示法

1. 根據經驗分析特徵

根據經驗分析特徵常常是開發者最先想到的，在大多數情況下，其無須複雜演算法的處理方法就能達到一定的效果。

對訓練資料中的 100 多萬筆文字做簡單的字串處理，統計得出的結論和人的經驗類似：包含表情的博文更容易獲得回饋、自己寫內容的更容易獲得回饋 (不帶標題，不帶連結)、包含連結更多被轉發、包含 @ 獲得的回饋較少、正文長度與轉發量相關……

訓練資料中含有連結的佔 62%，含有表情的佔 13%，含有 @ 的佔 24%，可將這些因素都分析成特徵。另外，還可以透過觀察錯誤預測的實例，找到一些廣告相關的關鍵字，如「快的坐計程車」、「領取紅包」、「你也來試試手氣」、「開始報名」等；自動產生博文相關的關鍵字，如「我上傳了」、「我更新了」等。

此處用到的主要技術有 Python 提供的字串處理函數、正規表示法以及 DataFrame 提供的 apply 方法。以分析標題為例，由於轉發文章和其他形式的微信回饋有差異，而文章常常包含標題資訊，因此可以用以下方法判斷博文是否包含標題並將其分析成新的特徵。使用 re 函數庫，假設標題是用 "##"、"【 】"、"《》" 括起來的字串，分析標題的方法如下：

```
01  data['c_has_topic'] = data['content'].apply(
02      lambda x: 0 if len(re.compile(r'[#【《](.*?)[#】》]',re.S).findall(x))
        == 0 else 1)
```

> **注意**：儘量使用 DataFrame 的 apply 方法，而不要用 for 循環處理
> DataFrame，因為 for 循環反覆運算存取的速度非常慢。

針對本題中實例大於百萬筆的情況，用經驗分析特徵的優勢是執行速度快，適用於最佳化的開始階段；而缺點是依賴開發者對業務的了解程度，且人的經驗只能分析到小部分的關鍵特徵，常常只能從預測錯誤的實例中尋找線索，如同大海撈針，在後期最佳化時費時費力。

2. 正規表示法常用方法

根據經驗分析特徵，雖然不需要使用機器學習演算法訓練模型，但需要掌握正規表示法的使用方法，以實現較為複雜的判斷篩選功能，同時也能加強程式的執行效率以及簡化程式。

在大多數情況下，用 Python 處理文字主要是使用其字串提供的截取、複製、連接、比較、尋找、分割等方法，正規表示法則用於更複雜的模式比對（加強了尋找和取代功能）。Python 的正規處理主要使用 re 模組，在使用正規表示法之前需要先載入該模組。

```
01    import re
```

正規表示法有以下常用函數：

（1）re.match 函數。
re.match 函數嘗試從字串的起始位置比對一個模式，如果比對成功則傳回該比對物件，如果比對不成功則傳回 None，其語法如下：

```
01    re.match(pattern, string, flags=0)
```

其中，pattern 是正規表示法物件，string 是待比對字串，flags 是標示位。標示位的可選項如表 16.3 所示。

表 16.3 正規表示法可選標示位

re.I	使比對對大小寫不敏感
re.L	當地語系化識別（locale-aware）比對
re.M	多行比對，影響 ^ 和 $
re.S	使 "." 比對包含換行在內的所有字元
re.U	根據 Unicode 字元集解析字元，影響 \w, \W, \b, \B
re.X	忽略正規表示法中的空白和註釋

正規表示法物件 pattern 也使用字串描述，表 16.4 中列出了正規表示法語法中的常用特殊元素，pattern 是正規表示法最核心的部分。

表 16.4 正規表示法語法中常用的特殊元素

^	比對字串的開頭
$	比對字串的尾端
.	比對除分行符號之外的任意字元
[...]	字元集合，比對 [] 中的任意一個字元
[^...]	比對不在 [] 中的任意一個字元
*	比對 0 個或多個前面運算式定義的片段
+	比對 1 個或多個前面運算式定義的片段
?	比對 0 個或 1 個前面運算式定義的片段
{n}	比對 n 個前面運算式定義的片段
{n,}	比對大於等於 n 個前面運算式定義的片段
{n, m}	比對 n 到 m 個前面運算式定義的片段
a|b	比對 a 或 b
(...)	將運算式用小括號分組，特殊符號只影響括號中的區域
(?#...)	註釋

\w	比對數字字母底線，相等於 [A-Za-z0-9_]
\W	比對非數字字母底線，相等於 [^A-Za-z0-9_]
\s	比對任意空白字元，相等於 [\t\n\r\f\v]
\S	比對任意不可為空字元，相等於 [^\f\n\r\t\v]
\d	比對數字，相等於 [0-9]
\D	比對非數字，相等於 [^0-9]

re.match 函數傳回 re.MatchObject 類型資料，下例中解析了傳回資料：

```
01   ret = re.match('\w', 'A123')
02   print(ret) # 傳回結果：<_sre.SRE_Match object; span=(0, 1), match='A'>
03   print(ret.group())                    # 傳回結果：A
04   print(ret.start(), ret.end(), ret.span())   # 傳回結果：0 1 (0, 1)
```

（2）re.search 函數。

re.search 函數掃描整個字串並傳回第一個成功的比對，如果比對成功則傳回一個符合的物件，否則傳回 None。其語法如下：

```
01   re.search(pattern, string, flags=0)
```

re.search 函數比對整個字串，直到找到比對項，而 re.match 函數只能從比對字串開始。以下例所示：

```
01   string = 'cat and dog'
02   print(re.match('dog', string))
03   # 傳回結果：None
04   print(re.search('dog', string))
05   # 傳回結果：<_sre.SRE_Match object; span=(8, 11), match='dog'>
```

（3）re.sub 函數。

re.sub 函數用於取代字串中的比對項，其語法如下：

```
01   re.sub(pattern, repl, string, count=0, flags=0)
```

其中，repl 是取代的字串，也可以一個函數；count 是模式比對後取代的最大次數，預設為 0，表示取代所有的比對。

下例使用了函數取代方法，將字串中所有的數字取代成該數字的兩倍。

```
01    def double(matched):
02        value = int(matched.group())        # group()傳回符合的字串
03        return str(value * 2)
04
05    print(re.sub('\d', 'A123', s))
06    # 傳回結果：A246
```

（4）re.findall 函數。

re.findall 函數尋找字串中正規表示法所符合的所有子字串，並傳回一個串列。如果沒有找到比對項，則傳回空串列，其語法如下：

```
01    re.findall(pattern, string, flags=0)
```

（5）re.finditer 函數。

與 re.findall 函數類似，re.finditer 函數在字串中尋找正規表示法所符合的所有子字串，並把它們作為一個反覆運算器傳回，其語法如下：

```
01    re.finditer(pattern, string, flags=0)
```

（6）re.split 函數。

re.split 函數按照能夠符合的子字串將字串分割後傳回串列，功能類似 Python 中字串提供的 split 功能，不同的是分割符號可用正規定義，其語法如下：

```
01    re.split(pattern, string, maxsplit=0, flags=0)
```

其中，maxsplit 為分隔次數，maxsplit=1 即分隔一次，預設為 0，即不限次數，傳回結果為字串串列。

16.2.2 自動分析關鍵字

1. 分詞

文字分析一般以詞為單位，與英文不同的是中文的詞與詞之間沒有空格，故在處理時首先要分詞。程式實現的方法是把所有詞放在一個詞典中，透過正向比對、逆向比對、雙向比對等方式分詞，這種方式經常會產生問題；也可以利用統計的方法，如 HMM，SVM，透過訓練模型分詞。

在實際操作中，最常使用的方法是直接調函數庫。有很多線上工具提供 API 來實現自然語言處理功能，效果比離線的好一些，但在處理大量資料時，速度非常慢。離線的常用函數庫有 Jieba，SnowNLP，PyLTP，THULAC，Pynlpir，CoreNLP 等，Jieba 分詞的使用方法已在演算法章節中介紹。本小節將介紹另一種主流的分詞方法——SnowNLP。

SnowNLP 實現了大部分文字分析的常用功能，並且可以自己訓練資料。它附帶情感分析和關鍵字分析功能。首先安裝 SnowNLP 協力廠商函數庫：

```
01   $ sudo pip install snownlp
```

以下範例為使用 SnowNLP 給句子分詞，並從中分析感情色彩、關鍵字、摘要、詞頻等資訊。

```
01   from snownlp import SnowNLP
02   s = SnowNLP("跟架構學程式設計，跟應用學功能設計")
03   print(s.words)            # 分詞
04   print(s.sentiments)       # 消極or積極，結果為0~1
05   print(s.tags)             # 詞性標記
06   print(s.keywords(3))      # 關鍵字
07   print(s.summary(3))       # 摘要
08   print(s.tf)               # tf
09   print(s.idf)              # idf
```

以上操作需要較長時間，筆者分析 1000 筆博文的用時為 20s，處理所有資料約為 5 小時。可以看到 SnowNLP 提供的功能很多，但其效果一般，在建模初期可利用它分析特徵,後期如果認為關鍵字、感情色彩等因素非常重要,則建議自行訓練模型實現。

2. 分析高頻詞

分析詞頻常常會想到 TF-IDF 方法,即 TF 計算詞在文章中出現的頻率,頻率高的詞更可能是文章的關鍵字。IDF 透過總檔案數目除以包含該詞語檔案的數目計算,該方法常用於分析文中的關鍵字。博文最大長度是 140 字,本題資料中內容的平均長度為 74 字,約為 37 個詞。在這種短文字中,由於單筆博文中一個詞反覆出現的可能性不大,因此使用了分析高頻詞並分析是否具有統計顯著性的方法。

先分析出現次數足夠多的詞。由於本例中資料太多,因此從中只取出了 10% 的資料。從中分析詞語,在執行過程中用正規表示法去掉僅由字母、數字、底線組成的詞(一般是網址)。

```
01    import jieba
02
03    tmp=data.sample(n = 100000)      # 從資料集中抽樣
04    arr = tmp['content'].unique()    # 去除重複博文
05    arr_all = []
06    for i in arr:                    # 將所有詞加入arr_all
07        arr = jieba.lcut(i, cut_all=True)
08        arr_zh = [i for i in arr if len(re.findall(r"^[#\+a-z0-9A-Z\\-_]+$",
    i,re.M)) == 0 and len(i) > 1]
09        arr_all.extend(arr_zh)
10    # 篩選出現5次以上的詞
11    arr_word = [key for key,value in pd.value_counts(arr_all).items() if
    value > 5]
```

本例中使用了最基本的關鍵字分析方法,即從抽樣資料中分析、檢查的方法,此方法難免浪費時間和算力,讀者可以嘗試啟發性的想法,如從回饋多的實例中分析,或從使用者粉絲量大,而該筆博文回饋卻較少的文字中分析關鍵字。

3. 檢查統計顯著性

以上程式分析出了 20 000 多個高頻詞，還需要在其中篩選出有意義的詞作為
特徵，實際方法是針對包含該關鍵字的博文和未包含該關鍵字的博文，比較
其回饋情況，比較方法使用假設檢驗。相對於比較平均值，這種方法的效果
更好，但花費的時間也較長。當其傳回的 p 值小於 0.05 時，説明該關鍵字具
有統計顯著性。然後篩選顯著的特徵，由於篩選後關鍵字還有幾百個，因此
用 count 限制數量，只使用其中的一部分。

```
01    from scipy import stats
02
03    def get_dic(arr_word, dst, count, data):
04        # arr_word為關鍵字陣列，dst為目標變數，count為關鍵字個數，data為資料
05        dic_key = {}
06        for idx,i in enumerate(arr_word):
07            df1 = data[data['content'].str.contains(i)==False]
08            df2 = data[data['content'].str.contains(i)==True]
09            ret2 = stats.levene(df1[dst], df2[dst])
10            if ret2[1] < 0.05:
11                dic_key[i] = [ret2[1], df2[dst].mean(), len(df2)]
12                print(idx, i, dic_key[i], len(dic_key))
13                if len(dic_key) > count:
14                    break
15        return dic_key
```

4. 其他方法

筆者最後使用 GBDT 模型，結合從使用者、時間、文字內容中分析的特徵，
分別對轉發、評論、按讚建立了三個模型，前面章節已詳述了 GBDT 建模方
法，此處不再敘述。

除了上述技術，還有一些想法供讀者嘗試。

如果分析的關鍵字中包含一些重複資訊，則可以透過計算其相關性進行篩選。

對詞可進行進一步的分類以及博文類型的分群。引用已有的知識系統，如
《同義字詞林》，它是一本詞典，最初目標是提供較多的同義字，對創作和翻
譯工作會有所幫助。詞林把中文片語分為大類、中類別和小類別，可透過它
建立社會、經濟、文教等抽象分類。

可以使用分類和回歸模型相結合的方法，進一步細化模型。

Note

Note